单招通

严格按照四川省高等职业院校单独招生考试新大纲编写

四川省高职单招
高等职业院校单独招生考试
复习用书

通用技术

单招通高职单招考试编写组◎编

适用于普高类

- 全新考纲解读
- 内容全面覆盖
- 考点详细分析
- 核心知识归纳

十年一线教学教研经验老师的结晶

主　编：甘东杰　宋来建
副主编：张正阳　邓成勇　任　雪
秦　炫

电子科技大学出版社
University of Electronic Science and Technology of China Press
·成都·

图书在版编目（CIP）数据

通用技术／单招通高职单招考试编写组编. —成都：
成都电子科大出版社，2024. 2
高等职业院校单独招生考试复习用书
ISBN 978－7－5770－0899－8

Ⅰ. ①通…　Ⅱ. ①单…　Ⅲ. ①通用技术－高等职业教
育－入学考试－自学参考资料　Ⅳ. ①TB4

中国国家版本馆 CIP 数据核字（2024）第 021883 号

高等职业院校单独招生考试复习用书　通用技术
GAODENG ZHIYE YUANXIAO DANDU ZHAOSHENG KAOSHI FUXI YONGSHU TONGYONG JISHU
单招通高职单招考试编写组　编

策划编辑　卢　莉　李　忠
责任编辑　卢　莉

出版发行　电子科技大学出版社
　　　　　成都市一环路东一段 159 号电子信息产业大厦九楼　邮编 610051
主　　页　www. uestcp. com. cn
服务电话　028－83203399
邮购电话　028－83201495

印　　刷　成都市火炬印务有限公司
成品尺寸　210 mm × 297 mm
印　　张　13
字　　数　310 千字
版　　次　2024 年 2 月第 1 版
印　　次　2024 年 2 月第 1 次印刷
书　　号　ISBN 978－7－5770－0899－8
定　　价　80. 00 元

前　言

高等职业院校单独招生考试是四川省高校招生的重要形式之一，且每年招生人数呈不断上升的趋势。为了帮助参加四川省高等职业院校单独招生考试的广大考生进行全面、系统、快捷、高效的复习备考，我们集合了四川省普通高中名校中具有丰富教学经验的一线骨干教师进行编写。在全省普通高中毕业生全力备考的关键时刻，为了帮助广大考生更好地应对考试，我们精心策划并组织编写了这本《高等职业院校单独招生考试复习用书　通用技术》。

本书紧密结合高等职业教育单独招生考试的大纲要求，遵循实用、全面、高效的原则，系统地介绍了通用技术的基本概念、原理和实践操作方法。内容涵盖技术基础知识、技术与设计的基础、单一技术到技术系统、电子与电路技术、职业发展与技术等多个方面，旨在为考生提供一本针对四川高等职业教育单独招生考试的备考复习用书。

全书共分为五个项目：

项目一为技术与设计基础，包括技术及其性质、技术设计过程、工艺与方案实现、技术交流与评价。

项目二为技术与设计应用，包括结构及其设计、流程及其设计、系统及其设计、控制及其设计。

项目三为电子控制技术，包括电子元器件、模拟电路与数字电路、传感器与继电器、电子控制系统及其应用。

项目四为技术与职业，包括技术与职业结构、技术与职业素养、技术与职业选择、技术与创业能力。

项目五为通用技术综合模拟。

本书在编写过程中，充分考虑到考生的实际需求，内容丰富、结构清晰、难度适中。书中包含了大量实用案例，有助于培养考生的创新精神和实践能力。此外，本书在最后还设置了一套模拟习题，配备了详细的解析和答案，方便考生自学和检验学习成果。

因作者水平有限，加之通用技术知识日新月异，书中难免存在疏漏和欠妥之处，恳请读者指正。最后，衷心祝愿广大考生在未来的考试中取得好成绩，实现自己的人生梦想。

编　者

2023 年 12 月

目 录

参考答案

项目一　技术与设计基础

第一章　技术及其性质

机械类、电子类或物理类方向必修★★★★

思维导图

- 技术及其性质
  - 技术及其作用
    - 技术的价值
      - 技术对人类的价值
        - 保护人：抵抗、防止侵害(原始人制作石器，现代人有了疫苗，对疟疾、天花等疾病不再恐慌)
        - 解放人：能力、空间得到拓展(自行车、内燃机、机器人)
        - 发展人：精神和智力得到发展，自我价值得到实现
      - 技术对社会的价值：促进社会的发展、丰富社会文化内容、改变社会生活方式
      - 技术对自然的价值：依靠技术，人类得以认识、保护和适应自然
    - 技术的性质
      - 实践性：来源于实践，应用于实践
      - 应用具两面性：带来方便，也造成危害
      - 综合性：多学科、知识、技术
      - 创新性：技术发明、技术革新
      - 目的性：有意识、有目的的活动
      - 专利性：可申请专利，具有独占性、垄断性、时间性
    - 技术与科学的关系：科学的任务是认识世界，技术的任务是认识、保护和适应自然
    - 技术与设计的关系：技术是基础，制约设计的发展，而创新设计有时又促进技术发展
  - 技术发明与革新
    - 技术发明与技术革新：发明是指开发原来没有的事物，革新是对原有产品的改造或提高
    - 知识产权：智力劳动成果所享有的占有、使用、处分和收益的权利
    - 专利申请的步骤：提交申请—受理—初审—公布实质审查—授权—公告

知识结构

1 技术的价值

从人的需求出发，秉持一定的价值理念，运用各种物质及装置、工艺方法、知识技能与经验等，实现具有一定使用价值的创造性劳动。

(1)技术对人类的价值

技术具有保护人、解放人和发展人的作用。

①保护人：为人提供抵抗不良环境、野兽、病毒等侵害的手段和工具，从而使人在适应自然界的过程中生存下来。例如，原始人制作石器；现代人有了疫苗，对疟疾、天花等疾病不再恐慌。反例：对身边财物的保护（银行卡密码对财产的保护），不是保护人。

②解放人：依靠技术解放或延长了人的身体器官，拓展了活动范围和操作空间，提高了劳动效率，增强了认识、合理利用和保护自然的能力。例如，自行车、内燃机等可以解放体力，机器人可以让人的各个器官得到延伸。

③发展人：促进人的精神和智力发展、思维发生改变，使自我价值得以实现。例如，爱迪生、袁隆平等。

(2)技术对社会的价值

技术促进社会的发展、丰富社会文化内容、改变社会生活方式，是推动社会发展和文明进步的主要动力之一。

(3)技术对自然的价值

技术使人们能按照自己的需要和愿望，对大自然进行利用。人类在开发和利用自然时，应把握合理的尺度，注意对自然的保护，不能忽视一些技术或产品对环境可能造成的负面影响。

2 技术的性质

①实践性：根据人的需要把自然物加工成具有某种使用价值的人造物的活动。主要表现在两个方面：一方面是技术产生于实践之中；另一方面是技术只有在人的实践活动中才能变为现实，是一个不断尝试、反复试验的过程。

②应用具两面性：在技术运用的过程中，给人们带来福音的同时，也会给人们带来危害或造成负面的影响。负面的影响有三个方面：一是对人的健康造成不好的影响（不是偶尔、个别的影响，是必然的影响）；二是对自然环境造成不好的影响；三是违背伦理道德的观念。

③综合性：每一门技术都可看成由多学科的知识综合而成，同时它也是各种经验、知识、物质、技术手段综合运用的结果。

④创新性：技术的发展需要创新，技术创新常常表现为技术革新和技术发明，技术革新一般是在原有技术基础上变革后的改进，技术发明则是以原创的技术为核心，是一个“从无到有”或“从有到优”的过程，主要包括外观创新和功能创新两个方面。

⑤专利性：一项新的产品，往往涉及多项新技术，这些都可以申请专利。专利具有时效性和垄断性。

⑥价值性：技术的运用可产生社会效益，也可产生经济效益。

⑦目的性：技术以满足人类的需求与愿望为目的。目的性贯穿技术活动的始终。

3 技术与科学的关系

技术是从人类的需求出发，秉持一定的价值理念，运用各种物质及装置、工艺方法、知识技能与经验等，实现具有一定使用价值的创造性实践活动。科学是人类社会发展到一定程度后才产生的，是对各种事实和现象进行观察、分类、归纳、演绎、分析、推理、计算和实验，从而发现规律，并予以验证和公式化的知识体系。

科学的任务是认识世界，技术的任务是进行创造性实践活动；科学回答“是什么”“为什么”的问题，而技术则更多地回答“怎么办”的问题。

科学促进技术发展，技术推动科学进步。

4 技术与设计的关系

设计是基于一定设想的、有目的、有规划的创造活动。设计是技术发展的重要驱动力，需要多门学科的相关知识，技术是设计的平台，没有技术作为基础，设计将难以表现和实现，技术的发展制约着设计的发展，而创新设计有时又促进技术的发展。

5 技术发明与技术革新

技术发明是指创造自然界原来没有的事物，技术革新是对原有的技术加以改造和提高。发明和革新是技术的源泉，是推动人类社会进步的动力。

6 知识产权

为鼓励创新，依法保护发明和革新者的利益，国家建立了知识产权保护制度。

知识产权是指对智力劳动成果所享有的占有、使用、处分和收益的权利，是一种无形的财产权，具有垄断性和独占性，还具有价值和使用价值。知识产权在狭义上包括著作权、专利权、商标权三个部分，广义上有著作、邻接（作品传播者权）、商标、商号、商业秘密、产地标记、专利、集成电路布图设计、植物新品种权等。知识产权一般不具域外效力，只在其产生的特定国家、地区的地域范围内有效，其他国家无保护义务。

知识产权通常只在法律规定的时间内有法律效力。比如商标权“云南白药”的驰名商标只能在申请的时间内受法律保护；而知识产权中的“商业秘密”（如保密除虫剂配方）、“地理标志"（如行业协会大闸蟹地标）及“商号权”等可无时间限制，长期受法律保护。

专利又分为发明专利、实用新型专利、外观设计专利三类。发明专利的保护期限为 20 年，自申请日起算；实用新型专利的保护期限为 10 年，外观设计专利的保护期限为 15 年，都是自申请日起算。专利的申请日为专利局收到专利申请文件之日，如果申请文件是邮寄的，那么寄出的邮戳日为申请日。

7 专利申请步骤

专利申请步骤：提交申请→受理→初审→公布→实质审查→授权→公告。

专利的获得时间是专利授权、发给证书，并登记公告的时间。

知识积累

1 技术是一种创造性的劳动，它以满足人类需求为出发点，运用各种物质、装置、工艺方法、知识技能与经验等，实现具有一定使用价值的创造性劳动。

2 技术对人类的价值体现在保护人、解放人和发展人三个方面。技术为人类提供了抵抗不良环境、野兽和病毒等侵害的手段和工具，帮助人类在适应自然界的过程中生存下来；技术解放或延长了人的身体器官，拓展了活动范围和操作空间，提高了劳动效率，增强了人类认识、合理利用和保护自然的能力；技术还促进了人类精神和智力的发展，改变了人类的思维方式，使其实现了自我价值。

3 技术对社会的价值体现在促进社会的发展、丰富社会文化内容、改变社会生活方式等方面。技术是推动社会发展和文明进步的主要动力之一。

4 技术对自然的价值在于使人们能够按照自己的需要和愿望利用自然。然而，在开发和利用自然时，人类应该注意保护环境，不能忽视一些技术或产品对环境可能造成的负面影响。

5 技术的性质有实践性、应用具两面性、综合性、创造性、专利性、价值性、目的性。

6 科学与技术有不同的任务：科学的任务是认识世界，回答“是什么”和“为什么”的问题；技术的任务是进行创造性实践活动，回答“怎么办”的问题。

7 科学与技术相互促进：科学促进技术发展，技术推动科学进步。

8 设计是技术发展的重要驱动力，需要多门学科的相关知识，技术是设计的平台，没有技术作为基础，设计将难以表现和实现。

9 知识产权是指对智力劳动成果所享有的占有、使用、处分和收益的权利，是一种无形的财产权，具有垄断性和独占性，还具有价值和使用价值。

10 知识产权通常只在法律规定的时间内有法律效力。

11 专利又分为发明专利、实用新型专利、外观设计专利三类。

12 专利申请步骤：提交申请→受理→初审→公布→实质审查→授权→公告。

13 专利的获得时间是专利授权、发给证书，并登记公告的时间。

习题分析

一、选择题

1 关于技术产生与人类需求之间的关系,下列说法中不恰当的是(　　)。

A. 纺织技术满足人们遮身御寒的需求

B. 农作物栽培技术满足人们对大量食物的需求

C. 建筑技术满足人们遮风挡雨、抵御外来侵害的需求

D. 定位技术满足私人侦探的跟踪需求

2 下列说法中,合理的是(　　)。

A. 有了人类就产生了技术,技术是不需要设计的

B. 用技术去指导科学,可以改变科学理论

C. 用科学指导技术,可以促进技术的发展和进步

D. 可以用技术设计不科学的东西

3 下列活动中,不属于技术活动的是(　　)。

A. 绘制建筑图纸　　B. 维修教室的凳子

C. 显微镜探究细胞内结构　　D. 制作木质桥梁

4 下列活动中,不属于技术活动的是(　　)。

A. 贝尔发明了电话　　B. 赫兹发现了电磁波的存在

C. 伽利略发明了体温表　　D. 瓦特改良了蒸汽机

如图1-1所示是一款平衡摩托车,它不会像我们常见的摩托车一样容易倒地造成人员受伤。它的原理是摩托车内有两个控制动量的陀螺仪,能够在行驶过程中或停止时都保持车辆处于直立不倒的状态。

图1-1　平衡摩托车

请结合所学知识回答5~7题。

5 与常见的摩托车相比,该产品能够自动保持平衡,显得比较新颖,这主要体现了技术的(　　)。

A. 实践性　　B. 可靠性　　C. 综合性　　D. 创新性

6 设计制造该平衡摩托车需要用到美学、电工学、热学等知识,这体现了技术的(　　)。

A. 创新性　　B. 价值性　　C. 综合性　　D. 两面性

7 该平衡摩托车在制造出来之后,需要通过申请专利对其进行技术保护,申请专利的正确步骤是(　　)。

A. 提交申请→受理→初审→公布→实质审查→授权→公告

B. 提交申请→初审→受理→实质审查→公布→授权→公告

C. 提交申销→初审→受理→公布→实质审查→授权→公告

D. 提交申销→受理→初审→实质审查→公布→授权→公告

8 手机已成为人们生活中最常用的通信设备之一，其信号的传输需要通信基站来完成。下列关于手机及通信基站的说法中，合理的是(　　)。

A. 手机及通信基站都是为了满足人们的生活需要而产生的技术创新

B. 各个通信公司都可以开发自己的基站设备，这些技术都可得到法律保护

C. 基站的设计运用了信号学、电子学、工程学等多学科知识，体现了技术的目的性

D. 基站的设置能够方便人们的生活，但不合格的基站设备有可能影响人体的健康，体现了技术的综合性

如图 1－2 所示是骨传导耳机，它是一种新型的专利产品。它是能将声音转化为不同频率的机械振动、通过颅骨传到听觉中枢的新型耳机，特别适合在进行跑步等运动时佩戴。

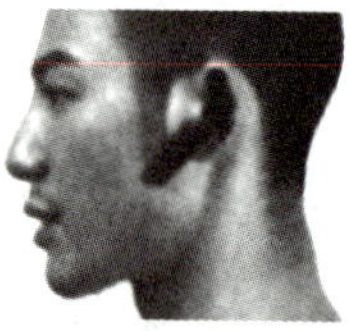

图 1－2　骨传导耳机

请根据这些内容，回答 9、10 题。

9 骨传导耳机是一种新型的专利产品。下列有关专利申请的说法中，正确的是(　　)。

A. 该专利可能为发明专利，保护的时限为 10 年

B. 该专利申请后就可受到法律保护

C. 该专利的保护时限应该从发明者向专利局递交申请专利文件之日算起

D. 该专利一直具有垄断性，其他公司与人员不能仿制生产销售

10 关于骨传导耳机技术，下列说法中不恰当的是(　　)。

A. 需要用到人体工程学、生物学、声学等学科知识，体现了技术的综合性

B. 适合喜欢运动的人群，体现了技术的目的性

C. 佩戴时塞于外耳，有的人用久后会造成外耳酸痛，体现了技术的两面性

D. 采用骨传导技术，体现了技术的创新性

11 太阳能充电器能够将太阳能转换为电能，为手机等电子产品充电。下列关于此技术的说法中，不正确的是(　　)。

A. 将太阳能转换成电能，并为手机充电，体现了技术的创新性

B. 太阳能电池技术的发展，促进了该产品的更新换代

C. 太阳能充电器可以替代传统手机充电器，体现了技术解放人的作用

D. 充电器能够为多款手机充电，设计小巧便于携带，体现了技术的实用性

12 我国的乙醇汽油是用 90% 的普通汽油与 10% 的燃料乙醇调和而成。下列关于乙醇汽油的分析中，不恰当的是(　　)。

A. 乙醇属于可再生能源，可利用废弃的秸秆发酵而制得，体现了技术的可持续发展性

B. 对于乙醇汽油的研究，不仅涉及化学领域，还涉及农业生产、工业制取、发动机运用研究等多门学科，体现了技术的专利性

C. 车用乙醇汽油和传统的无铅汽油一样都需要有相应的技术规范，才能保证油品质量的稳定

D. 车用乙醇汽油可有效降低汽车尾气排放，改善能源结构，体现了可持续发展的原则

13 如图1－3所示是一款智能马桶盖。该智能马桶盖具有抗菌、冲洗、烘干、座圈加温等功能，从技术的性质看，下列对智能马桶盖的分析中，不正确的是（　　）。

图1－3 13题图

A. 微电子技术的发展为开发与研制智能马桶盖技术奠定了基础

B. 智能马桶盖技术的开发与研制生产，体现了技术的创新性

C. 具有抗菌、冲洗、烘干、座圈加温等多种功能，体现了技术的综合性

D. 使用户能清洁生活，预防细菌感染和传播，体现了技术的目的性

14 如图1－4所示是一款瑞士小刀，它集剪刀、改锥、镊子等多种工具于一身。下列关于这项技术的说法中，错误的是（　　）。

图1－4 14题图

A. 该产品具有多种功能，是为了满足人们不同的需求而设计的

B. 该产品可进行简单的锯割，体现了技术的目的性

C. 该产品集多种工具于一体，体现了技术的创新性

D. 该小刀集成工具多，较重，没有常见的小刀携带方便，体现了技术运用的两面性

15 某厂家生产的一次性卫生用品（如牙膏、牙刷等），虽然为人们带来了方便，但对环境造成了极大的危害。关于该技术，不列说法中不正确的是（　　）。

A. 该项技术可以申请专利保护

B. 一次性卫生用品设计要符合可持续发展的理念

C. 一次性卫生用品会对环境造成极大的危害，体现了技术运用具有两面性

D. 一次性卫生用品的设计一定要注意科学性和实用性

16 我国高速铁路技术发展迅速，高铁运营里程居世界第一。下列关于高速铁路技术的说法中，不恰当的是（　　）。

A. 高速铁路提高了人们出行的效率，拓展了活动空间，体现了技术的专利性

B. 高速铁路带动了沿线地区的经济增长，体现了技术具有促进社会生产发展的作用

C. 高速列车利用电力车牵引，能耗低、污染少，体现了技术的可持续发展性

D. 高速铁路涉及轨道、车辆、电网及控制等相关技术，体现了技术的综合性

17 小张设计了一款新型的医学影像智能阅片机器人，它能读取病人的医学影像，并快速准确地诊断疾病。关于这款机器人，下列说法中不恰当的是（　　）。

A. 能快速准确地诊断疾病，体现了技术的综合性

B. 该款新型的机器人能够自主阅片，体现了技术的创新性

C. 小张设计的这款机器人，可以向专利局申请专利

D. 这款机器人可以提升基层医院的诊断水平，体现了技术在医疗领域的重要作用

18 如图1－5所示是家庭光伏发电设备，光伏组件吸收太阳光后产生直流电，逆变器将直流电转化为交流电供家庭使用，多余电量可上传至公共电网中。下列关于该发电技术的说法中，正确的是（　　）。

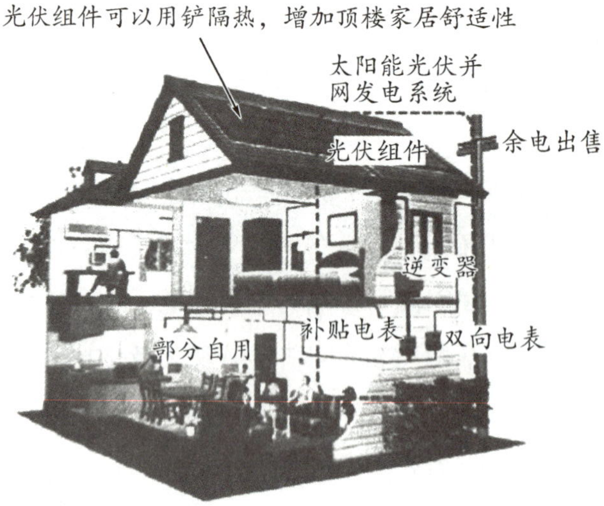

图 1－5　18 题图

A. 所发的电既可家用,又可上传电网,体现了技术的综合性

B. 光伏发电促进了绿色能源的发展,有利于对自然的保护

C. 光伏发电受天气影响,体现了技术应用具两面性

D. 家庭光伏发电设备安装后,其技术专利权归家庭所有

19 智能手机应用于多项新技术,从技术的性质角度分析,下列说法中不正确的是(　　)。

A. 生产厂商需要支付一定的技术使用费,体现了技术的专利性

B. 应用指纹识别技术提高安全性,体现了技术的创新性

C. 长时间使用会伤害人的眼睛,体现了技术的两面性

D. 具有通信、播放影片、拍照、上网等功能,体现了技术的综合性

20 如图 1－6 所示是小王设计的一款可以用手机遥控的电饭煲,现已获得专利。在手机上安装相应的 App 后,可以用手机设置电饭煲的相关功能,还可从从官网上获取相应的烹饪知识。关于这款电饭煲,下列说法中正确的是(　　)。

A. 在手机上可以安装相应的 App,体现了技术的综合性

B. 安装了相应的 App 后,可以使用手机设置电饭煲的相关功能,也可从官网上获取相应的烹饪知识,体现了技术的专利性

C. 小王申请获得该专利后,能在一定的时间内对该技术享有垄断权

D. 小王不需要各种技术就能设计电饭煲

图 1－6　20 题图

二、判断题

21 自从有了人类,就有了技术。(　　)

22 技术可以推动人类社会的发展和人类文明进步。(　　)

23 技术是人类有目的、有意识的实践活动产生的结果。(　　)

24 超声波技术可以方便人们检测未出生婴儿的性别。(　　)

25 技术应用具两面性是指技术运用时既可给人们带来福音,也会给人们带来危害或造成负面的影响。(　　)

26 技术的综合性是指任何技术都可能是多门学科知识或多种技术综合运用的结果。（　　）

27 科学的任务是认识世界，技术的任务是认识自然、保护自然。（　　）

28 科学回答"是什么""为什么"的问题，而技术则更多地回答"怎么办"的问题。（　　）

29 有了科学才有技术，要用科学的方法来指导技术。（　　）

30 技术要以设计为基础，技术也需要设计。（　　）

31 技术的发展制约着设计的发展，而创新设计有时又促进技术发展。（　　）

32 发明和革新是技术的源泉，是推动人类社会进步的动力。（　　）

33 知识产权是一种无形财产的财产权，具有垄断性和独占性，具有价值和使用价值。（　　）

34 实用新型专利和外观设计专利的保护期限为 10 年，发明专利的保护期限为 20 年，自申请日起算。（　　）

35 取得专利的时间是专利的授权日。（　　）

三、应用题

36 如图 1－7 所示是某厂生产的一款自动收割机。它能收割玉米、水稻、麦子等多种农作物，收割的粮食能自动装袋。该产品的设计制作运用了机械、电子、物理等多门学科知识，其质量领先于同类产品，并获得了多项专利，为了增大动力，该产品仍使用柴油为原料，尾气对环境有一定影响。根据以上描述，回答下列问题。

图 1－7　36 题图

（1）专利申请的类型有哪几种？保护时限各是多长？怎样计算？

（2）以上的介绍分别说明了技术的哪些性质？（至少答四点）

（3）根据以上介绍，说说技术对社会发展的影响。（至少两条）

第二章　技术设计过程

机械类、电子类或物理类方向必修★★★

思维导图

- 技术设计过程
  - 设计原则
    - 科学性原则：符合客观规律和科学原理(永动机、水变油)
    - 创新性原则：新产品、新特性、新方法等
    - 可靠性原则(稳定)、实用性原则(方便)、时效性原则
    - 经济性原则：力求用最少的成本生产最佳的产品
    - 技术规范性原则：通用性、标准化原则
    - 可持续发展原则：预防对自然环境的破坏
  - 发现与明确问题
    - 问题的来源：生存活动的需求、别人的委托、一定的目的
    - 发现问题的途径和方法：日常生活、搜集和分析信息、研究与试验
    - 明确问题：是否能够解决、是否当前可以解决、是否值得解决
  - 技术设计方案
    - 信息搜集—调查、咨询、查阅资料、浏览互联网等
    - 设计分析
      - “人”指的是产品的使用者，要做到健康、安全、舒适、高效
      - “物”一般包括材料、结构、功能等
      - “环境”指的是产品使用的地方、摆放的位置、所处的空间等
      - 四个目标：高效、舒适、安全、健康
        - 四个考虑因素：普通人群与特殊人群、静态的人与动态的人、心理与生理需要、信息交互
    - 方案构思、呈现、筛选
      - 方案构思方法：草图法
      - 方案的比较、呈现和筛选
  - 技术试验
    - 技术试验的方法：优选试验法、模拟试验法、虚拟试验法、强化试验法、移植试验法
    - 技术试验的种类：实物试验、对比试验、计算机模拟仿真试验、模拟试验、老化试验、破坏性实验、优选试验、强化试验等

知识结构

1 技术设计的原则

（1）科学性原则：符合客观规律和科学原理。例如，永动机、水变油、长生不老药等设计违背了科学性原则。

（2）创新性原则：通过引入新概念、新的方法、新的思想，新技术、新的商业方式等来处理某种产品，或对已有的产品进行革新来创造具有相当社会价值的事物或者形式。

（3）实用性原则：要把解决存在的问题，满足用户的需要作为设计的一个原则，不要设计用户不欢迎甚至反对的产品。

（4）经济性原则：力求用最低的成本，设计出能满足用户要求的产品。

（5）工程心理学和生理学原则：遵循人们心理和生理特点，考虑美观、舒适、使用方便、使用者和产品之间的协调等。

（6）法律、道德规范原则：技术设计要遵守有关的法律、制度和伦理道德规范，不允许有违法、违规的行为。例如，生产刑讯逼供器具、破坏环境的产品、低级趣味的产品、假冒伪劣产品、损害人体健康的产品、侵犯知识产权的产品等。

（7）技术规范性原则（通用性、标准化原则）：产品设计尽可能采用标准化技术和标准件。

（8）可持续发展原则：开发产品或项目时，应尽量采用可再生的能源和资源进行设计，预防对自然环境的破坏。从节约能源、生态优先、绿色环保的角度考虑。

（9）最优化原则：所设计的产品或项目在功能、技术上尽可能是目前（并能在一段时间内）最合理的。

（10）可靠性和耐用性原则：设计的产品或项目在规定的使用寿命时间内，能适应规定的条件和环境而可靠地工作，不会发生故障，原规定的功能、性能指标也不会低于使用说明书规定的范围。

（11）安全性原则：在使用时或操作运行时必须是安全的。

（12）时效性原则：必须按照设计任务书规定的截止日期完成设计。

2 设计的一般过程

（1）发现和明确问题：①提出设计项目；②明确设计要求。

（2）制定设计方案：①搜集信息（调查、咨询）；②设计分析；③方案构思（想出方法）；④方案呈现（画出草图）；⑤方案筛选（选出最佳方案）。

（3）模型及原型制作：①绘出加工图样；②制作模型或原型（木工、金工与装配）。

（4）测试评估与优化：①技术试验（模型、优化、强化、移植试验等）；②评估与优化（改进）。

（5）产品的使用与维护。

3 发现与明确问题

(1)技术问题的来源:①人类生存活动的需求;②别人的委托;③基于一定的目的,由设计人员自己主动发现的问题,并试图去解决它。

(2)发现问题的途径和方法:①观察日常生活,如新式纺纱机的诞生;②搜集和分析信息,可采用文献法、问卷调查法、询问法等。③技术研究与技术试验,如伽利略与体温表。

(3)明确设计要解决的技术问题:①判断问题是否能够解决:要判断解决的技术问题有没有违反科学理论和客观规律;②判断问题是否当前可以解决,要判断解决这个问题是否超过了当前的能力和条件;③判断问题是否值得解决,要判断解决这个问题是否有价值,投入产出比如何,社会效益如何,收益如何。

4 明确解决设计问题的能力、条件

(1)明确解决设计问题的能力

设计的能力指的是解决问题的能力,包括个人的能力以及团体的能力。

设计的能力通常受到社会发展水平和科学技术水平的制约。

(2)明确解决设计问题的条件

①时间条件:解决设计问题所需要的时间。

②经费条件:解决设计问题所需要的经费。

③设备条件:解决问题所需要的科学仪器与机器设备。

④其他条件:如特殊的材料、原料。

5 明确设计的要求

明确设计的要求就是弄清楚设计要达到的标准和所受到的限制。

设计的标准是指设计的产品要达到的标准。GB 即"国标"的汉语拼音缩写,表示中华人民共和国国家标准;QB 表示企业标准,通常企业标准高于行业标准,行业标准又高于国家标准;ISO 是国际标准化组织。

6 制定设计方案的流程

制定设计方案的流程包括搜集信息(调查、咨询)、设计分析、方案构思(想出方法)、方案呈现(画出草图)、方案筛选(选出最佳方案)。

(1)搜集信息

通过用户调查、专家咨询、查阅图书资料、收听广播、收看电视、浏览互联网等渠道搜集有关产品的信息。

(2)设计分析

①产品的设计要综合考虑人、物、环境三个方面

"人"指的是产品的使用者,要做到健康、安全、舒适、高效;"物"一般包括材料、结构、功能等,结构的强度和稳定性一定属于"物":"环境"指的是产品使用的地方、摆放的位置、所处的空间等,受环境制约,并对环境产生影响,包括环境的适应性及环境保护等方面的内容。产品设计案例见表 2 - 1 所列。

表 2 - 1　产品设计案例

设计案例	考虑"物"方面	考虑"人"方面	考虑"环境"方面
可折叠结构	如何实现折叠结构、具体采用什么方式折叠	折叠后便于携带	折叠后,体积小,便于存放
材料	采用强度高的材料	采用珍贵、无毒、优等材质	采用可降解、环保、防湿、防潮、防腐材料
水果刨	刀片锋利、强度好、坚固耐用、寿命长	操作便捷,造型美观	适合不同水果形状,适应周围环境

②在设计中人与机关系要实现的目标

Ⅰ. 高效:通常指能合理或最优先分配人与机器的功能,促进两者的协调,提高人的工作效率。

Ⅱ. 健康:指长期使用产品后,产品对人的健康不造成不良影响。

Ⅲ. 舒通:指使用产品时,操作或使用的姿势自然,人不会疲劳,感觉舒适。

Ⅳ. 安全:指使用产品时,不会对人的身体构成生理上的伤害。

③设计中合理的人与机关系还需考虑四个方面的内容

Ⅰ. 考虑普通人群和特殊人群的特点和需要。特殊人群通常指残疾人群或特别需求人群。

Ⅱ. 考虑静态的人与动态的人。静态指人的自然状态,人体的固有尺寸;动态指人的功能尺寸,即动作范围或体形变化。

Ⅲ. 考虑人的心理需求和生理需求。

Ⅳ. 考虑信息的交互。人与产品之间的互动和信息传递过程。

7 方案构思及呈现

一般选择草图进行构思,其绘制过程如图 2 - 1 所示。

①画主线,成平面;②沿轴向,成立体;③删冗余,描细节;④标尺寸,要规范。

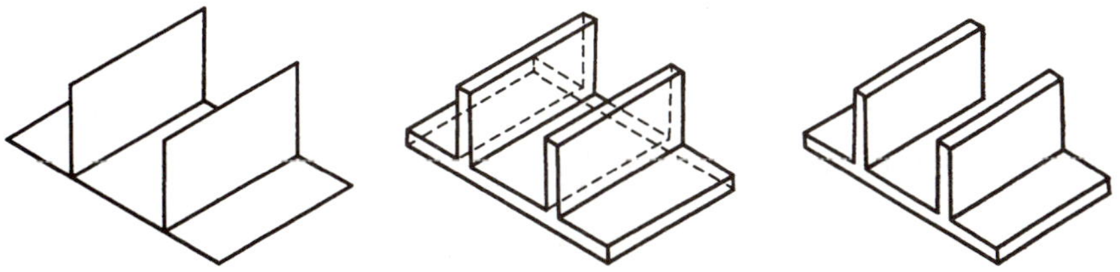

①画主线,成平面　②沿轴向,成立体　③删冗余,描细节

图 2 - 1　绘制草图

8 方案筛选

产品设计考虑的要素:功能实用,结构稳定,成本适当,安全可靠,易于制作,美观、新颖、环保,加工难易程度等。

9 技术试验的类型

技术试验按试验目的可分为:性能试验(通过改变所给条件,测量试验对象的状态变化并分析其原因,明确试验对象的性能或性能故障。如对产品的耐高温、抗拉、抗压、强度、硬度等进行的试验);优化试验(对试验对象进行条件优化或条件组合。如农业中优选育种);预测试验(通过实验,预测被试对象状态的变化及产生的后果。如可以通过老化试验预测零件老化后的结果)。

10 技术试验的方法

(1)优选试验法:运用数理统计的方法,选定若干次典型意义的试验,逻辑地推出全部试验所达到的最佳效果(代表性样品的选取)。

(2)模拟试验法:通过再现的形式来模拟现实发生情况的方法(如汽车碰撞试验)。模拟试验法还可以通过缩小(放大)比例来模拟所设计的现场效果(大坝水利试验等)。

(3)虚拟试验法:利用计算机技术来模拟现实中的技术设计原型并进行试验的方法(计算机模拟火星探测器登陆火星表面)。

(4)强化试验法:通过扩大和强化试验对象的作用,以提高试验效率的方法(食品保质期的测试、水管抬压的试验,汽车零部件的疲劳度和寿命的测试等,一般属于更加恶劣的条件下的破坏性的测试试验)。

(5)移植试验法:在相互具有差异的事物之间,将某些共同相关的因素从一物移植到另一物进行试验的方法(药品用小白鼠做试验,一般用于动物或植物)。

11 技术试验的分析案例

实物试验(真实汽车碰撞)、对比试验(不同药物在两组小白鼠身上做比较)、计算机模拟仿真试验(计算机上仿真导弹发射)、模拟试验(飞机模型做风洞试验)、老化试验(轮胎加热老化测试)、破坏性试验(飞机碰撞试验)、优选试验(袁隆平做杂交水稻对比试验选择最好的品种)、强化试验(测试产品在性能方面所能承受的最大极限,如安全帽的钢钉试验)等。

12 技术试验的实施与报告的写作

技术试验的实施步骤:制定试验计划、抽取样本、进行试验、分析数据、得出结论。

技术试验的试验报告项目:试验目的、试验准备、试验步骤、试验记录、试验总结。

知识积累

1 科学性原则:符合客观规律和科学原理(永动机水)。

2 创新性原则：新的产品、新特性、新方法等。
3 可靠性原则（稳定）、实用性原则（方便）、时效性原则。
4 经济性原则：力求用最低的成本生产最佳产品。
5 技术规范性原则：通用性、标准性原则。
6 可持续发展原则：预防对自然环境的破坏。
7 问题的来源：生存活动的需求、别人的委托、一定的目的。
8 发现问题的途径和方法：日常生活、搜集和分析信息、研究与试验。
9 明确问题：是否能够解决、是否当前可以解决、是否值得解决。
10 制定设计方案的流程：①搜集信息（调查、咨询）；②设计分析；③方案构思（想出方法）；④方案呈现（画出草图）；⑤方案筛选（选出最佳方案）。
11 “环境”指的是产品使用的地方、摆放位置、所处的空间等。
12 四个目标：高效、舒适、安全、健康。
13 技术试验的方法：优选试验法、模拟试验法、虚拟试验法、强化试验法、移植试验法。
14 技术试验的种类：实物试验、对比试验、计算机模拟仿真试验、模拟试验、老化试验、破坏性实验、优选试验、强化试验等。

习题分析

一、选择题

1 如图 2－2 所示为一款苹果削皮器，其刀头处的弹性设计使它适用于不同大小的苹果。该产品主要体现了设计的（　　）。

图 2－2　1 题图

A. 美观性原则　　B. 实用性原则
C. 可持续发展原则　　D. 经济性原则

2 在汽车制造业中，人们采用先进的尾气净化技术极大地降低了汽车尾气对空气的污染，各汽车厂商也正在研究生产对空气无污染的电动汽车。这体现了设计的（　　）。

A. 可持续发展原则　　B. 实用性原则
C. 技术规范性原则　　D. 道德原则

3 某设计师在就餐时发现普通托盘上的酒杯很容易被碰倒，于是设计了如图 2－3 所示的卡口式酒杯托盘。该设计师发现问题的途径是（　　）。

图 2－3　3 题图

A. 搜集和分析信息　　B. 技术试验
C. 技术研究　　D. 观察日常生活

4 如图 2－4 所示是某学生设计的一款家用电器插座，该插座为树形造型，可不断扩展。下列不属于该插座设计限制因素的是（　　）。

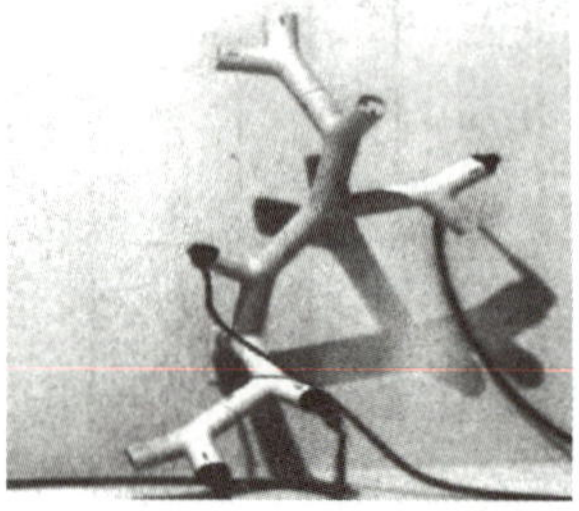

图 2－4　4 题图

A. 插座的安全设计标准　　B. 插座的体积大小
C. 插座的销售人群　　D. 插座的制造工艺

5 瑞士的乔治有一次散步回家，发现自己裤腿上粘满了一种草籽苍耳。他认真观察，据此发明了尼龙搭扣。他发现问题的主要途径是（　　）。

A. 查阅各种资料　　B. 搜集与整理信息
C. 观察日常生活　　D. 进行技术试验

6 如图 2－5 所示为条状年糕切片器，通过调节刀片与挡板间的距离，可切出不同厚度的年糕片。在设计该产品时，下列因素中不需要考虑的是（　　）。

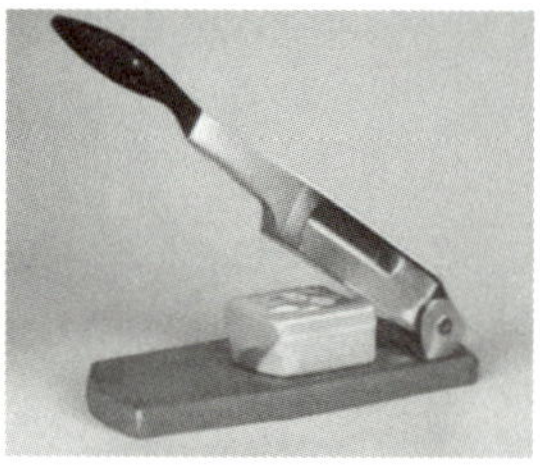

图 2－5　6 题图

A. 刀片的材料　　B. 年糕片的厚度
C. 手柄的形状　　D. 年糕的长度

7 如图 2－6 所示为一款安全箱。下列设计分析中，主要从“物”的角度考虑的是（　　）。

图 2－6　7 题图

A. 使用地方多，可以有效防止潮气、水，甚至空气进入
B. 锁扣设计不夹手、好打开、易锁紧
C. 内部有多层空间，方便分类放置物品
D. 外壳采用聚丙烯异分子的工程塑料，强度高

8 如图 2－7 所示为某小组设计的一款室外公共帐篷。下列设计分析是从“环境”角度考虑的是(　　)。

图 2－7　8 题图

A. 至少能容纳四人　　B. 选用便于加工的材料

C. 能在各种材质的地面灵活搭设　　D. 人员出入帐篷便捷

9 某厂家研制了一款网络空调，可以让用户通过电脑、手机等进行远程遥控，并随时了解其运行状况。下列关于网络空调技术的说法中，最合理的是(　　)。

A. 体现了技术保护人的作用　　B. 体现了人机关系的高效目标

C. 促进了社会经济结构的变化　　D. 体现了技术的可靠性原则

10 各种大型机械设备的操作台上，急停装置都是红色的大按钮，并禁止其他按钮使用红色，使操作者可以第一时间停止设备，避免危险。关于这种设计，下列说法中不正确的是(　　)。

A. 更好地实现信息的交互

B. 实现人机关系的高效目标

C. 满足一般人群和特殊人群的需求

D. 满足人体的心理或生理的需要

11 如图 2－8 所示为一款可携带自行车铃铛，铃铛构造相当简单，为圆球形，可靠磁性直接吸合在自行车上使用，它可根据前方障碍物的远近发出三种不同的声音。从人机关系的角度分析，下列说法中不正确的是(　　)。

图 2－8　11 题图

A. 能发出三种不同的声音，体现了信息的交互

B. 磁性吸合，实现了人机关系的高效目标

C. 骑行时由于震动铃铛会上下抖动，考虑了人的动态尺寸

D. 讨喜的圆球形设计满足了人的心理需求

12 如图 2－9 所示是一款便携座椅。从设计中的人机关系角度分析，下列说法中不正确的是(　　)。

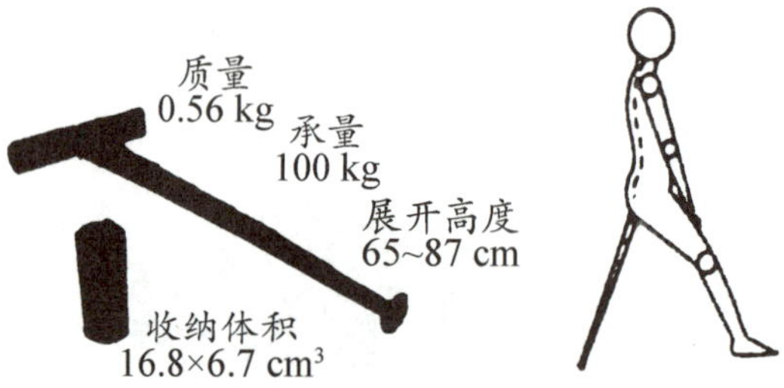

图 2－9　12 题图

A. 可根据使用者的不同身高调节座椅高度，主要考虑动态的人

B. 座椅使用起来非常方便，一拉、一拧就可以坐下，实现了高效目标

C. 符合人体工学的设计，使用者的重心恰好可以处于脊椎的正下方，实现了舒适目标

D. 整个产品采用强韧的聚碳酸酯材料，具有足够的承重能力，实现了安全目标

13 如图 2－10 所示为小木床和护栏的示意图，护栏两端分别装有转动轴和限位销，护栏通过连接件安装到床上。要求护栏能竖起和放下，竖起时固定可靠，合理的连接件是(　　)。

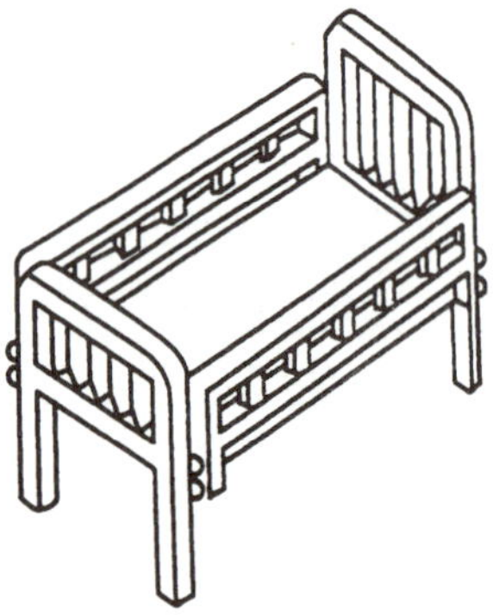

图 2－10　13 题图

A

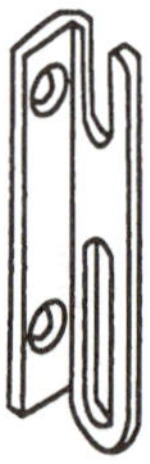
B

C

D

14 如图 2－11 所示为卫生间镜前灯安装示意图。为了保证镜前灯容易安装且方便调整为水平，下列挂板中最合理的是(　　)。

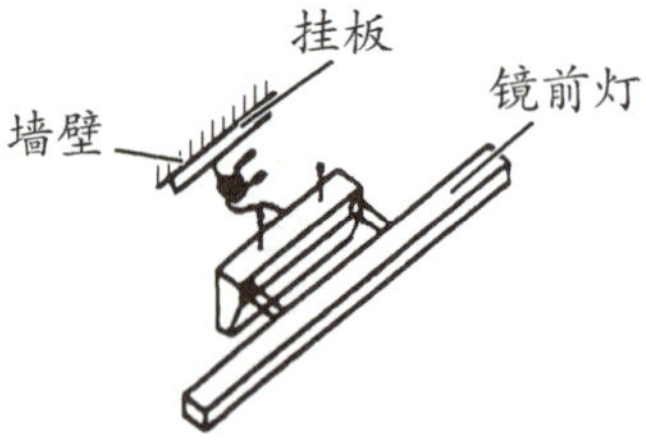

图 2－11　14 题图

A

B

C

D

15 如图 2－12 所示是一款学生设计的木质相框，该相框的边框采用的连接结构是(　　)。

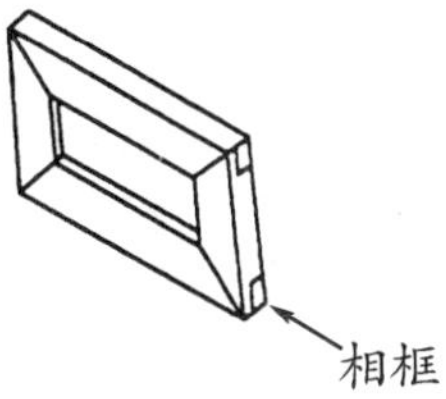

图 2－12　15 题图

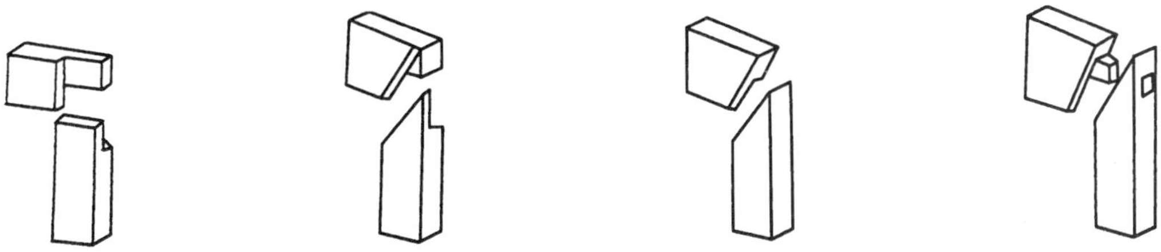

A　　B　　C　　D

16 如图 2－13 所示是一款学生设计的人字梯，为了使用安全，需要在安装孔位置加装拉杆，要求人字梯展开或收拢时拉杆不伸出梯子，操作方便。下列设计方案中最合理的是(　　)。

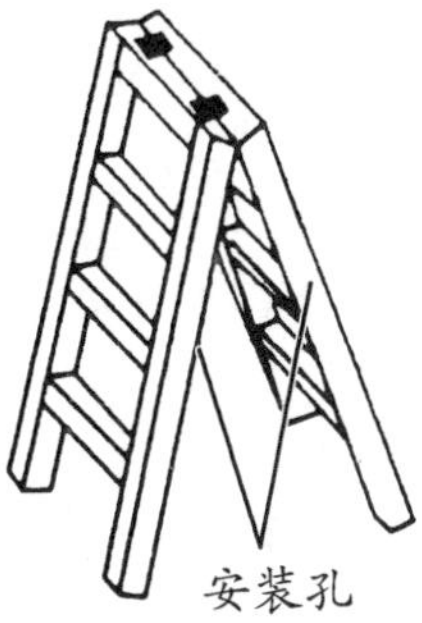

图 2－13　16 题图

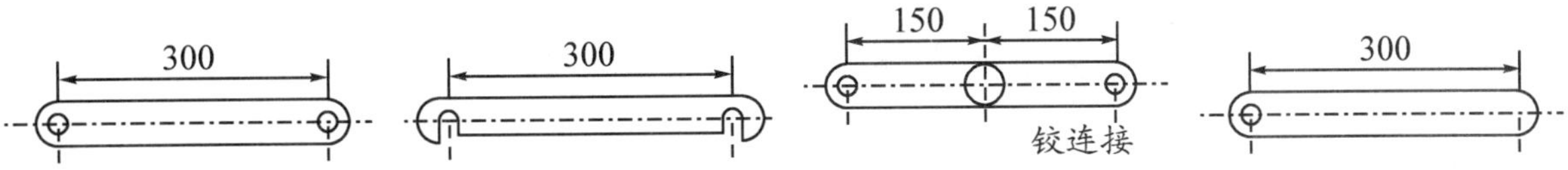

A　　B　　C　　D

17 如图 2－14 所示，椅子左侧一根横梁断了，要更换该横梁，合理的构件是(　　)。

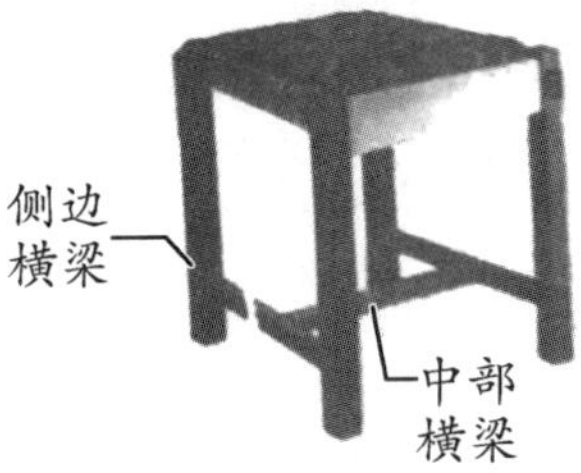

图 2－14　17 题图

A　　B　　C　　D

18 某品牌包装箱在出厂前，要进行2000多次载荷条件下的抗摔测试，以确定包装箱体的可靠性和牢固性。该测试属于(　　)。

A. 模拟试验　　B. 仿真试验　　C. 强化试验　　D. 对比试验

19 如图2－15所示是材料弯曲测试示意图，通过改变砝码的质量，检测材料弯曲度，你认为这一试验属于(　　)。

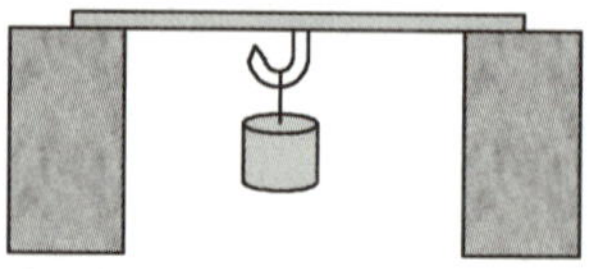

图2－15　19题图

A. 性能试验　　B. 优化试验

C. 信息试验　　D. 预测试验

20 下列是关于技术试验报告的内容，其书写的顺序和项目都正确的是(　　)。

①试验准备；②试验目的；③试验步骤；④试验记录；⑤试验总结；⑥试验器材。

A. ①⑥②③⑤　　B. ①②③④⑤

C. ⑥①③④⑤　　D. ②①③④⑤

二、判断题

21 最初的设计，称为原创性设计或开发性设计。(　　)

22 长生不老药的设计违背了科学性原则。(　　)

23 设计的经济性原则是指产品的经济性可观，产品销售的价格高。(　　)

24 设计的可靠性原则是指产品在使用过程中性能可靠，不易出现故障或损坏。(　　)

25 设计的时效性原则是指产品使用的有效时限。(　　)

26 发现问题的途径有可能来源于生活、调查分析或技术实验。(　　)

27 设计作品时，首先要搜集信息，包括该作品在网络、媒体和市场上的相关信息。(　　)

28 产品设计时，一定要综合考虑人、物、环境三个要素。(　　)

29 人与机器人之间的关系称为"人机关系"。(　　)

30 人机关系的安全目标是指使用该产品不对人体造成伤害的目标。(　　)

31 人机关系的安全目标一定指的是人的安全，并非财物的安全。(　　)

32 利用仿生学的知识进行产品的设计，是模仿法构思。(　　)

33 汽车使用假人进行的安全碰撞试验属于计算机仿真试验。(　　)

34 通过扩大和强化试验对象的作用，以提高试验效率的方法属于强化试验法。(　　)

35 袁隆平选育杂交水稻时进行的对比试验又称为优选试验。(　　)

三、应用题

36 阅读材料，完成下列各小题。

2008年北京奥运会火炬造型的设计灵感来自中国传统的纸卷轴。北京奥运会火炬如

图 2－16 所示，长 72 cm，重 985 g，燃烧时间 15 分钟，在零风速下火焰高度为 25～30 cm。除此之外，它还有以下特点：①在强光和日光情况下均可识别和拍摄。②在工艺方面使用锥体曲面异型一次成型技术和铝材腐蚀、着色技术。③火炬外形制作材料为可回收的环保材料。④北京奥运会火炬在燃烧稳定性与外界环境适应性方面达到了新的技术高度，能在 65 km/h 的强风和每小时 50 mm 的大雨情况下保持燃烧。⑤在工艺上采用轻薄高品质铝合金和中空塑件设计，十分轻盈。下半部喷涂高触感塑胶漆，手感舒适不易滑落。⑥北京奥运会火炬是我国自主设计研发的产品，拥有完全的知识产权。⑦北京奥运会火炬使用燃料为丙烷，这是一种价格低廉的常用燃料。⑧丙烷的主要成分是碳和氢，燃烧产物只有二氧化碳和水，没有其他物质，不会对环境造成污染。

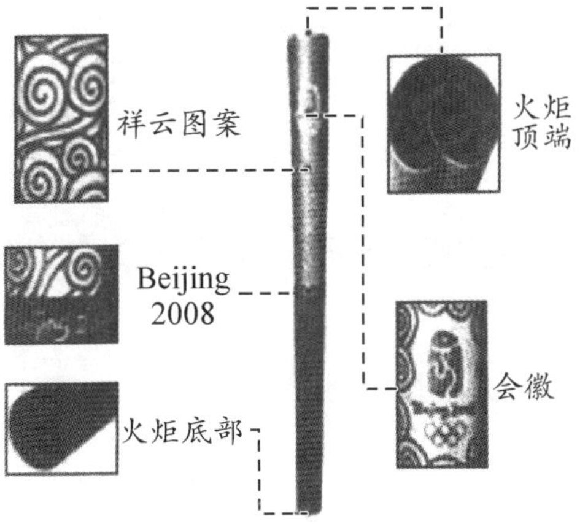

图 2－16　36 题图

请根据上述内容回答以下问题。

(1) 针对祥云火炬的设计，可以从人、物、环境三方面进行设计分析，完成表 2－2 的填写。

表 2－2　祥云火炬的设计

设计内容	设计分析（从人、物、环境三方面选择分析）
在强光和日光情况下均可识别和拍摄	
在工艺上采用轻薄高品质铝合金和中空塑件设计	
下半部喷涂高触感塑胶漆，手感舒适不易滑落	

(2) 主要体现设计的可持续发展原则的是________、________；主要体现设计的经济性原则的是________；主要体现设计的实用性原则的是________、________。（从阅读材料中选择相应的序号填入）

37 现在需要测试牛皮纸的抗拉强度，请你设计一个简易的试验方案，用钩码作试验器材，按要求完成下列试验报告。

试验名称：牛皮纸的抗拉强度测试。

试验目的：____。

____

试验准备：____

____。

试验过程：____

____

____

____。

第三章　工艺及方案实现

机械类、电子类或物理类方向必修★★★

思维导图

- 工艺及方案实现
  - 常用加工工艺
    - 金工
      - 画线工具：钢直尺、直角尺、划针、划规(画基准线→画加工尺寸线→画轮廓线→冲眼)
      - 锯割
        - 起锯：左手大拇指贴住锯条，角要小，行程短
        - 过程：推锯加压，回拉不加压，锯程要长
      - 锉削工具：推挫过程中，左手的施压要由大变小，右手的施压要由小变大
      - 钻孔工具
        - 步骤：先画线定位,再装夹工件,接着装夹钻头最后钻孔
        - 要戴防护镜，不准戴手套操作和用嘴吹钻屑，不能用手直接扶持小工件
      - 螺纹加工工具：钻孔后要先倒角,再加工螺纹
    - 木工
      - 锯：大齿下料；细齿榫头、榫肩，线锯(钢丝锯)造型
      - 其他工具：铅笔画线，手工凿子打孔，例子表面打工，砂纸表面打磨
    - 电工 – 常用电工工具：电烙铁用于电子元件焊接
  - 材料选择
    - 材料的分类：天然材料、金属材料、学材料、复合材料、新材料
    - 材料的特性：塑性、弹性、耐腐蚀性等
    - 标准件：螺钉、螺母、垫圈、铆钉等
  - 常用的连接方式
    - 金属的连接：铆接、粘接、焊接、螺栓和螺母连接等
    - 木材常用的连接：胶连接、榫接、插接、钉接等
  - 模型或原型的制作
    - 分类：草模、概念模型、结构模型、功能模型、展示模型
    - 制作步骤：配备材料、进行零件加工、零部件组装、表面涂饰
    - 表面处理：表面刷光、喷涂油漆或镀层

知识结构

1 常用金工工具及使用注意事项

(1)画线工具

画线工具用于画出加工部件的轮廓线、基准点或基准线。步骤:画基准线→画加工尺寸线→画轮廓线→冲眼。

①钢直尺(图3-1):一种简单的尺寸量具。

②角尺(90°)(图3-2):在画线时用作画垂直线或平行线的导向工具,也可用来确定工件表面在划线平板上的垂直位置。注意:画线时角尺要紧贴工件的一个基准面。

(a)　(b)　(c)

图3-1　钢直尺

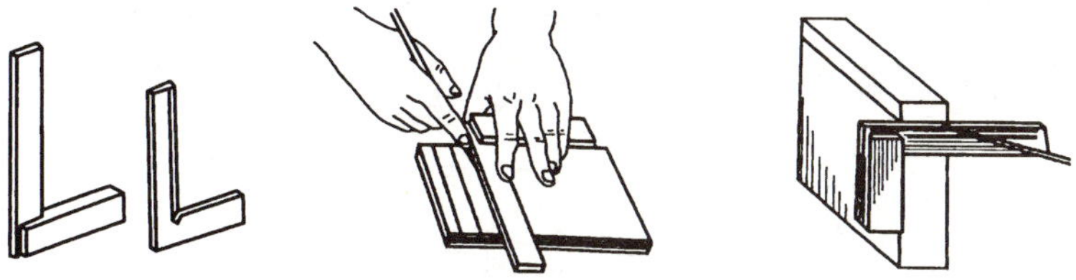

(a)　(b)　(c)

图3-2　角尺

③划针(图3-3):用于在工件上画线条,以碳素工具钢为原料,尖端磨成15°~20°的尖角,并经热处理淬火后制成。注意:在画线时,划针向画线方向顺斜45°~75°,上部向外侧倾斜15°~20°。

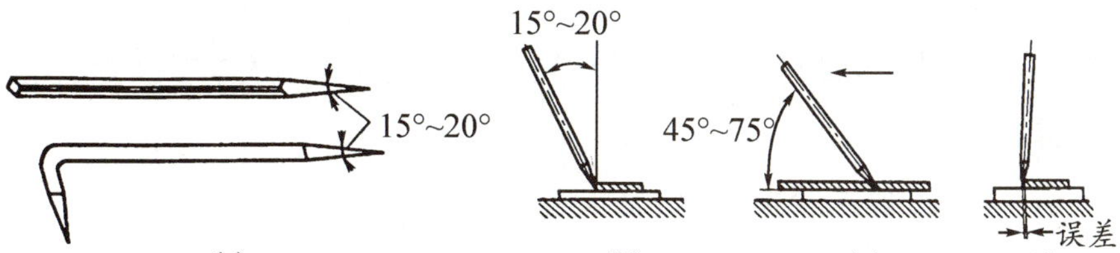

(a)　(b)　(c)　(d)

图3-4　划针

④划规(图3-4):用于画圆弧、等分线段、等分角度和量取尺寸等。

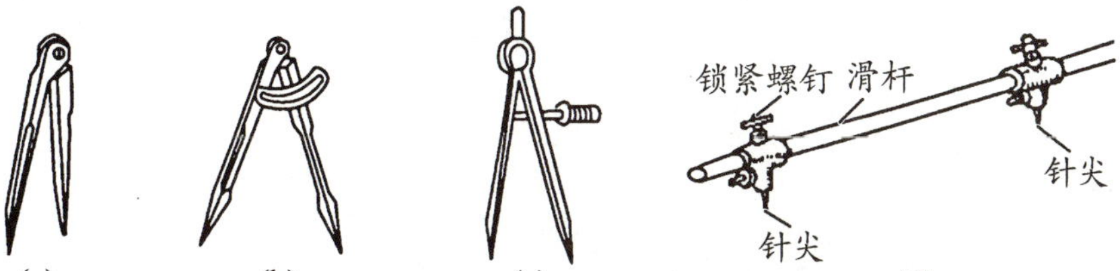

(a)　(b)　(c)　(d)

图3-4　划规

⑤样冲(图 3 - 5):用于在工件(金属件)钻孔时的中心定位。先倾斜对准十字画线的中心,然后扶直敲击。

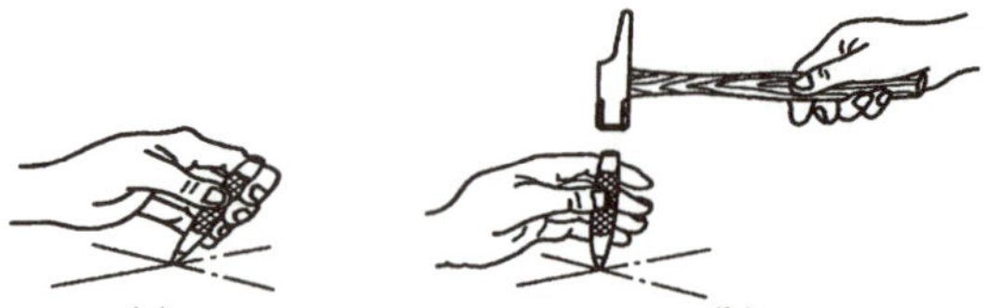

图 3 - 5　样冲

(2)锯割工具

钢锯(图 3 - 6)是常用的金属加工工具,常用于切断直径较小的圆钢或较薄的角钢、扁钢等工件。钢条的锯齿斜向前方,不能装反,要装平正,如图 3 - 7 所示。

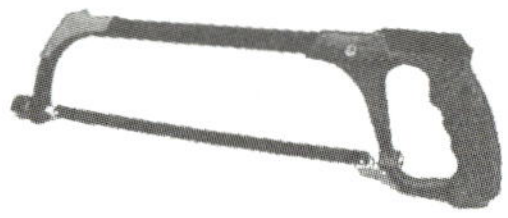

图 3 - 6　钢锯

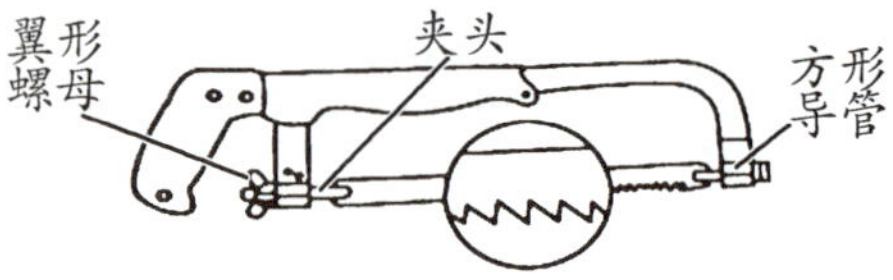

图 3 - 7　钢锯的安装

起锯方法:左手大拇指贴住 - 锯条(注意手指不要压在锯条背上,会受伤),起锯角要小,起锯角约为 15°,角度太大容易崩齿,如图 3 - 8 所示;行程要短,压力要小,锯入 2 ~ 3 mm 后才逐渐正常锯割。

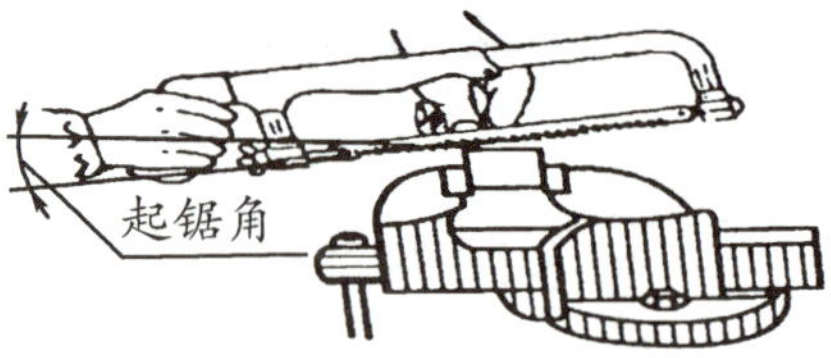

图 3 - 8　起锯

锯割方法:站位和握锯姿势要正确,右手握住手柄向前施加压力,左手轻扶在弓架前端,推锯加压、回拉不加压,锯程要长,以免锯条中间部分迅速磨钝,如图 3 - 9 所示。推拉要有节奏,不能用手抹和嘴吹铁屑。

锯割圆钢时,为了得到整齐的锯缝,应从起锯开始以一个方向锯至结束;锯割圆管时,薄管应夹在木垫之间或使用 V 形夹,锯到内壁时停止,然后向推锯方向旋转一些再锯。

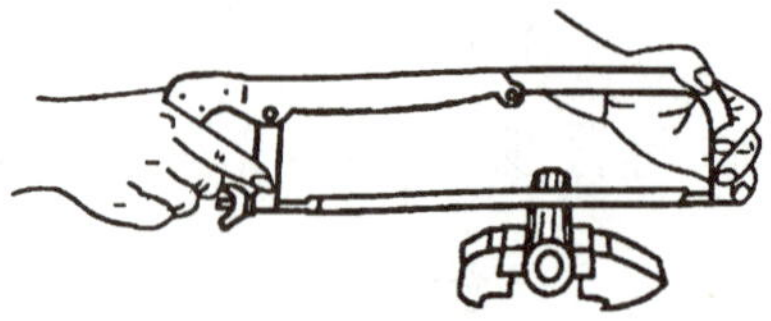

图 3 - 9　锯割

(3)夹持工具

①台虎钳(图 3 - 10)通常用来进行锯割、锉削、攻丝、套丝等操作。通常工件夹持在台虎钳的左边,锯割线距台虎铺 20 ~ 30 mm。

②平口钳(图 3-11)通常在台钻、钻床、铣床、磨床上使用,工件尺寸不超过 70 mm,工件加工面必须高出钳口。

③手(虎)钳或钢丝针(图 3-12)通常用来夹持薄小的工件,如在台钻上钻孔时可使用。

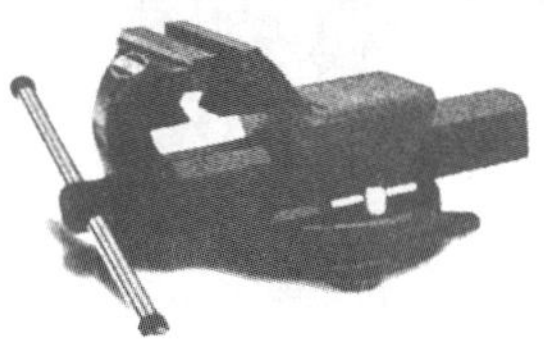

图 3-10 台虎钳

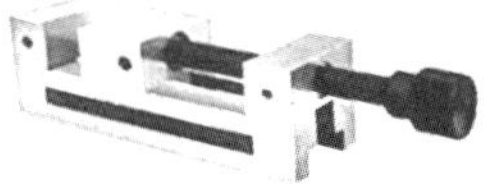

图 3-11 平口钳

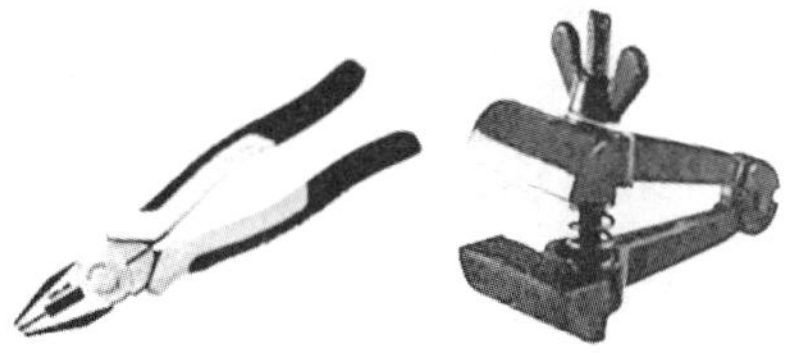

图 3-12 手(虎)钳和钢丝针

(4)锉削工具

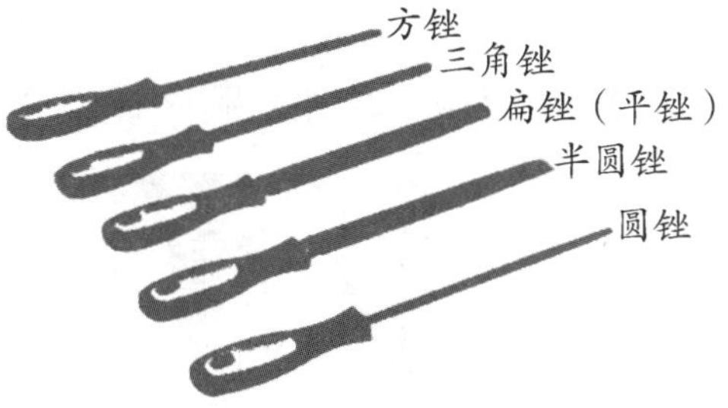

图 3-13 锉削工具

锉刀(图 3-13)是表面打磨工具,其表面有细密的刀齿。它分为圆锉、平锉(扁锉)、半圆锉、三角锉等,其中圆锉用于锉圆孔,半径较小的四面或椭圆面,三角锉用于锉内角和平面,平锉可锉平面和凸弧面。

在使用锉刀时,右手握紧锉刀木柄,左手轻扶刀前端。在锉削时要注意身体和手臂动作的协调,如图 3-14 所示。在推锉过程中,左手的施压要由大变小,右手的施压要由小变大,使锉刀平稳而不上下摆动。若锉刀运动不平直,工件中间就会凸起或产生鼓形面。

图 3-14 锉刀的使用

锉刀的使用注意事项:不能用锉刀敲击工件和其他物件;锉刀不能叠放;不能用嘴吹和手抹铁屑,要用专门的刷子刷扫。

(5)钻孔工具

①台钻(图 3-15)是常用的钻孔工具,钻孔时要选择合适的钻头。

钻孔的操作步骤:(画线)划针→(定位)样冲→装夹工件→安装钻头→钻孔。

操作注意事项:"二要"(操作时要集中注意力,要戴防护镜)、"二不"(不准戴手套操作和用嘴吹钻屑,不能用手直接扶持小工件、薄工件,以免造成伤害事故)。

②电钻（图 3－16）是利用电做动力的钻孔工具，可在墙面、金属、木材等上打孔洞。

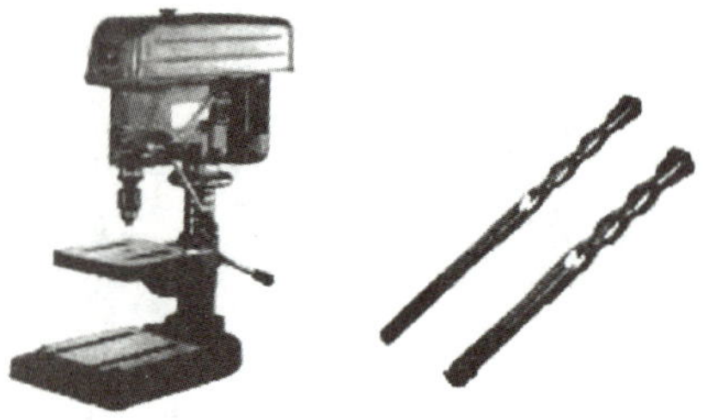

图 3－15　台钻和钻头

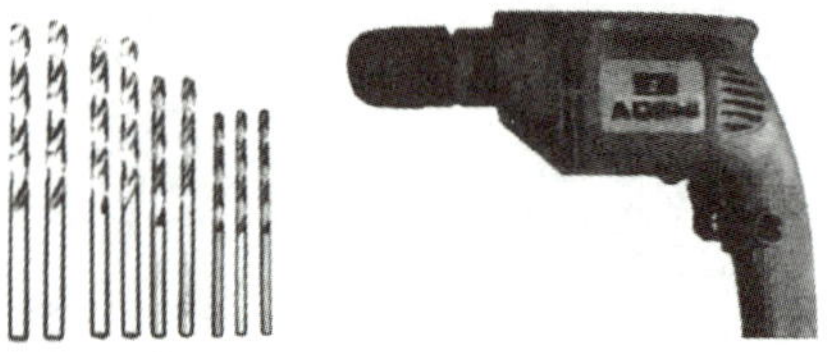

图 3－16　电钻和钻头

（6）螺纹加工工具

①丝锥（图 3－17）是一种加工内螺纹的刀具，沿轴向开有沟槽。丝锥扳手（又称铰手）用来固定丝锥。攻内螺纹时，必须以初锥、中锥、底锥的顺序攻削至标准尺寸（图 3－12）。

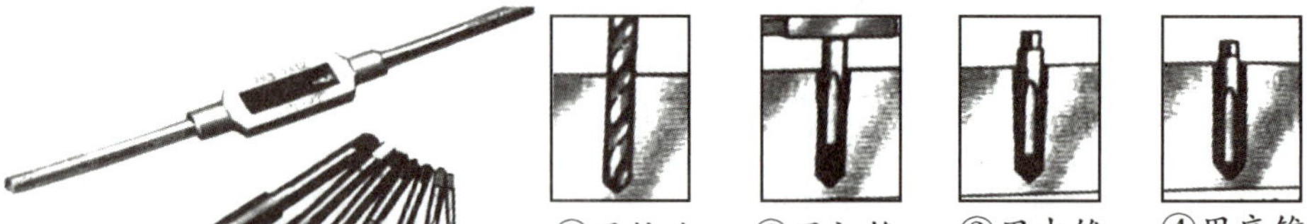

图 3－17

攻内螺纹的操作过程：钻孔→底孔倒角→选择丝锥→装夹工件→攻内螺纹。

a. 先钻孔，钻孔后孔口倒角（如果是通孔则两面孔口都应倒角）。

b. 攻丝时丝锥垂直于孔的中心线的垂直面（图 3－18）。

c. 当丝锥切入 1～2 圈时，用目测或直角尺从前后、左右两个方向检查丝锥是否垂直，并校正。攻丝时，每扳铰杠 0.5～1 圈，要倒转一两圈，使切屑断裂易于排出；攻丝时，应顺时针旋转，若感到吃力时即逆时针旋转 180°，若仍感到吃力可适当加一点冷却液。

d. 根据螺孔和材料的要求，按顺序使用初锥、中锥、底锥（或头锥、二锥、三锥）。

②板牙（图 3－19）是一种加工或修正外螺纹的工具。利用板牙在圆柱体的外表面上加工出外螺纹的操作称为套丝。板牙扳手用来固定板牙。

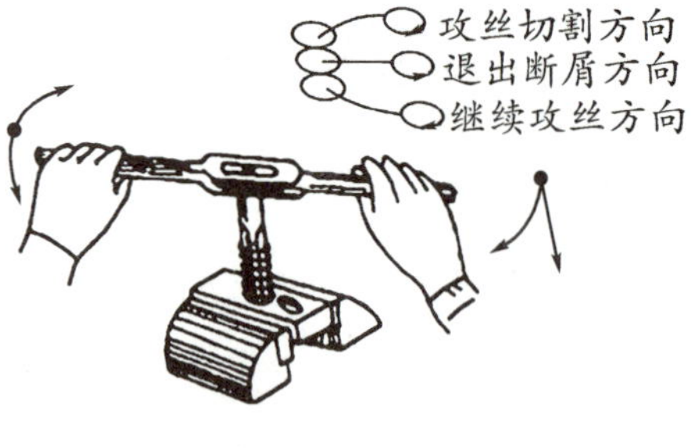

图 3－18　攻丝操作

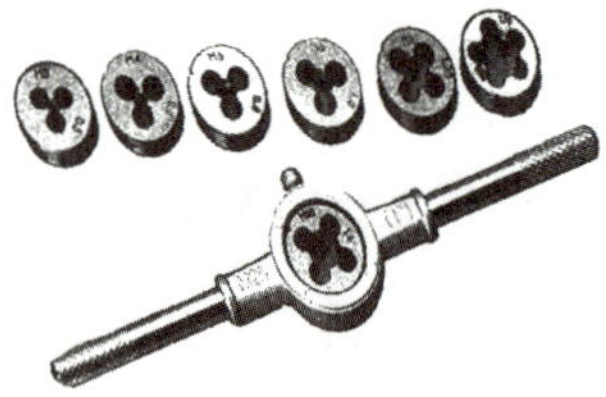

图 3－19　板牙

套外螺纹的操作过程：倒角→选择板牙→装夹工件→套外螺纹。

套外螺纹的操作要领（图 3－20）如下。

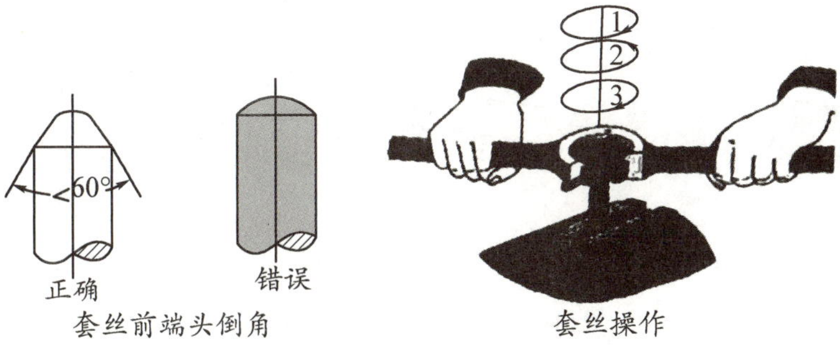

图 3-20　套外螺纹的操作要领

a. 套丝时应保持板牙端面与圆柱杆轴线垂直。

b. 套丝开始时双手顺时针匀速旋转板牙,并施加轴向压力,当板牙切入后取消压力。

c. 为了断屑和排屑,板牙要经常逆时针旋转。

(7)金工加工小结

一般的金属加工需先画线,再锯割锉削,最后钻孔攻丝。锯割后必须锉削使其表面光滑;当锯割锉削影响到钻孔时,就先钻孔,然后锯割锉削。

钻孔前要冲眼,钻孔后才能攻丝,攻丝和套丝之前先倒角;折弯、淬火、表面处理一般情况下依次放在最后;通孔要求精度高时,钻孔一定在最后。

一般情况的加工顺序:下料→画线→锯割→锉削→钻孔→攻丝→表面处理。

有外圆弧、半圆弧孔、腰形孔等的加工顺序:下料→画线→钻孔→锯割→锉削→攻丝→表面处理。

2 常用木工工具及使用注意事项

(1)木工锯(图 3-21)

木工锯的选用:宽厚木板用板锯,榫头、榫肩用细齿木工锯,软木和湿木用大齿木工锯,硬木和干燥的木材用小齿木工锯。

木工锯的使用:使用前先调整锯条角度,与木架的平面成 45°角,将绷绳绞紧,使锯条绷直拉紧。右手紧握锯把,左手按在起始处,轻轻推拉,用力不要过大。送锯时要重,提锯时要轻,推拉的节奏要均匀。

(2)线锯(钢丝锯)(图 3-22)

线锯适用于木板的造型。

图 3-21　木工锯

图 3-22　线锯

(3)木工刨(图 3-23)

木料表面粗加工时一般使用手工刨、木锉刀。对木板表面细加工时使用木砂纸。

图 3－23 木工刨

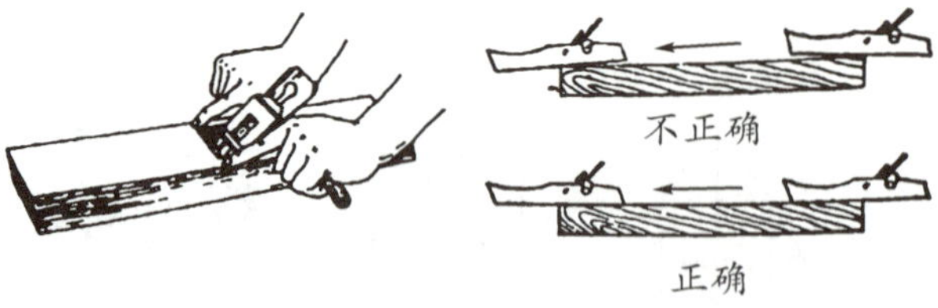

图 3－24 木工刨操作

木工刨操作要领(图 3－24)：刨身要放平，两手用力要均匀。向前推刨时，两手需加大力量，食指与拇指施加压力，防止刨头翘起；推至底端时，食指压力逐渐减小，拇指则逐渐加大压力，防“磕头”。

(4)凿子(图 3－25)

凿子是传统木工工艺中用于凿眼、挖空、剔槽、铲削等的加工工具。

图 3－25 凿子

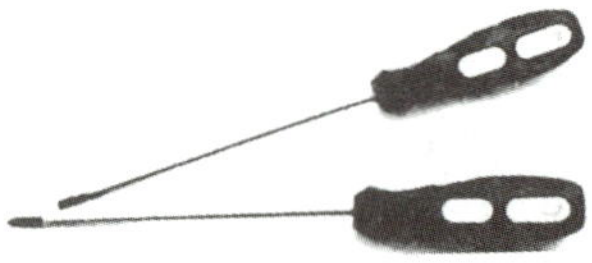

图 3－26 螺丝刀

3 常用电工工具及使用注意事项

螺丝刀(图 3－26)是一种用来拧转螺丝钉的工具，一般情况下，顺时针方向旋转为拧紧，逆时针方向旋转则为松出。

4 材料分类

①天然材料：竹子、木头、大理石等。优点是安全、无害；缺点是生长周期长，破坏环境和生态平衡。

②金属材料：铜、铁、金、银等。优点是机械性能好，有韧性、塑性，容易加工，可大量生产；缺点是冶炼时消耗大量能源，产生的废水、废气等污染环境。

③化学材料：油漆、涂料、塑料等。优点是稳定、耐用性能好；缺点是生产过程会产生有毒、有害物质，如塑料不易降解，污染环境。

④复合物质：各类铝合金、玻璃等。优点是有特殊的性能，如铝合金既轻又硬；缺点是生产制造困难。

⑤新材料：纳米材料、高温超导材料等。优点是有新的特性，如超导电性；缺点是难生产，成本高。

⑥混合材料：天然材料与合成材料的综合，如胶合板、纸、混纺料等。

5 材料的挑选

①材料的特性：塑性（塑料、铜、铝）、弹性（橡胶、钢材）、耐腐蚀性（如塑料耐酸碱）、光学特性、放射性、硬度特性等。

②标准件与元器件：标准件如螺纹件、键、销、滚动轴承等；元器件如电阻、电容电感、晶体管和集成块等。

6 常用的连接方式

常用的连接方式有刚连接和铰连接。刚连接是指被连接的构件在连接处既不能相对移动又不能相对转动的一种连接方式，如榫接、胶接、焊接等；而铰连接是指组件连接在一起不可以分离，但组件可以相对运动的连接，如松螺栓、松铆等，如折叠伞伞骨间的连接、门与门框的连接等。

（1）金属的连接

金属的连接包括铆接、粘接、焊接、螺栓和螺母连接等。

①螺栓连接：金属板或金属件之间可拆装的连接方式，如图3－27所示。

平垫图可使连接处受力均匀，弹簧垫圈常用于易受振动场所，元宝螺帽用于经常需要拆装的零件的连接。

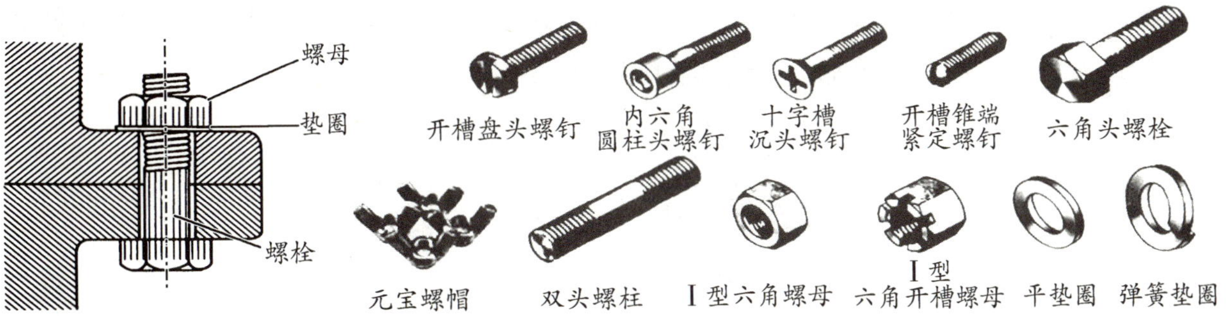

图3－27 螺栓连接

②铆接：用铆连接两件和两件以上工件的连接方式。铝合金或铝板之间的连接通用铆接，如图3－28所示是铝板铆接用到的铆钉和铆枪。

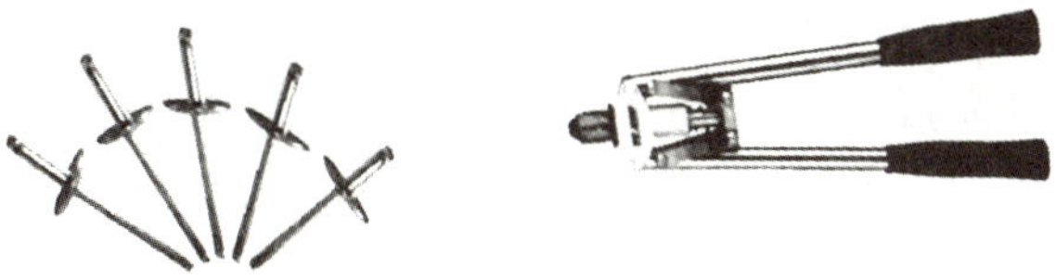

图3－28 铆钉和铆枪

③焊接：金属铁板或铁块之间一般采用电焊接（图3－29），不锈钢管一般采用氩弧焊（图3－30），电子元件采用电烙铁锡焊接（图3－31）。

图3－29 电焊接

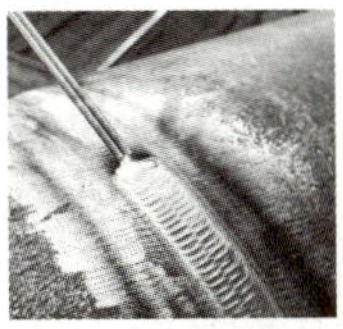

图3－30 氩弧焊

图3－31 电烙铁锡焊接

(2)木料的连接

木料的连接方法:螺栓连接、钉接、榫接、合页连接、胶连接等。

榫卯连接:在两个木构件上所采用的一种凹凸结合的连接方式,如图3-32所示。凸出部分称为榫(或榫头),凹进部分称为卯(或榫眼、榫槽)。

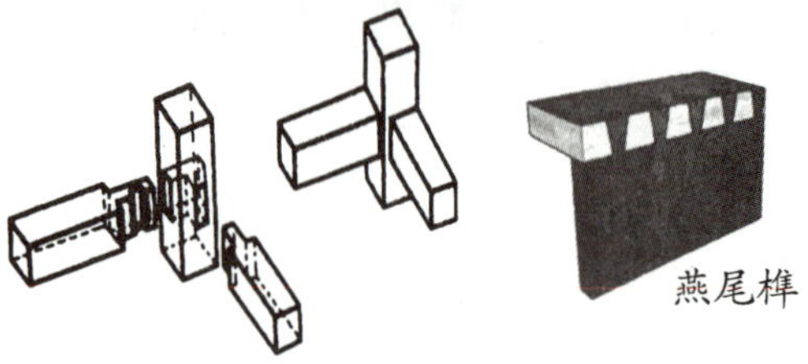

图3-32　榫卯连接

塑胶管之间常采用胶粘接或热熔接。热熔接过程如图3-33所示。

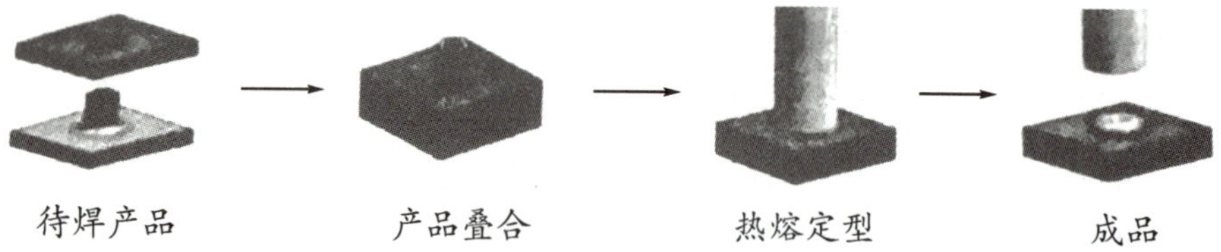

图3-33　热熔接过程

设备或组件与墙体、地面之间的连接通常采用膨胀螺栓(膨胀螺丝)连接。如防护栏、雨篷、空调以及镜面灯的安装等都会用到膨胀螺栓(图3-34)。

图3-34　膨胀螺栓

7 模型或原型的制作

(1)原型和模型的概念

原型是指第一个能够全面反映产品的功能和性能的物体。模型是按比例制成的与实物相似的一种物体。

①草模:用于产品设计造型的初期阶段,可将模型构成简单表示出来,供设计人员深入探讨时使用。

②概念模型:在原型图的基础上,从整体上表现产品造型。

③结构模型:用于研究造型与结构的关系,清晰地表达产品的结构尺寸和连接方法,常用于结构试验等。

④功能模型:用于研究产品的性能和人机关系,并在一定条件下进行试验。

⑤展示模型:按照准确的尺寸,选择适当的比例,做成与实际产品形态高度相似的模型,作为样品、展示、市场宣传用。

(2)模型或原型的制作步骤

制作步骤如下:①按照设计图纸配备材料,根据材料的特性与现有的工具设备条件选择材料的加工工艺;②按设计图纸对材料进行零件加工;③将加工好的零件组装成部件,再将部件装配成产品;④根据需要进行表面涂饰。

(3)模型或原型的表面处理

表面处理有三个步骤:

①表面刷光:准备(清除毛刺和铁屑)→粗处理(用细锉锉平金属表面)→细处理(用精细级金刚砂纸打磨)。

②喷涂油漆:先检验油漆对金属表面的适用性,然后涂防锈漆,再喷涂油漆。

③镀层:如果不涂油漆,就可以在金属表面涂上一层塑料,也可以采用电镀的方法。

知识积累

1 画线工具:钢直尺、直角尺、划针、划规(画基准线→画加工尺寸线→画轮廓线→冲眼)。

2 起锯:左手大拇指贴住锯条,角要小,行程短。

3 过程:推锯加压,回拉不加压,锯程要长。

4 螺纹加工工具:钻孔后要先倒角,再加工螺纹。

5 锯:大齿下料,细齿榫头、榫肩,线锯(钢丝锯)造型。

6 材料的分类:天然材料、金属材料、化学材料、复合材料、新材料等。

7 材料的特性:塑性、弹性、耐腐蚀性等。

8 金属的连接:铆接、粘接、焊接、螺栓和螺母连接等。

9 木材常用的连接:胶连接、榫接、插接、钉接等。

10 模型或原型的制作步骤:配备材料、进行零件加工、零部件组装、表面涂饰。

11 模型或原型的表面处理:表面刷光、喷涂油漆或镀层。

习题分析

一、选择题

1 关于锯割工艺,下列说法中不恰当的是(　　)。

A. 一般从工件靠近自己的一端起锯,起锯角小于15°

B. 起锯时用左手的大拇指贴紧锯条,使它正确地锯在所需位置上

C. 锯圆钢时,为得到整齐的锯缝,应从起锯到结束保持一个方向

D. 锯圆管时,薄管应夹在木垫之间,锯到内壁就应把管子向推锯方向旋转一些再锯

2 关于金工工艺的操作要领,下列说法中不正确的是(　　)。

A. 钻孔操作时要做好安全防护措施,需要戴防护眼镜,但不准戴手套

B. 在推锉过程中,两手均匀施压,保持受力方向平直

C. 冲眼时冲尖对准画线的交点或画线

D. 钻孔时,不能用手直接扶持小工件、薄工件,以免造成伤害事故

3 关于金工工艺的操作要领,下列说法中不合理的是(　　)。

A. 攻内螺纹的操作顺序是先钻孔,再进行底孔倒角,选择丝锥以后装夹工件就可攻内丝

B. 窗户铝材加工时,铝板之间通常采用铆接

C. 一般可用金刚砂纸对金属进行打磨,选择的金刚砂纸目数越高,筛孔越多,磨料就越细

D. 为了防止锉刀生锈,可以在上面涂上润滑油

4 用 6 mm 的钢板加工如图 3－35 所示的零件,下列工具中不需要的是(　　)。

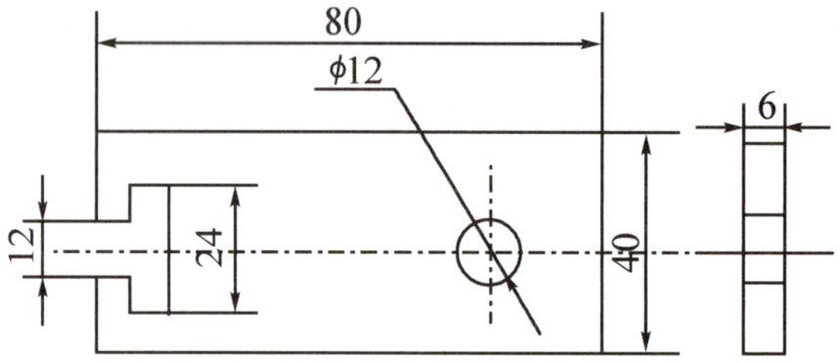

图 3－35　4 题图

A. 台钻　　B. 钢丝锯　　C. 样冲　　D. 锉刀

5 用一定厚度的铝板制作如图 3－36 所示的小壁虎饰品,下列操作中合理的是(　　)。

图 3－36　5 题图

A. 细长的躯体可直接用线锯先锯出外形

B. 尾巴的锉削可用圆锉完成

C. 可用精细级金刚砂纸进行表面打磨

D. 为保证细小部位不发生变形断裂,要先淬火后加工

6 在如图 3－37 甲所示的榫卯结构中,图 3－37 乙为其榫头构件,则榫眼的结构是(　　)。

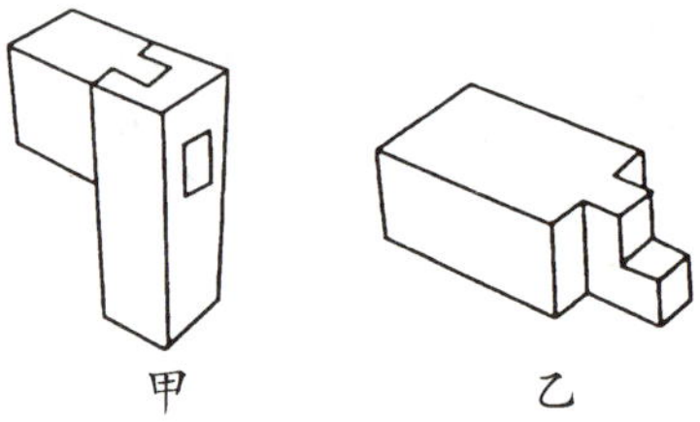

图 3－37　6 题图

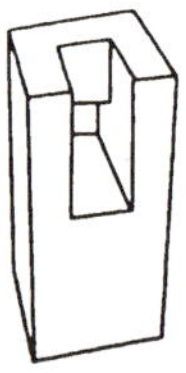

A

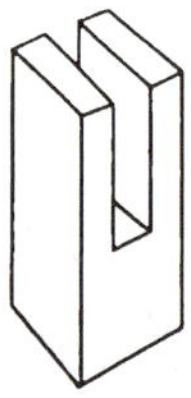

B

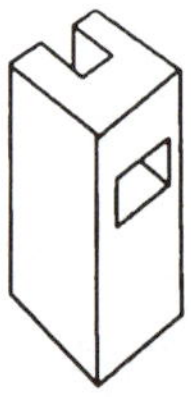

C

D

7 用一块矩形铝板加工如图 3－38 所示的工件,下列关于加工工艺的说法中,不合理的是(　　)。

A. 矩形凹槽可用钢锯锯割

B. 连接件的圆角可以用平锉锉削加工

C. 要在通孔内增加螺纹,可用板牙进行攻丝

D. 锯割材料时,锯割线要保持竖直

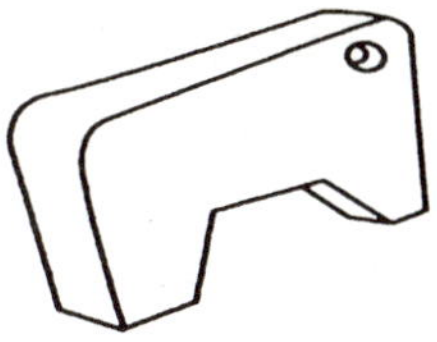

图 3-38　7 题图

8 下列有关金属材料加工工艺操作要领的描述中,正确的是(　　)。

A. 锯割时拉锯加压,推锯不加压

B. 推锉过程中,左手施压要由小变大,右手施压要由大变小

C. 锉削操作可以戴手套

D. 手工套丝时,板牙不能反转

9 下列有关锉削操作的描述中,正确的是(　　)。

A. 夹持连接件时,锉削面应低于钳口平面

B. 锉削后用手抹去锉屑,以免锉屑影响锉削的平整度

C. 锉削平面时要保持锉刀平衡不摆动

D. 在直销法推锉过程中,右手施压由大变小,左手施压由小变大

10 钻孔的加工工艺如图所示,下列最合理的加工步骤是(　　)。

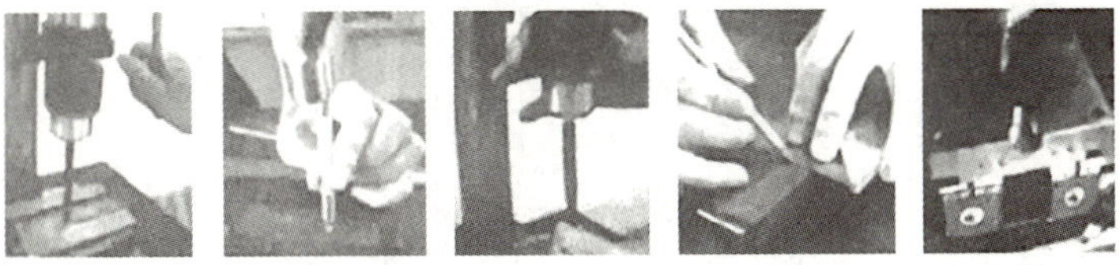

① 钻孔　② 冲眼　③ 安装钻头　④ 画线　⑤ 安装工件

A. ④③⑤①②　　B. ④②⑤③①

C. ③④⑤①②　　D. ②③⑤④①

11 下列加工工艺中,操作方法不合理的是(　　)。

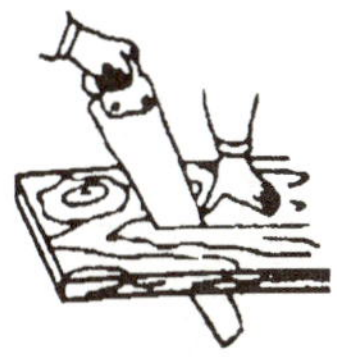

A. 木材锯割

B. 用 90°角尺检查工作面垂直度

C. 样冲倾斜对准冲眼位置

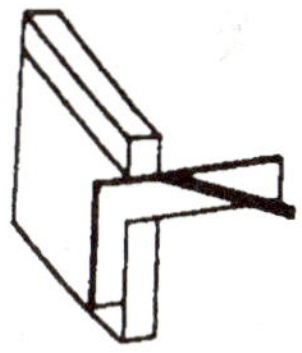

D. 划垂直线

12 如图 3-39 所示是用一块角铁和一根木条制作的三脚架。下列有关加工工艺的说法中,合理的是(　　)。

A. 划针紧贴钢直尺在角铁上画出锯割线

B. 用钢丝锯锯割角铁,并用平锉锉平锯割面

C. 木条钻孔前,先冲眼,后钻孔

D. 用扳手拧入铆钉连接角铁与木条

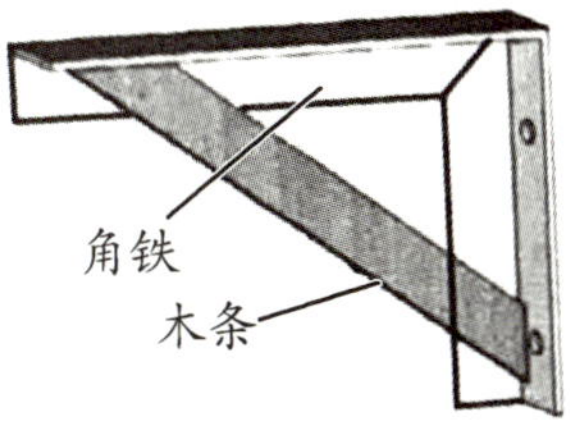

图 3-39　12 题图

13 现有一块 80 mm×80 mm×10 mm 的铝板，以此为原料加工一个如图 3－40 所示的带螺纹孔的配件，下列加工顺序中正确的是（　　）。

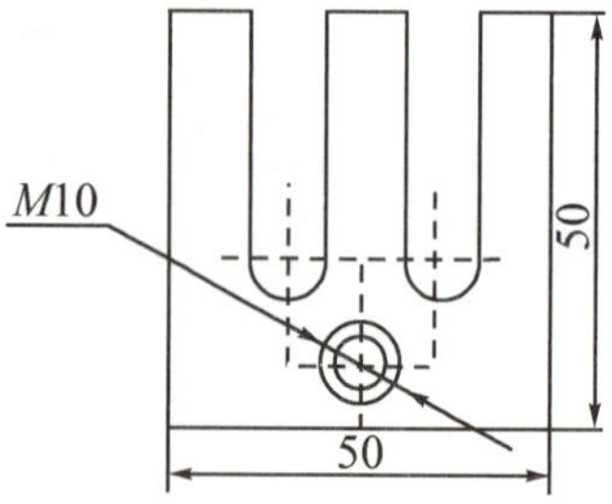

图 3－40　13 题图

A. 画线→锯割→锉削→冲眼→钻孔→倒角→攻丝

B. 画线→冲眼→钻孔→锯割→锉削→攻丝→倒角

C. 画线→冲眼→钻孔→锯割→锉削→倒角→攻丝

D. 画线→锯割→锉削→冲眼→倒角→钻孔→攻丝

14 用 4 mm 厚的铝板加工如图 3－41 所示的连接片，下列加工工艺中不合理的是（　　）。

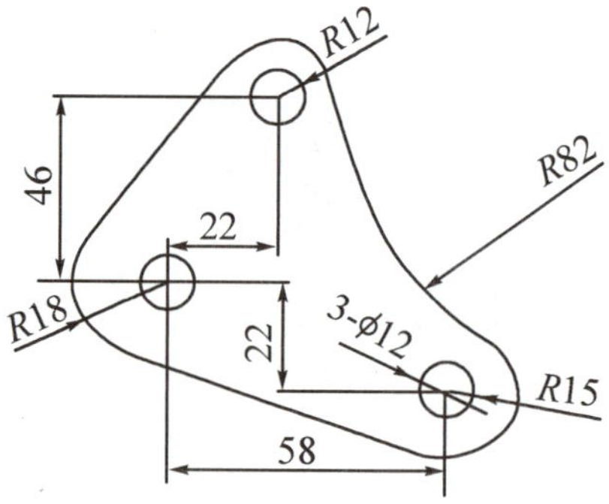

图 3－41　14 题图

A. 需要用到划针、划规和钢直尺进行画线

B. 用手锯锯出连接片的大致外轮廓

C. 用圆锉锉削外部整体形状

D. 内部 3－∅12 孔的加工流程为先冲服，再钻孔

15 如图 3－42 所示是一个机械传动机构的设计图，该机构是通过转动手柄带动摇臂转动，再通过转动轴与转动臂，实现滑动臂在滑槽中滑移。为使手柄带着摇臂转动，使转动轴高度不变，需要设计一个固定转动轴位置的支撑架，而且该支撑架通过固定孔固定在底座上。下列方案最合理的是（　　）。

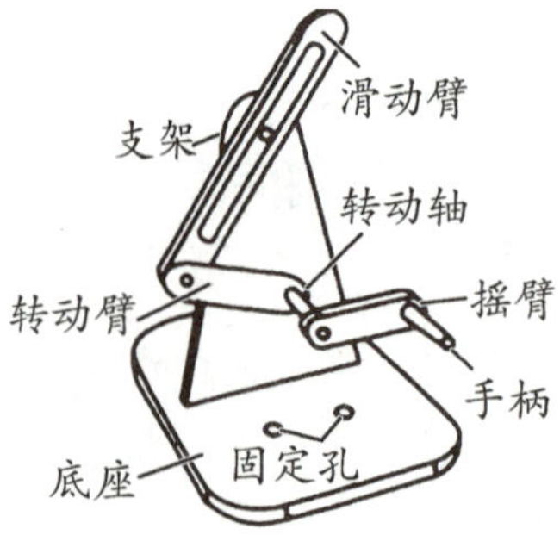

图 3－42　15 题图

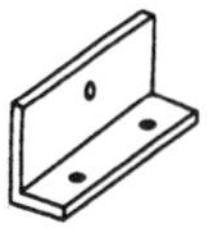

A

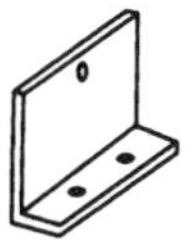

B

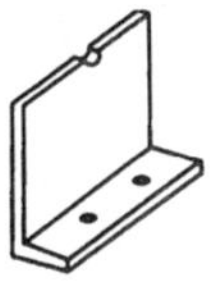

C

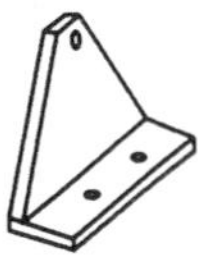

D

16 如图 3－43 所示，在户外墙体安装空调架，通常选用的连接件是(　　)。

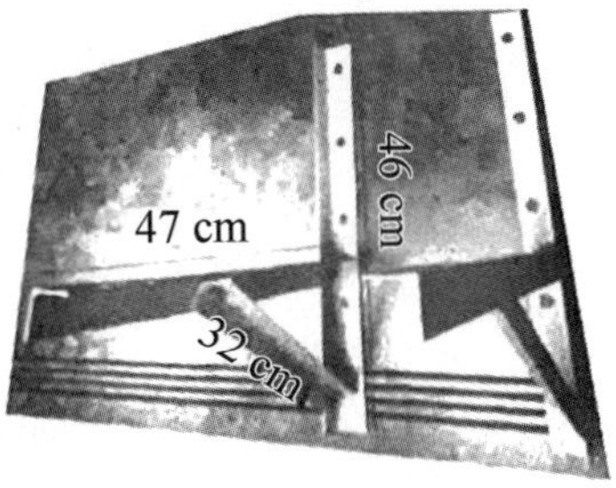

图 3－43　16 题图

A

B

C

D

17 如图 3－44 所示是一款自动捡球机，电机带动转轴转动，通过皮带使扫球机捡球。扫球时，轮子和球容易打滑，扫球轮应该选择(　　)。

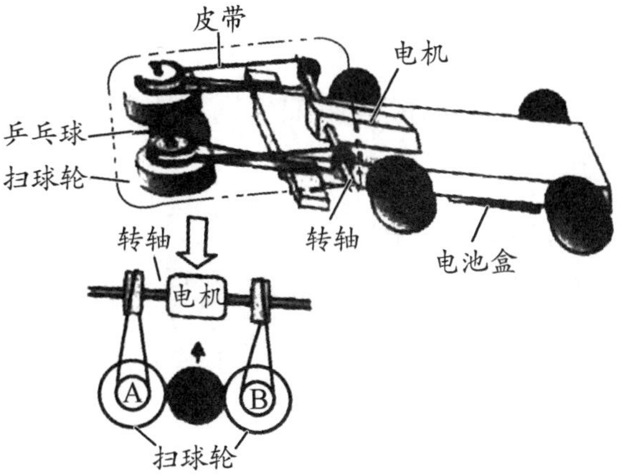

图 3－44　17 题图

A. 橡胶轮　　B. 硬塑料轮　　C. 不锈钢轮　　D. 金属轮子

18 下列两木板的连接结构中，连接后最稳定的是(　　)。

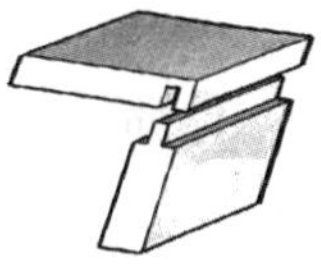

A

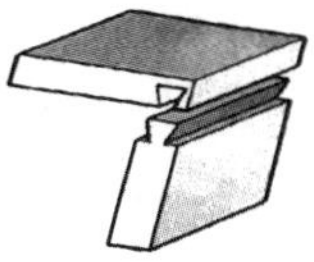

B

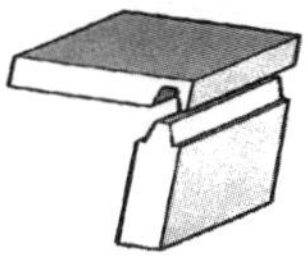

C

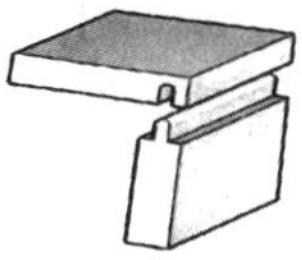

D

19 如图 3 - 45 所示,要把直角钢板紧固在方铁管上,应采用的连接件是(　　)。

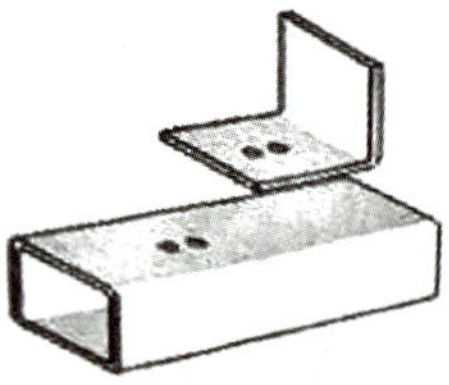

图 3 - 45　19 题图

A

B

C

D

20 对于需要经常拆装的部件(如木制报纸架)的连接,宜采用的连接件是(　　)。

A. 螺栓、螺母和垫圈

B. 平头螺丝

C. 元宝模帽和螺栓

D. 螺栓和螺母

二、判断题

21 角尺在使用时要紧贴工件的一个基准面。(　　)

22 划针在使用时一定要垂直角尺进行画线。(　　)

23 为了使加工的金属端面更平整,通常选用细齿钢锯锯割。(　　)

24 在凸面加工时,通常选用圆锉进行锉削。(　　)

25 三角锉通常用于金属锐角的加工锉削。(　　)

26 用手直接扶持小工件、薄工件进行钻孔,可以提高加工的精度。(　　)

27 电钻可在墙面、金属、木材等物质上打孔洞。(　　)

28 板牙与板牙扳手在套外丝时使用。(　　)

29 钢丝锯常用于木板上锯割造型。(　　)

30 手工凿是制作榫头的主要工具。(　　)

31 电子元件具有互换性,它是标准件中的一类。(　　)

32 汽车轮子的外胎,应选用摩擦系数小、硬度强度高的材料制作。(　　)

33 剪刀两刀片之间的连接方式通常都是铆接。(　　)

34 平垫圈可使连接处受力均匀,弹簧垫圈常用于易受振动场所,元宝螺帽用于经常需要拆装的零件的连接。(　　)

35 功能模型常用于研究产品的性能和人机关系。(　　)

三、应用题

36 如图 3－46 所示为实验室中常用的铁架台及固定到铁架台上的连接件，请分析该连接件的加工工艺，回答以下问题。

(1)如果用大小合适的方钢加工该连接件，则合理的加工流程为：

画线→________→________→________→攻丝（在“①锯割；②钻孔；③底孔倒角”中选择，将序号填写在横线处）。

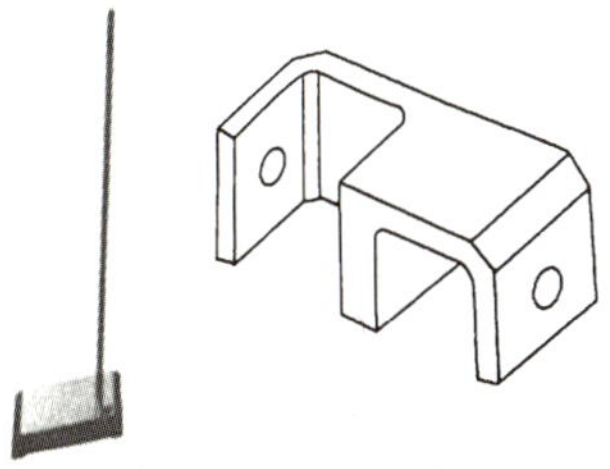

图 3－46　36 题图

(2)要把连接件固定到铁架台上，下列选项中合适的是(　　)。

A. 十字槽自攻螺钉　　B. 元宝螺栓　　C. 六角头螺栓　　D. 紧定螺钉

(3)为了防止生锈，可以采用的工艺是(　　)。

A. 打磨　　B. 淬火　　C. 回火　　D. 喷涂油漆

(4)铁架台的金属杆没有固定在中间而是偏向一侧，其目的是(　　)。

A. 减少金属杆的弯曲程度　　B. 提高金属杆的强度

C. 提高铁架台的稳定性　　D. 提高底座的强度

第四章　技术交流与评价

机械类、电子类或物理类方向必修★★★

思维导图

- 技术交流与评价
  - 技术语言
    - 种类：口头语言、文本、技术图样、图表、模型、计算机演示、网页等
    - 技术图纸精准，效果图可表达实物的结构、比例和色彩
  - 三视图
    - 正投影的特性：真实性、积聚性、收缩性
    - 绘制视图的原则：长对正、高平齐、宽相等
  - 形体尺寸标注三要素
    - 尺寸界线：使用细实线，有时可用其他线代替
    - 尺寸线：使用细实线，必须单独画出，箭头为终端
    - 数值：以mm为单位时，不用标注，使用其他单位时，要标注
  - 设计评价
    - 类型：过程性评价(阶段性评价)和最终性评价(总结性评价)
    - 内容：对设计的技术性、使用性和社会性进行评价
  - 产品说明书——内容包括：产品的规格、性能、技术指标、使用方法、故障处理、使用注意事项及配件清单等

知识结构

1 设计和交流中的技术语言种类、作用

技术语言包括口头语言、文本、技术图样、图表、模型、符号、计算机演示、网页等。有时必须用图表或图纸来表达，常见的有三视图、模型、效果图。

效果图能正确表达实物的造型结构、尺寸比例和色彩，具有准确性和真实性的特点。

模型在设计和交流中起着十分重要的作用，用于研究交流的模型，通常有物理模型和数学模型两种。

2 三视图

(1)正投影的特性

①真实性：物体上的平面（或直线）与投影面平行时，投影就反映实形（或实长）。

②积聚性：物体上的平面（或直线）与投影面垂直时，投影就积聚为一直线（或一点）。

③收缩性：物体上的平面（或直线）与投影面倾斜时，投影就缩小（或缩短）。

（2）三视图的内容

三视图主要包括主视图、俯视图、左视图三个基本视图。

绘制三视图的原则：主视图和俯视图都反映物体的长度，而且“长对正”；主视图和左视图都反映物体的高度，而且“高平齐”；俯视图和左视图都反映物体的宽度，而且“宽相等”。画法如图 4－1 所示。

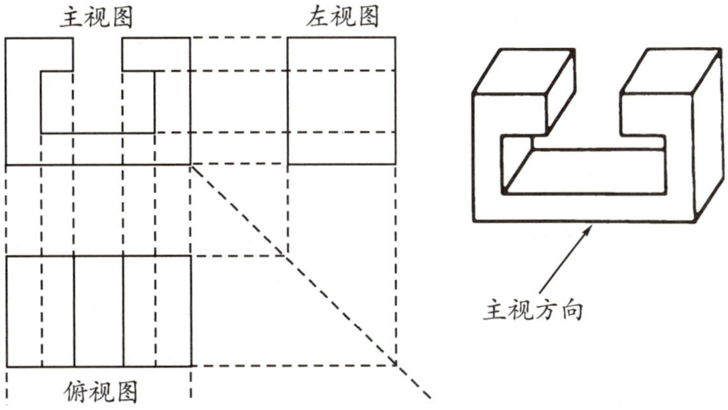

图 4－1　三视图的画法

3 形体尺寸标注

（1）常用的图线

轮廓线使用粗实线；尺寸线、尺寸界线使用细实线；轴线、对称中心线使用细点画线；不可见轮廓线使用细虚线。

画线时，在同一张图中，同类图线的宽度应一致。尺寸线必须单独画出，不能与其他图线重合或在其延长线上，一般采用箭头作为尺寸线的终端。尺寸界线可用轮廓线和轴线代替。

（2）尺寸标注

图样的尺寸线所注尺寸是零件的真实大小，以 mm 为单位时，不用标注，使用其他单位时，要标注。角度以“°”“′”为单位，要标注。标注时，一般情况下，水平方向的标注写在尺寸线的上方，字头朝上；垂直方向的标注写在尺寸线的左侧，字头朝左；一般不能有任何图线穿过数字；圆弧在标注尺寸线时应倾斜，不能与水平和竖直方向的点画线重合，半圆或不足半圆的圆弧要标注半径，半径用“*R*”标注，超过半圆的要使用直径，用“∅”标注，如图 4－2 所示。另外，同一图样中标注不能重复，不能闭合。

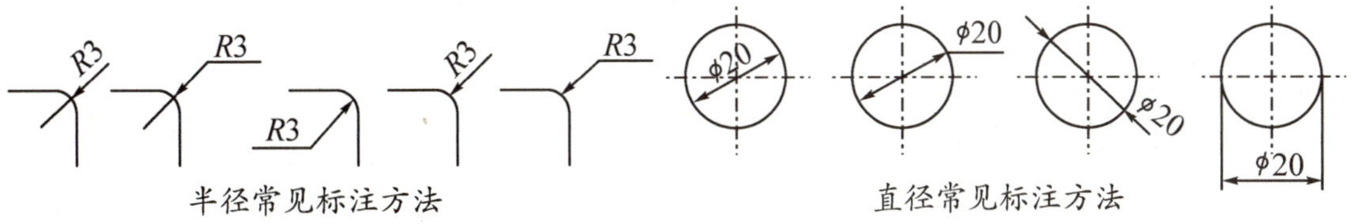

图 4－2　尺寸标注

4 设计评价的含义

设计评价是指依据一定的原则，采取一定的方法和手段，对设计所涉及的过程及结果进行事实判断和价值认定的活动。

5 设计评价的内容

在对设计进行评价时，需要从多方面、多角度进行评价。内容具体包括：①设计的技术性评价，如安全性、实用性、可靠性、性价比等评价；②设计的使用性评价，如耐用性、经济性评价；③设计的创新性评价，如合理性、优化组合创新性、创新性评价；④设计的社会性评价，如伦理道德、环境影响等方面的评价。

6 评价的类型

评价可分为过程性评价（阶段性评价）和最终性评价（总结性评价）两类。过程性评价主要包括产品设计过程中的监控、工具的使用、制作的步骤、分工等是否合理的评价；最终性评价是指对产品的功能、形态、创新性、安全性、操作性、性价比、美学、效率等方面的评价。

7 产品说明书产品

说明书是设计者与用户交流的渠道。其主要包括产品的规格、性能、技术指标、使用方法、维护、使用注意事项及配件清单等。

知识积累

1. 技术交流是各技术实力单位之间相互提供、传递、利用科技成果和先进技术的活动。
2. 技术交流的内容一般包括学术论文、专著、新技术、新产品、新材料、新工艺等。技术交流可分为国内技术交流和国际技术交流。
3. 技术交流有利于充分利用科技能力，促使后进地区和部门向先进转化，从而促进整个国民经济的发展。
4. 技术交流有利于掌握世界各国科技发展水平与动向，利用国际上先进的科学技术成就，推动本国经济建设和科学技术发展，尽快缩小同发达国家在经济、技术上的差距。
5. 技术交流的途径主要是会议交流，即通过各种座谈会、学术讨论会、展览会、交易会、技术鉴定会等进行技术交流。
6. 技术评价也称技术评估，是指对科学技术对社会的影响进行综合的、多方面的估价和分析，为决策提供咨询的一种手段。
7. 技术评估着重研究一项技术的引入对社会带来的潜在的、间接的、不可逆的和滞后的后果。
8. 产品说明书内容包括：产品的规格、性能、技术指标、使用方法、故障处理、使用注意事项及配件清单等。

习题分析

一、选择题

1 在如图 4－3 所示的尺寸标注中，不正确的标注共有（　　）。

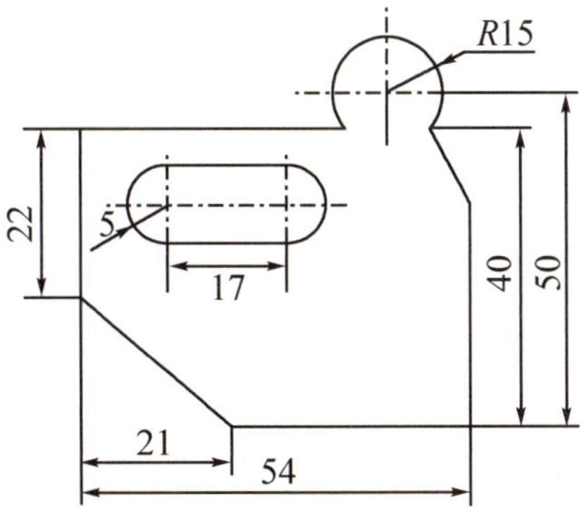

图 4－3　1 题图

A. 3 处　　B. 4 处　　C. 5 处　　D. 6 处

2 如图 4－4 所示是某零件俯视图的部分尺寸标注，下列说法中正确的是（　　）。

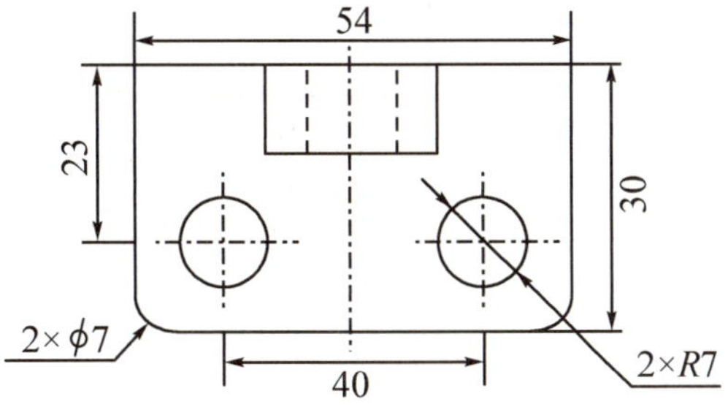

图 4－4　2 题图

A. 图中所标尺寸里有重复标注

B. 两个圆孔均是通孔

C. 该零件的长度为 54 mm，高度为 30 mm

D. 图中已标尺寸中共有 4 处错误

3 如图 4－5 所示的轴测图，在它的三视图的所有尺寸标注中，漏标的尺寸共有（　　）。

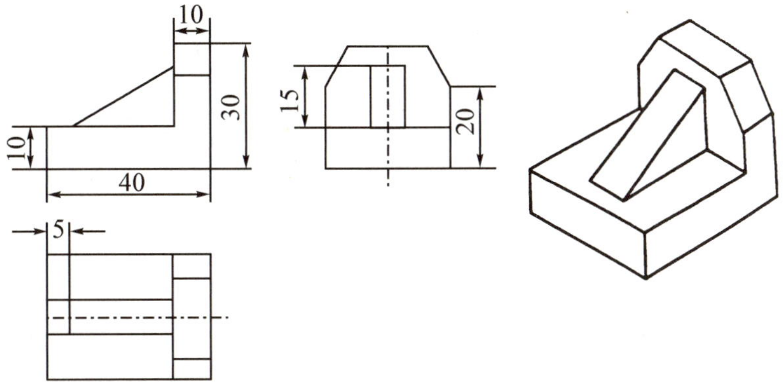

图 4－5　3 题图

A. 1 处　　B. 2 处　　C. 3 处　　D. 4 处

4 某同学绘制的零件加工图如图 4－6 所示，图中已有的尺寸标注中，错误的地方有（　　）。

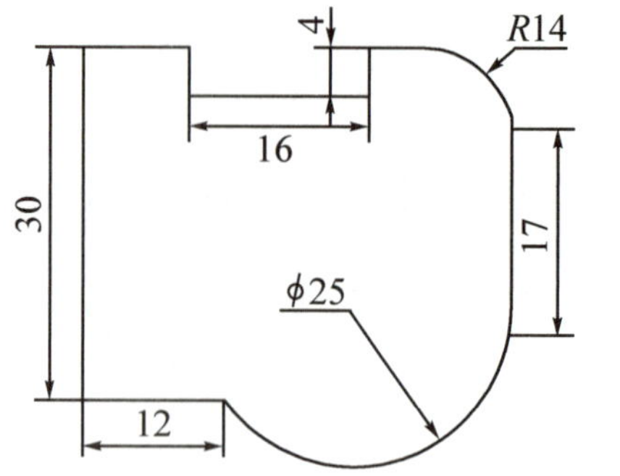

图 4－6　4 题图

A. 2 处　　B. 3 处　　C. 4 处　　D. 5 处

5 如图 4－7 所示的已有尺寸标注中，不正确的是（　　）。

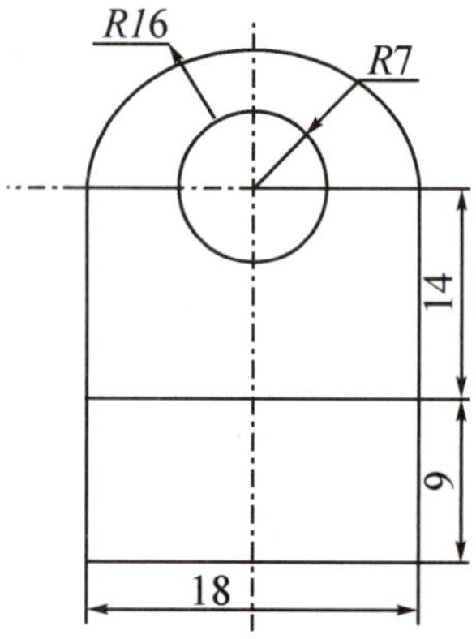

图 4－7　5 题图

A. *R*16 的标注　　B. *R*7 的标注

C. 18 的标注　　D. 14 的标注

6 一个零件的轴测图和三视图如图 4－8 所示，加工时发现尺寸标注不完全。漏标的尺寸有（　　）。

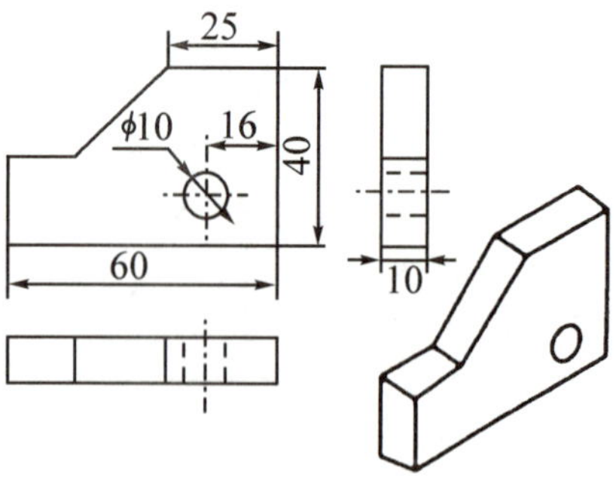

图 4－8　6 题图

A. 1 处　　B. 2 处　　C. 3 处　　D. 4 处

7 如图 4－9 所示是某形体的轴测图、主视图和俯视图，正确的左视图是（　　）。

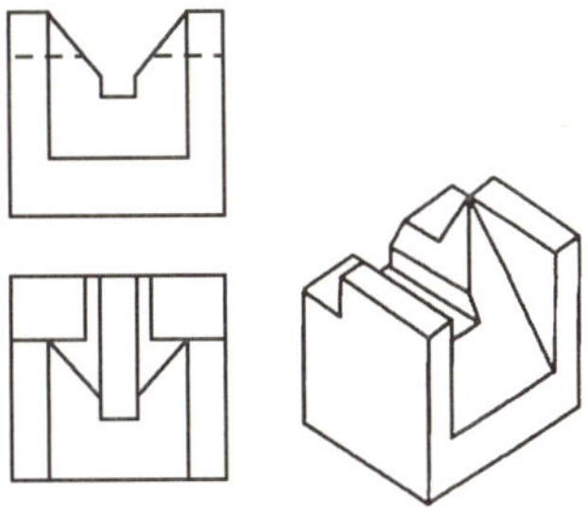

图 4－9　7 题图

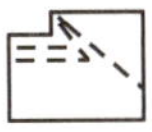

A

B

C

D

8 如图 4－10 所示的实体图，它的三视图是(　　)。

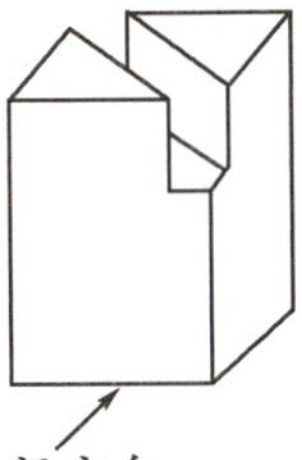

图 4－10　8 题图

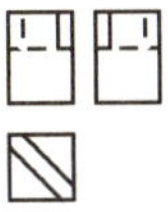

A

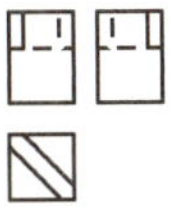

B

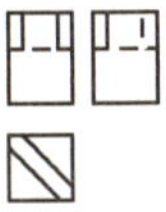

C

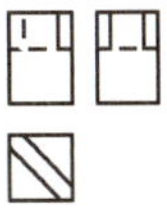

D

9 如图 4－11 所示是一款多孔插座，通电后指示屏会亮起。下列关于该插座的评价中，不恰当的是(　　)。

A. 该插座设有 USB 供电插孔，可为手机充电

B. 各类插孔符合技术规范

C. 多个插孔同时使用能节约用电

D. 指示屏亮起时有指示作用

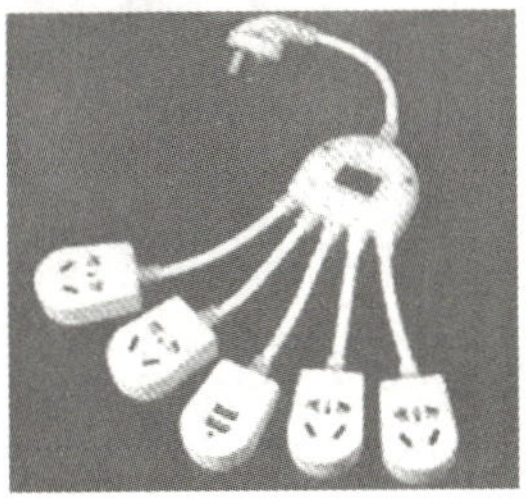

图 4－11　9 题图

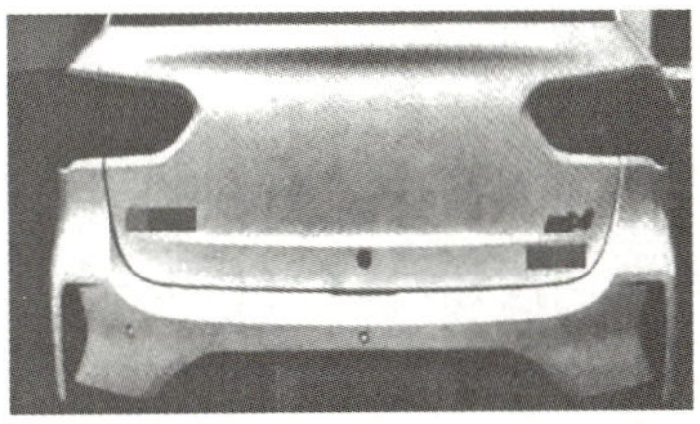

图 4－12　10 题图

10 如图 4－12 所示，汽车的尾灯由多组不同颜色、不同亮度的灯组成，其颜色、亮度等必须符合相关的规范。下列关于尾灯的描述中，不恰当的是(　　)。

A. 遵循了汽车设计的技术规范

B. 用于传递技术语言

C. 设计符合美观原则

D. 主要是为了满足公众和使用者的审美需求

11 如图 4－13 所示是按照相同评价标准对两款手机所作的评价坐标图,根据坐标图,下列说法中不正确的是(　　)。

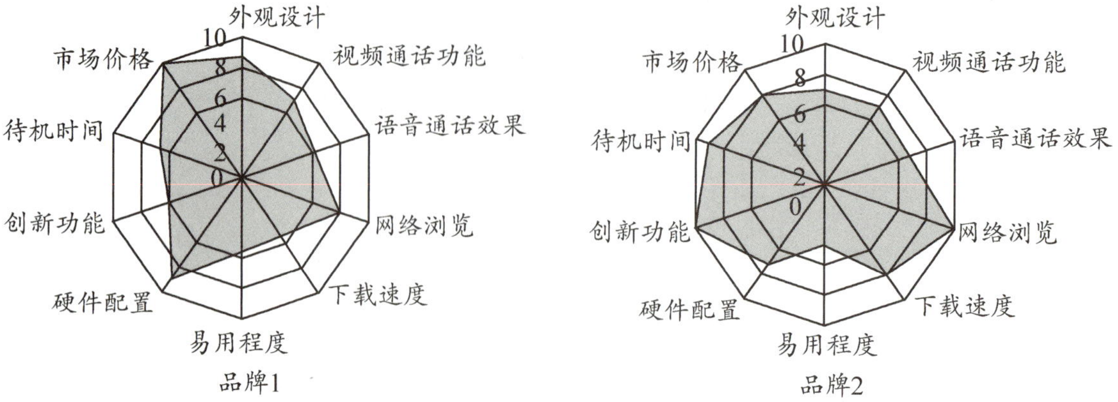

图 4－13　11 题图

A. 品牌 2 手机的制造商更注重产品的创新

B. 综合各方面因素,比较它们的性价比,品牌 1 手机略差

C. 品牌 1 手机硬件配置比品牌 2 手机好

D. 该坐标图是对最终产品的评价

12 如图 4－14 所示是一款电脑桌椅,下列关于该产品的评价中,不恰当的是(　　)。

A. 椅子的形状符合人体工程学原理,舒适性好

B. 桌面角度可调节,方便操作电脑

C. 桌椅与地面接触面大,方便移动

D. 造型新颖、美观,具有创新性

图 4－14　12 题图

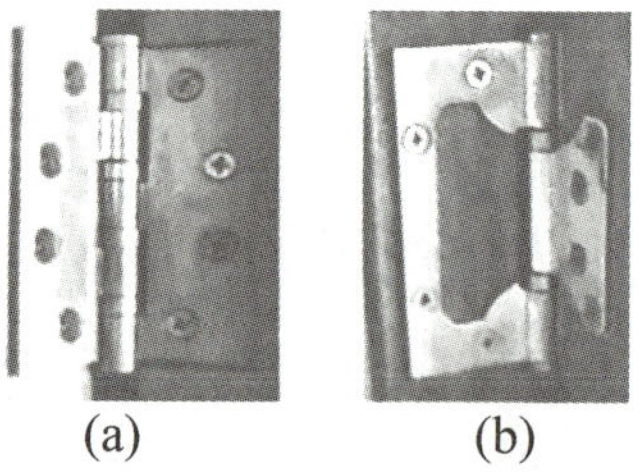

图 4－15　13 题图

13 如图 4－15 所示为两款规格相同的合页,用于连接木门与门框。图 4－15(a)的合页在安装时要在木门上开槽,用以嵌入合页的一侧,以便减小门框和门之间的缝隙,图 4－15(b)的合页则不需要开槽可直接安装在木门上。两款合页在使用时,右图的合页更优,下列关于其更优的原因的描述中,最合理的是(　　)。

A. 图 4－15(b)中的合页制作时节约材料,使用时安装方便

B. 图 4－15(b)的合页制作时节约材料,与门的连接更牢固

C. 图 4－15(b)的合页使用时安装方便,结构比左图的更稳定

D. 图 4－15(b)的合页外形美观,与门的连接更牢固

14 如图 4－16 所示是一款定时插座。该插座能根据用户设定的工作时间，自动切断电源。下列对该插座的评价中，不恰当的是(　　)。

A. 该插座的设计体现了可持续发展原则

B. 该插座能实时显示通电剩余时间，主要是从“人”的角度考虑

C. 该插座要通过上千伏高压绝缘性能测试，属于模拟试验法

D. 该插座中使用了较多的标准件，便于通用通换

15 如图 4－17 所示是一个火灾报警器，当火灾发生时，报警器会发出警报声并释放浓烈的焦煳味气体，这种气体不会刺激人的眼睛。下列对该火灾报警器的设计分析和评价中，不正确的是(　　)。

A. 内置高功率喇叭和高浓度焦煳味气体是从“物”的角度考虑

B. 双途径报警，考虑了特殊人群

C. 报警气体不会刺激人的眼睛，主要是从“人”的角度考虑

D. 可在 －40　~130 ℃的温度范围内正常工作，主要是从“环境”的角度考虑

图 4－16　14 题图

图 4－17　15 题图

图 4－18　16 题图

16 如图 4－18 所示是一款智能扫地机器人。下列对该扫地机器人的评价中，不是从功能角度进行评价的是(　　)。

A. 设有 Wi－Fi 远程操控功能，随时一键启动，更人性化

B. 配有渗水水箱和干湿分离抹布，实现拖抹创新

C. 全方向信号防撞配置，让机器人可以更加有效识别环境

D. 使用独特的材质，让扫地机器人外观更有质感

17 智能手环支持活动、锻炼、睡眠等模式，可以记录摄入食物的营养情况，拥有智能闹钟、健康提醒等功能。如图 4－19 所示是甲、乙两款智能手环以及各自的评价坐标图。下列根据评价图进行的分析中，不合理的是(　　)。

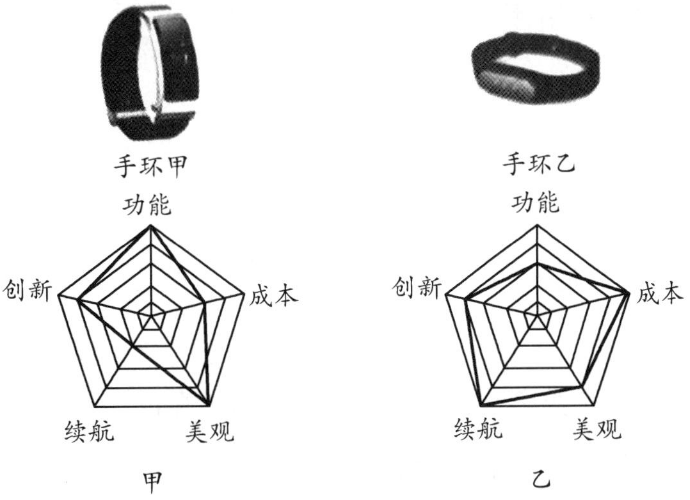

图 4－19　17 题图

A. 这是对最终产品的评价

B. 手环甲功能好、成本低，手环乙功能一般、成本高

C. 两个手环都较新颖，但手环乙的续航能力比手环甲要好

D. 从评价图来看，两个手环的性价比高低难以确定

18 下列关于产品说明书的描述中，不合理的是(　　)。

A. 可以帮助消费者正确使用、保养产品

B. 要充分考虑用户的阅读需要

C. 重点是突出产品结构及设计特点

D. 语言准确、通俗、简洁，内容条理清晰

19 关于产品说明书的作用，下列说法中不合理的是(　　)。

A. 让用户正确地使用该产品

B. 让用户了解该产品的使用注意事项和使用方法

C. 让用户安全地使用该产品

D. 让用户了解产品性能，能维修产品

20 下列关于产品说明书写作要求的说法中，不合理的是(　　)。

A. 充分考虑用户的阅读需要

B. 体现产品的特点

C. 重点介绍产品的功能

D. 语言准确、通俗、简洁，内容条理清晰

二、判断题

21 口头语言也属于技术语言。(　　)

22 房屋的装修，最好使用效果图进行技术交流。(　　)

23 机械零件的设计，最好使用技术图样进行交流。(　　)

24 正投影具有平行性、收缩性和积聚性。(　　)

25 三视图的主视图和俯视图都反映物体的宽度。(　　)

26 尺寸界线可用轮廓线和轴线代替。(　　)

27 图样的尺寸线所注尺寸是零件的真实大小，以 mm 为单位时，不用标注，使用其他单位时，要标注。(　　)

28 技术图样在标注数值时，数字上一般不能有任何图线穿过。(　　)

29 过程性评价又称阶段性评价，工具的使用属于过程性评价。(　　)

30 产品说明书的主要内容是产品的性能说明。(　　)

三、应用题

31 在以下场景中，你将作为一名技术专家与他人进行交流和评价。请根据你掌握的知识和经验，对以下问题进行分析和回答。

(1) 某公司开发了一款智能家居控制系统，用户可以通过手机 App 远程控制家中的电器设备。请对该产品的技术性能进行评价。

(2) 某公司推出了一款新型电动汽车，该车采用了全新的电池技术和充电方案，可以实现更长的续航里程和更快的充电速度。请对该产品的技术性能进行评价。

(3) 某公司推出了一款智能音箱，该音箱可以通过语音控制实现播放音乐、查询天气、查询新闻等功能。请对该产品的技术性能进行评价。

项目二　技术与设计应用

第一章　结构及其设计

机械类、电子类或物理类方向必修★★★

思维导图

- 结构及其设计
  - 结构的概念——结构是指事物自身各种要素之间的相互关联和相互作用的方式，包括构成事物要素的数量比例、排列次序、结合方式和因发展而引起的变化
  - 结构的类型
    - 实体结构
    - 框架结构
    - 壳体结构
  - 构件受力的基本形式
    - 拉力
    - 压力
    - 扭转力
    - 弯曲力
    - 剪切力
  - 结构的稳定性
    - 重心位置的高度低
    - 支撑面的大小
    - 结构的形状
  - 结构的设计过程
  - 结构的欣赏
    - 美学价值
    - 技术难度
    - 历史意义
    - 创新精神

知识结构

1 结构的概念

结构是指事物自身各种要素之间的相互关联和相互作用的方式，包括构成事物要素的数量比例、排列次序、结合方式和因发展而引起的变化。结构是事物的存在形式，这就是说，一切

事物都有结构，事物不同，其结构也不同。

结构是指可承受一定外力的架构形态，具有保持原来形状和大小的性质。一个较复杂的结构通常是由多个部件和零件组成，在工程中将这些部件和零件称为构件。

2 结构的类型

根据结构形态在受力时承受和传递力的方式的差别，将结构分为三种基本类型：实体结构、框架结构、壳体结构。

(1)实体结构：结构体本身是实心的。利用自身来承受荷载，主要承受压力。例如，实心砖头、铅球、大坝等。

(2)框架结构：结构体由细长的构件组成。通过条状物的连接来承受荷载，既可以承受压力又能够承受拉力。例如，建筑用脚手架、防盗网、户外输电的铁架、人字梯架等。

(3)壳体结构：结构体由片状或层状结构组成。通过壳体来传递力和承受荷载，特别是当壳体顶部受到压力时，它能将力均匀扩散。例如，乒乓球外壳、飞机外壳、摩托车手的头盔等。

3 构件受力的基本形式

结构的受力分析有别于物理学的受力分析，在技术课程中受力分析强调构件受力后的整体形变，而非质点的受力分析。构件受力的基本形式通常有拉力、压力、扭转力、弯曲力、剪切力等，如图所示。

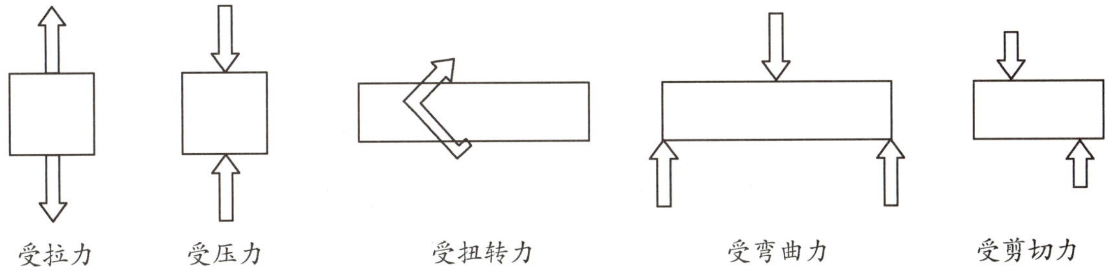

图5-1　构件受力的基本形式

(1)拉力：拉拽的物体所承受的力。例如，手提水桶时手臂所受的力。

(2)压力：受到挤压的物体所承受的力。例如，支撑桥梁的桥墩所受的力。

(3)扭转力：由于物体两端反向受力产生扭转形变而承受的力。例如，衣服拧干时所受的力。

(4)弯曲力：在受到其他力如拉力、压力时，构件产生弯曲或有弯曲的趋势，此时构件所受的力。例如，钓鱼竿钓起鱼时所受的力。

(5)剪切力：两个距离很近、大小相等、方向相反的平行力。剪切力的作用距离很近，且作用于同一物体上，但不在同一条直线上。例如，剪刀的铆钉。

4 结构的稳定性

结构的稳定性是指结构在荷载的作用下维持其原有的平衡状态的能力。影响结构稳定性的因素有三个方面。

（1）重心位置的高低：重心越低，结构越稳定。为了结构稳定，要求重心垂线落在支撑面内。

（2）支撑面大小：支撑面是指支撑结构（地面）接触部分所围成的面。支撑面越大，结构越稳定。

（3）结构的形状：几何形状要科学合理，结构才更加稳定。采用三角形结构可增强结构的稳定性。

5 结构的强度

结构的强度是指结构具有的抵抗被外力破坏的能力。

①外力：对于研究构件而言，其他物体作用于该构件上的力。

②内力：构件受到外力变形时，引起内部各质点之间相互作用而产生的力。外力增加，内力增大，外力拆除，内力消失。

③应力：构件在单位面积上所受的内力。该概念是针对受力相同、材料的截面大小不同而提出的。

影响结构强度的因素有三个。

①结构的形状：包含结构的外部形状和结构的构件截面形状。例如，薄板可用折叠或圆管加固，材料相同时使用“工”字形结构或角钢等。

②结构的材料：通常情况下，金属类材料的强度比木材、塑料类材料强度大。

③结构之间的连接方式：铆接、胶粘接、螺栓连接、焊接等。

6 结构的设计过程

（1）方案设计阶段：在这个阶段，设计师需要根据建筑物的功能、用途、地理环境等因素，选择合适的结构体系和布置方式。合理的体系选型与结构布置是结构设计的重要基础。

（2）结构计算与内力分析阶段：设计师需要根据设计方案，利用结构力学原理和方法，对各个构件进行内力分析和计算，以确保结构的安全性和稳定性。正确的结构计算与内力分析是保证结构安全的关键。

（3）细部设计与构造措施阶段：在这个阶段，设计师需要对结构的各个细部进行详细的设计，并提出相应的构造措施，以保证结构的准确性和施工的可行性。周密合理的细部设计与构造也是结构设计的重要组成部分。

（4）结构设计的优化：为了使结构设计做到尽善尽美，满足结构设计的全面要求，还需要对以上三个阶段进行优化。通常包括三个方面：体系选型与结构布置要合理，结构计算与内力分析要正确，细部设计与构造措施要周密。这三个方面的工作互为呼应，缺一不可。

（5）其他类型的设计：例如开发性设计（OEM）、适应性设计、变型设计等，这些设计方法适用于不同的工作环境和需求。

总的来说，结构设计就是建筑物的筋骨，选择与设计适当的结构，使其能够在各种自身与外界的作用下正常地“工作”是结构设计的核心。

(6)构件的外形设计

为了实现产品的功能,设计的结构内部构件之间要相互配合,如图 5－2、图 5－3 所示是一些常见的结构部件,仅供参考。

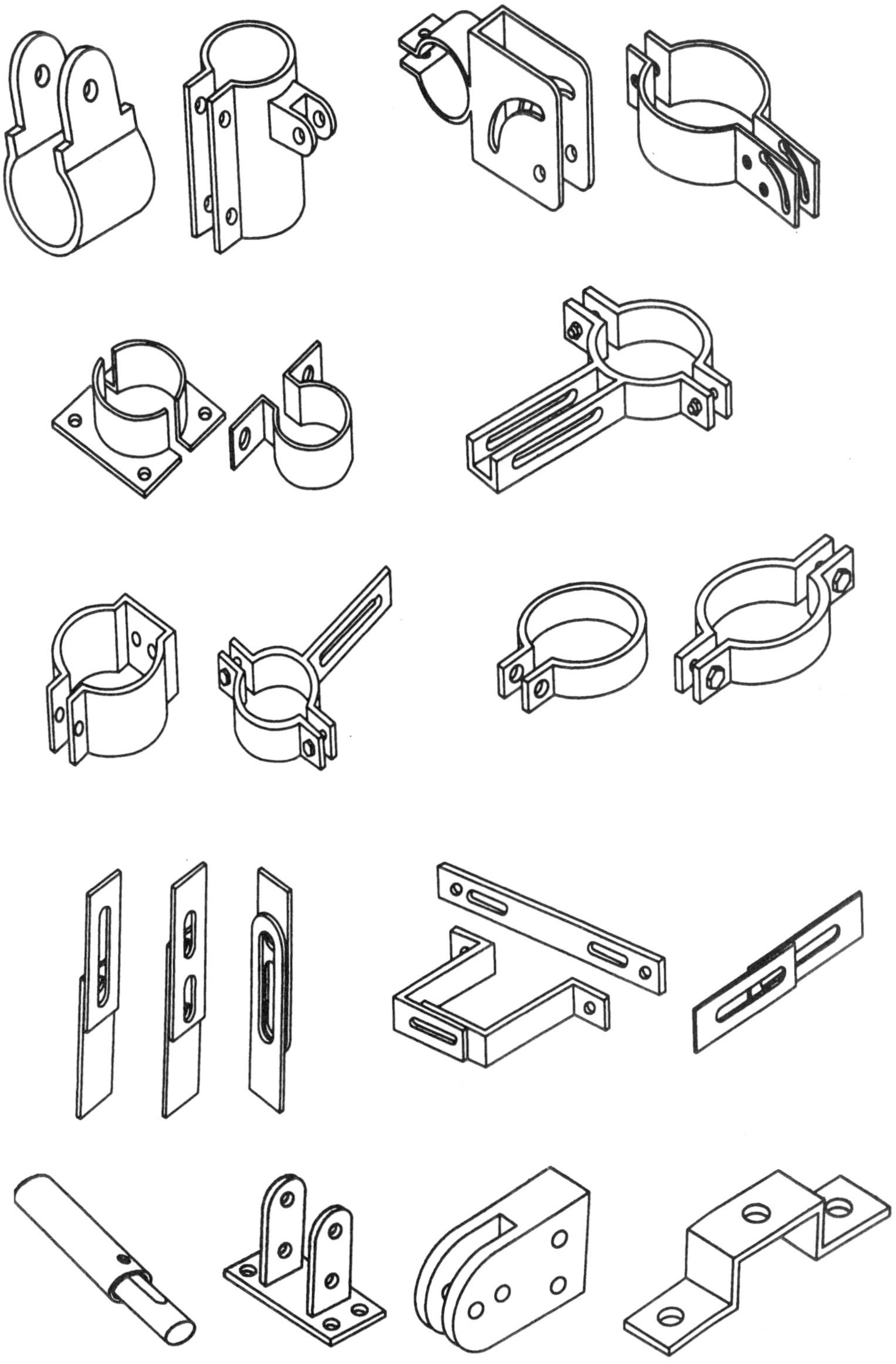

图 5－2　常见的结构部件(一)

图 5－3　常见的结构部件(二)

7 结构的欣赏

(1)美学价值:结构设计不仅仅是为了实现建筑物的功能和安全性,更应该具有美学价值。例如,一座桥梁的设计不仅要满足交通需求,还要考虑其与周围环境的协调性,以及其独特的造型和线条美。

(2)技术难度:一些复杂的结构设计需要高超的技术和工程能力才能实现。例如,高层建筑的结构设计需要考虑风荷载、地震荷载等多种因素,需要设计师具备丰富的经验和深厚的专业知识。

(3)历史意义:一些古老的建筑物或文化遗产的结构设计具有重要的历史意义和文化价值。例如,中国的古代木结构建筑以其精湛的木工技艺和独特的结构形式而闻名于世。

(4)创新精神:一些新颖的结构设计体现了设计师的创新精神和前瞻性思维。例如,现代建筑师常常采用新材料、新工艺和新理念来创造出具有未来感的建筑结构。

总之，结构的欣赏需要我们从多个角度去理解和感受，包括美学、技术、历史和文化等方面。

知识积累

1 结构是指事物自身各种要素之间的相互关联和相互作用的方式。

2 结构是事物的存在形式，一切事物都有结构，事物不同，其结构也不同。

3 结构可以承受一定外力的架构形态，具有保持原来形状和大小的性质。

4 根据结构形态在受力时承受和传递力的方式的差别，将结构分为实体结构、框架结构和壳体结构。

5 实体结构是结构体本身是实心的，主要承受压力。

6 框架结构是结构体由细长的构件组成，既可以承受压力又能够承受拉力。

7 壳体结构是结构体由片状或层状结构组成，通过壳体来传递力和承受荷载。

8 构件受力的基本形式通常有拉力、压力、扭转力、弯曲力、剪切力等。

9 结构的稳定性是指结构在荷载的作用下维持其原有的平衡状态的能力。

10 影响结构稳定性的因素有重心位置的高低、支撑面的大小和结构的形状。

11 结构的强度是指结构具有的抵抗被外力破坏的能力。

12 影响结构强度的因素有结构的形状、材料和连接方式。

13 结构的设计过程包括方案设计阶段、结构计算与内力分析阶段、细部设计与构造措施阶段、结构设计的优化和其他类型设计。

14 构件的外形设计是为了实现产品的功能，使结构内部构件之间相互配合。

15 结构的欣赏需要从美学价值、技术难度、历史意义和创新精神等多个角度去理解和感受。

16 美学价值是指结构设计不仅要满足功能和安全性，还要具有美学价值。

17 技术难度是指一些复杂的结构设计需要高超的技术和工程能力才能实现。

18 历史意义是指一些古老的建筑物或文化遗产的结构设计具有重要的历史意义和文化价值。

19 创新精神是指一些新颖的结构设计体现了设计师的创新精神和前瞻性思维。

20 结构的欣赏需要我们从多个角度去理解和感受，包括美学、技术、历史和文化等方面。

21 结构的设计和选择应该使其能够在各种自身与外界的作用下，正常地工作。

22 结构的设计和选择应该考虑其功能、用途、地理环境等因素。

23 结构的设计和选择应该考虑其体系选型与结构布置。

24 结构的设计和选择应该进行合理的结构计算与内力分析，以确保其安全性和稳定性。

习题分析

一、选择题

1 下列结构中，属于壳体结构的是(　　)。

A. 水库大坝　　B. 竹篮子　　C. 教学楼　　D. 安全帽

2 下列结构中，不属于壳体结构的是(　　)。

A. 天文台穹顶　　B. 鸡蛋外壳　　C. 金字塔　　D. 安全帽

3 下列物体中，属于实体结构的是(　　)。

A. 房屋的墙体　　B. 教室的门窗

C. 化工厂的储油罐　　D. 煮饭用的高压锅

4 下列物体中，属于框架结构的是(　　)。

A. 汽车引擎盖　　B. 喝水的水杯

C. 防盗网　　D. 建筑大桥上的钢梁

5 下列结构中，最适合承受大量的重量的是(　　)。

A. 壳体结构　　B. 框架结构　　C. 实体结构　　D. 悬索结构

6 桥梁是一种(　　)。

A. 受力结构　　B. 承重结构　　C. 弯曲结构　　D. 以上都是

7 在设计一把椅子时，需要考虑的主要因素是(　　)。

A. 承重能力　　B. 舒适度　　C. 美观度　　D. 以上都是

8 下列不是结构设计的一部分的是(　　)。

A. 选择材料　　B. 确定形状和大小　　C. 考虑环境因素　　D. 选择颜色

9 一种结构在其预期寿命内能够安全可靠地承受所有预期的外力，那么它满足的是(　　)性能标准。

A. 安全性　　B. 适用性　　C. 耐久性　　D. 美观性

10 一个优秀的结构设计应该考虑(　　)。

A. 只需外观美观　　B. 只需要满足功能需求

C. 需要考虑制造的成本和效率　　D. 不需要考虑环境因素

11 下列各项中不属于框架结构优点的是(　　)。

A. 强度高　　B. 稳定性好　　C. 轻便灵活　　D. 节省材料

12 在设计建筑结构时，需要考虑地震因素是为了(　　)。

A. 防止建筑倒塌　　B. 增强建筑的稳定性

C. 降低建筑成本　　D. 提高建筑的抗震能力

13 下列不属于现代设计中的先进技术的是(　　)。

A. 3D 打印技术　　B. 计算机辅助设计(CAD)

C. 手工制作技术　　D. 机器人制造技术

14 多数自行车都采用框架结构设计,从结构上分析,其主要原因是(　　)。

A. 框架结构制作工艺很简单

B. 框架结构所用的材料最少

C. 各条状构件不仅能支撑人体的压力,而且具有很强的拉力

D. 构件能保证人坐车的安全

15 奥运会上运动员手握单杠做大回环动作时,运动员的手和单杠的受力形式分别是(　　)。

A. 受拉力和压力　　B. 受弯曲力和拉力

C. 受前切力和拉力　　D. 受拉力和弯曲力

16 小张的书桌桌面松了,正用螺丝刀将一颗螺丝钉旋紧钉入,这时螺丝刀的主要受力形式是(　　)。

A. 受弯曲力、剪切力　　B. 受压力、扭转力

C. 受压力、剪切力　　D. 受弯曲力、扭转力

17 在外墙上,通常用膨胀螺栓固定放空调外机的三角铁架,在安装上空调后,安装在三角铁架与墙体之间底侧的膨胀螺栓的主要受力形式是(　　)。

A. 受剪切力　　B. 受拉力　　C. 受压力　　D. 受弯曲力

18 如图 5-4 所示为装吊夹钳,在夹持重物上吊过程中,构件 1、铆钉和构件 2 的受力形式分别是(　　)。

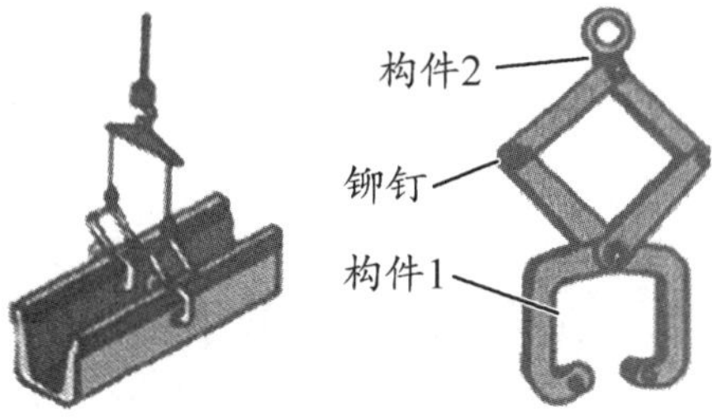

图 5-4　18 题图

A. 受拉力、受剪切力、受弯曲力　　B. 受弯曲力、受剪切力、受拉力

C. 受拉力、受剪切力、受拉力　　D. 受弯曲力、受弯曲力、受拉力

19 如图 5-5 所示是一款手动压力装订器。在力 F 的作用下,手柄通过连杆 1 摇杆、连杆 2 带动压杆向下运动,将工件压紧。连杆 1、摇杆、连杆 2 的主要受力形式是(　　)。

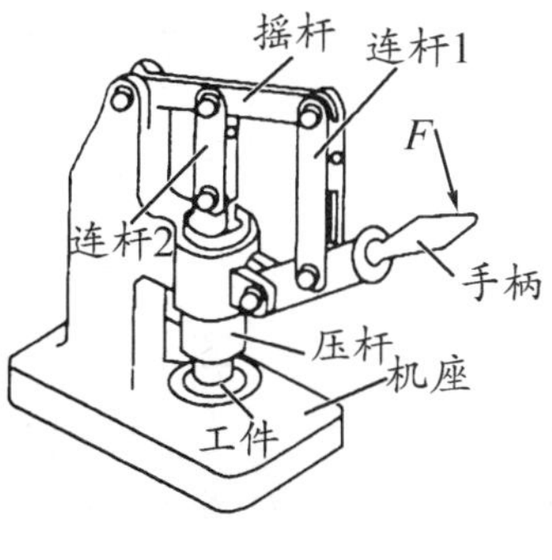

图 5-5　19 题图

第一章　结构及其设计

A. 连杆 1 受拉力，摇杆受弯曲力，连杆 2 受压力
B. 连杆 1 受压力，摇杆受扭转力，连杆 2 受拉力
C. 连杆 1 受拉力，摇杆受弯曲力，连杆 2 受拉力
D. 连杆 1 受压力，摇杆受扭转力，连杆 2 受压力

20 如图 5 -6 所示为一款防爆断线钳，小明拿它剪粗铁丝，在剪断粗铁丝的过程中，粗铁丝和手柄的主要受力形式是(　　)。

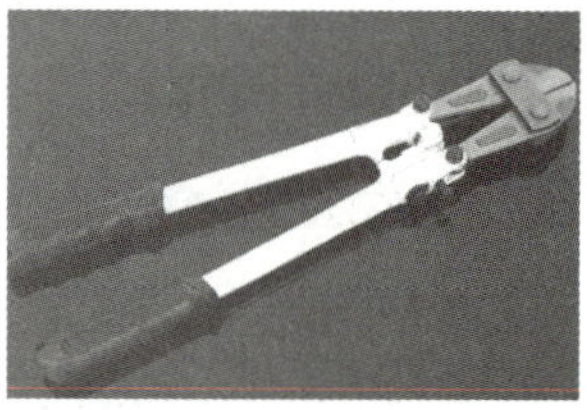

图 5 -6　20 题图

A. 粗铁丝受压力，手柄受弯曲力
B. 粗铁丝受剪切力，手柄受弯曲力
C. 粗铁丝受压力，手柄受压力
D. 粗铁丝受剪切力，手柄受压力

21 如图 5 -7 所示为一款台虎钳。丝杠装在活动钳身上，可以旋转，但不能轴向移动，并与安装在固定钳身内的丝杠螺母配合。摇动手柄使丝杠旋转，就可以带动活动钳身相对于固定钳身做轴向移动，起到夹紧或松开工件的作用。在夹紧工件的过程中，手柄和丝杠的主要受力形式是(　　)。

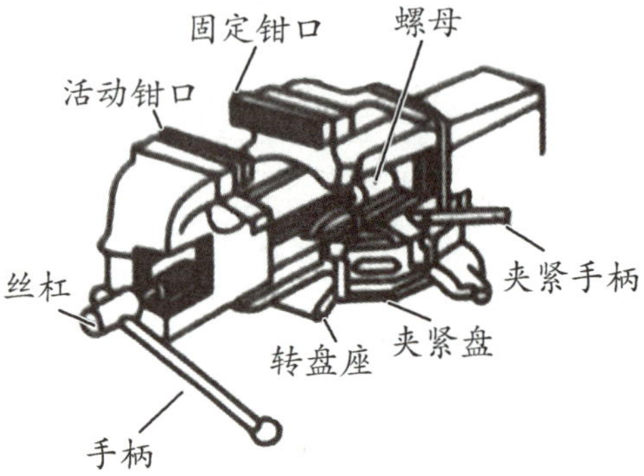

图 5 -7　21 题图

A. 手柄受压力，丝杠受弯曲力、拉力
B. 手柄受弯曲力，丝杠受扭转力、拉力
C. 手柄受拉力，丝杠受扭转力、压力
D. 手柄受弯曲力，丝杠受剪切力、扭转力

22 如图 5 -8 所示为垃圾桶，当用脚踩下踏板打开时，下列对各构件受力变形分析正确的是(　　)。

图 5 -8　22 题图

A. 连杆主要受压力，踏杆主要受弯曲力，弹簧主要受压力
B. 连杆主要受拉力，踏杆主要受弯曲力，弹簧主要受压力
C. 连杆主要受压力，踏杆主要受弯曲力，弹簧主要受扭转力
D. 连杆主要受压力，踏杆主要受压力，弹簧主要受扭转力

23 水泥梁的下表面有钢筋,在受力后会发生形变,此时对它的上、下表面(沿表面)的受力形式分析中最合理的是(　　)。

A. 梁的上表面受压力,下表面受压力　B. 梁的上表面受压力,下表面受拉力

C. 梁的上表面受拉力,下表面受压力　D. 梁的上表面受拉力,下表面受拉力

24 如图 5－9 所示是一款单边吊伞,下列对连接杆支杆和支柱的主要受力分析中正确的是(　　)。

A. 连接杆受压力,支杆受弯曲力

B. 连接杆受拉力,支杆受压力

C. 连接杆受拉力,支杆受弯曲力

D. 连接杆和支杆都受弯曲力

图 5－9　24 题图

25 下列物体中,属于实体结构的是(　　)。

A. 电灯泡　B. 脚手架　C. 橡皮擦　D. 足球

26 下列物体中,不属于壳体结构的是(　　)。

A. 摩托车头盔　B. 汽车引擎盖　C. 贝壳　D. 金字塔

27 如图 5－10 所示,在攻丝的过程中,丝锥和丝锥扳手的主要受力形式是(　　)。

A. 丝锥受压力、扭转力,丝锥扳手受剪力

B. 丝锥受压力、剪切力,丝锥扳手受扭转力

C. 丝锥受扭转力,丝锥扳手受压力、弯曲力

D. 丝锥受压力、扭转力,丝锥扳手受弯曲力

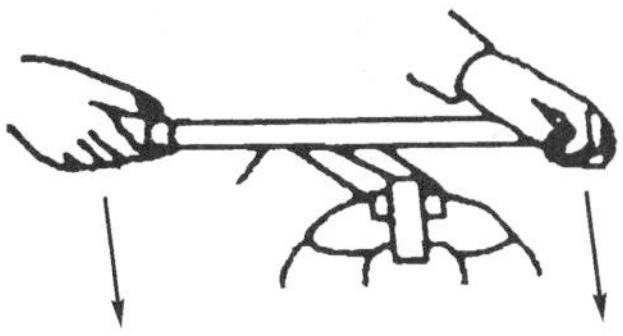

图 5－10　27 题图

28 如图 5－11 所示为室内灯具,下列对连接杆和支柱的主要受力分析中正确的是(　　)。

A. 连接杆受压力,支柱受弯曲力　B. 连接杆和支柱都受压力

C. 连接杆受弯曲力,支柱受压力　D. 连接杆和支柱都受弯曲力

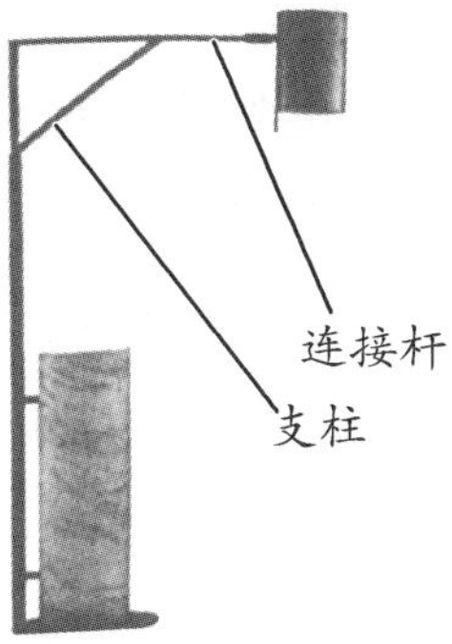

图 5－11　28 题图

图 5－12　29 题图

29 如图 5－12 所示是两边支架用钢钉固定在墙壁上的一款搁板,把花盆放在中央时,支撑板和钢钉的主要受力形式是(　　)。

A. 搁板受拉力,钢钉受剪切力　B. 搁板受拉力,钢钉受压力

C. 搁板受弯曲力,钢钉受弯曲力　D. 搁板受弯曲力,钢钉受剪切力

第一章 结构及其设计

30 发生交通事故时，摩托车手的头盔能有效保护车手的头部安全。下列分析中正确的是(　　)。

A. 头盔的壳体结构能分散撞到头盔上的力

B. 头盔的壳体结构能吸收撞到头盔上的力

C. 头盔的框架结构能分散撞到头盔上的力

D. 头盔的组合结构能吸收撞到头盔上的力

31 如图 5－13 所示为一款创意太阳伞，若要提高它的稳定性，有效的改进措施是(　　)。

A. 加粗中央立柱

B. 伞面选用优质的碳钢材料

C. 减轻底部底盘的质量

D. 增加底部底盘的面积

图 5－13　31 题图

32 以下关于不倒翁“不倒”的原因的分析中，合理的是(　　)。

A. 其构成材料的强度大　　B. 下端大，上端小

C. 底部接触面小　　D. 其重心低，底部接触面是光滑的弧面

33 如图 5－14 所示，用两张相同的纸做结构强度对比试验，此试验可说明影响结构强度的因素是(　　)。

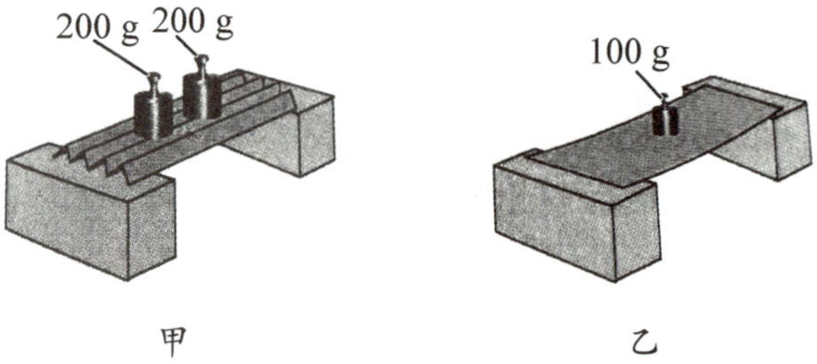

图 5－14　33 题图

A. 结构的材料　　B. 结构的面积

C. 结构的形状　　D. 结构的支撑点

34 一家家具公司打算设计一款新的椅子，设计过程中首先要考虑的因素是(　　)。

A. 椅子的舒适度　　B. 椅子的稳定性

C. 椅子的制造成本　　D. 椅子的风格和设计感

35 一家电子公司正在设计一款新的智能手机。以下设计元素中，是优化手机结构性能关键的是(　　)。

A. 手机的处理器速度　　B. 手机的屏幕分辨率

C. 手机的电池续航　　D. 手机的重量和厚度

二、判断题

36 结构是指事物自身各种要素之间的相互关联和相互作用的方式。(　　)

37 结构体本身是空心的，主要承受压力。(　　)

38 框架结构通过条状物的连接来承受荷载，既可以承受压力，又能够承受拉力。(　　)

39 壳体结构由片状或层状结构组成,通过壳体来传递力和承受荷载。（　　）

40 构件受力的基本形式通常有拉力、压力、扭转力、弯曲力、剪切力等。（　　）

41 结构的稳定性是指结构在荷载的作用下维持其原有的平衡状态的能力。（　　）

42 结构的强度是指结构不具有的抵抗被外力破坏的能力。（　　）

43 影响结构稳定性的因素有三个方面:重心位置的高低、支撑面的大小和结构的形状。（　　）

44 影响结构强度的因素有三个:结构的形状、结构的位置和结构之间的连接方式。（　　）

45 结构设计的过程包括方案设计阶段、结构计算与内力分析阶段、细部设计与构造措施阶段和结构设计的优化。（　　）

三、应用题

46 自行车是我们生活中常见的结构,请根据你所学的有关结构的知识回答以下问题。

(1)自行车的结构设计除了考虑稳定性外,还要考虑什么性质?它跟什么因素有关?

(2)自行车的车架为什么采用三角形结构?

(3)自行车的支架部分采用空心钢管材料,请说明使用这种材料的两种优点。

第二章　流程及其设计

机械类、电子类或物理类方向必修★★★★

思维导图

- 流程及其设计
  - 流程的概念
    - 流程是指在工业品生产中，从原料到制成品各项工序安排的程序
  - 流程的分类
    - 核心流程
    - 支持流程
    - 管理流程
  - 流程的组成 — 输入、活动、结果、服务对象、价值和决策
  - 串行工序和并行工序
  - 流程的设计目标
    - 实现整体效率的提升
    - 确保工作条理的规范性
    - 增加工作流程的透明度
    - 提升管理水平
  - 流程的设计需考虑的因素 — 材料、工艺、设备、人员、资金和环境等
  - 流程的表达
    - 文字表达
    - 表格表达
    - 图示表达
    - 模型表达
    - 动画表达
  - 流程的优化
  - 优化的目的 — 提高工作效率、降低成本、提升质量和满足客户需求等
  - 优化的内容

知识结构

1 流程的概念

流程是指在工业品生产中，从原料到制成品各项工序安排的程序。流程管理（process

management)，是一种以规范化的构造端到端的卓越业务流程为中心，以持续的提高组织业务绩效为目的的系统化方法。有时也被称为“BPM 业务流程管理”。

2 流程的分类

核心流程：直接为企业创造获利的作业流程，包括销售、产品开发、采购、制造、送货等。

支持流程：提供核心流程直接服务的作业流程，包括生产管理、品质保证、信息、人事、财务、总务等。这些流程为核心流程提供支持，确保核心流程的顺利进行。

管理流程：包括策略分析、营运计划、绩效考核等。这些流程主要关注企业的战略规划和运营管理，确保企业目标的实现。

请注意，不同企业或者同一企业在不同阶段，上述流程可能会有所不同。对于具体流程的设定和执行，需要根据企业的实际情况和需求进行调整和完善。

此外，根据华为公司的分类方法，运营流程和管理支持流程也是流程的重要类型。运营流程包括战略管理、集成产品开发、客户关系管理、集成供应链等，这是公司的管理主线，为客户创造价值的流程，也是公司存在的基础；管理支持流程则为运营流程的高效执行提供服务和支持。

在华为的流程分层中，一级主流程用于中高层的业务决策和端到端跨职能部门的业务管理；二级子流程用于职能域的管理，确保职能域的交付能满足主流程的需要；操作级流程用于指导基层的活动。同时，也有的企业会将流程分为组织结构、岗位设置、基本事务工作以及完成基础任务工作进行的活动四个层级。

综上所述，流程的分类方法多种多样，需要根据企业性质、规模以及业务内容等因素进行选择和设计。

3 流程的组成

流程由一系列的环节和时序组成。环节是流程的基本组成部分，对于一项活动，我们可以依据它的某种特征或某个具体目标，将其分解为若干个过程或阶段。这些小的环节被进一步分解为具体的活动，活动在流程图中的表达为方框或菱形框。

同时，流程主要由以下六大要素组成：输入、活动、结果、服务对象、价值和决策。其中，输入是流程开始的第一步，包括人力、物力、财力等资源的投入；活动即完成某一特定任务所需的一系列操作；结果是活动结束后的产出；服务对象指的是接受输出的人或者组织；价值是对服务对象所提供的实际效益，它可以是物质的也可以是非物质的；决策则决定了流程的走向和未来的发展。

需要注意的是，并不是所有的流程都适合用流程图的方式来表现，只有一定程度的、固定的、有规律可循的流程才适合用流程图来展示。因此，在实际操作中需要灵活运用并结合具体情况选择最佳的表现方式。

4 串行工序和并行工序

串行工序和并行工序是生产流程中两种不同的处理方式。串行工序的特点是所有的加工步骤都是按照循序渐进的步骤进行的，上一项完成后才能进行下一步。相较之下，并行工序则允许在同一时间内多个环节同时进行，而不需要等待某一项任务完成。这两种工艺流程的选择取决于生产需求，目标效率以及资源配备等多种因素。

5 流程的设计目标

流程设计的主要目标包括实现整体效率的提升、确保工作条理的规范性，以及增加工作流程的透明度，提升管理水平。这通常通过对现有工作流程的梳理和工作流程网络信息化来实现。

在制定流程时，需要清楚地知道业务运行的控制要素及可能的风险，并在流程中设置内控环节以预防风险的发生。此外，还需要针对流程的关键输出进行目标管理，并秉承持续改进的原则。

另外，流程设计应遵循以下原则：以业务价值为导向，满足业务需求，实现工作效率提升、成本降低和风险控制；以客户/用户为中心；主干统一，末端灵活；场景细化，规则明确；赋能业务，放权一线。同时，流程设计应达到“通俗易懂”的要求，以便所有参与者都能理解和执行。

流程设计的目标是为了提高工作效率和质量、降低成本、减少风险、提高客户满意度等。这些目标需要在遵循一定原则的基础上通过科学的方法和策略来实现。

6 流程的设计需考虑的因素

流程设计需考虑的因素属性与规律主要涉及流程的内在属性和各环节的时序问题。在生产过程中，材料、工艺、设备、人员、资金和环境等因素是非常关键的。比如，不同的材料需要使用不同的加工处理方法，因此材料的选择直接影响了生产流程的设计；同时，产品工艺的要求也各异，这决定了流程的走向；生产设备的水平往往决定了流程的自动化水平；而人员技术水平则直接影响到生产效率和质量。

同时，流程设计中也需要考虑环境因素，包括生产过程对环境的污染以及环境对生产的反作用。在定义流程时，要从精益求精的角度去思考业务的本质，基于最短的流程周期时间，找到真实合理的业务流，提前识别并避免业务流中的浪费。

流程设计的目标是提高效率和质量、降低成本、减少风险、提高客户满意度等。这些目标需要在遵循一定原则的基础上通过科学的方法和策略来实现。而在实现这些目标的过程中，理解和掌握流程设计的基本因素及其内在属性和规律是至关重要的。

7 流程的表达

流程的表达方式多种多样，主要包括口头表达、文字表达、表格表达、图示表达、模型表达和动画演示等。

（1）文字表达：这是最基础的表达方式，通过文字详细描述流程的各个环节和步骤，适用于不需要可视化的简单流程。

（2）表格表达：通过表格列出流程中的各个环节，以及每个环节的具体任务、责任人、时间等信息，适用于流程较为复杂、需要分工协作的情况。

（3）图示表达：包括流程图、思维导图等，其中最常见的是流程图。流程图基于一组用于操作决策的符号以及其他主要流程元素，如方框或菱形框表示活动。它的优点是符号集较为简单，理解容易，有助于建立共识，不需要专门的工具。但是也存在一些缺点，比如多样化的自定义使得不同企业间的语言存在差异，用于描述复杂的业务流程时可能不够精确，缺乏描述性属性集。

（4）模型表达：通过具体的模型展示流程的运行情况，如使用沙盘模拟等。这种方式直观易懂，适用于教学和培训场景。

（5）动画演示：通过动画的形式展示流程的运行过程，使流程更加生动形象，适用于宣传和展示。

选择哪种方式来表达流程取决于实际需求和具体场景，可能需要综合运用多种表达方式来达到最佳效果。

8 流程的优化

流程优化是一项策略，通过不断发展、完善和优化业务流程以保持企业的竞争优势。这不仅指做正确的事，还包括如何正确地做事。在流程设计和实施过程中，需要对流程进行不断的改进，以期取得最佳效果。对现有工作流程的梳理、完善和改进的过程称为流程优化。

值得注意的是，流程优化是一个持续的过程，就像家居装修一样，总会有需要改进和完善的地方。因此，每个企业、每个管理者乃至每个员工都应承担起优化流程的责任。

9 优化的目的

流程优化的主要目的是提高工作效率、降低成本、提升质量和满足客户需求等。这需要通过对组织内部各项工作流程的规范化、优化和持续改进来实现。

10 优化的内容

流程优化的主要工作包括评价企业现有的业务流程状况，删减重复的、未增值的业务活动，疏通流程中的瓶颈或效率受制点。此外，根据已有的最佳实践，修改或重新设计增值的企业业务流程也是流程优化的一部分。

具体来说，流程优化的目标可以分为几个方面：首先，明确企业目前存在的问题和流程优化的目标，进行优化流程，明确员工职责；其次，找出常规流程中的低效之处，对其加以修正以提高效率；最后，利用企业资源的优化配置，以达成企业业务系统性、高效率、高质量运行的目标。这些目标的实现需要通过对组织内部各项工作流程的规范化、优化和持续改进来完成。

流程优化是一项策略，通过不断发展、完善、优化业务流程可以保持企业的竞争优势。在流程设计和实施过程中，要对流程进行不断的改进，以期取得最佳效果。每个企业、每个管理者乃至每个员工都应承担起优化流程的责任。

知识积累

1 流程是指在工业品生产中，从原料到制成品各项工序安排的程序。

2 流程管理是一种以规范化的构造端到端的卓越业务流程为中心，以持续的提高组织业务绩效为目的的系统化方法。

3 流程可以分为业务流程和管理流程。

4 根据华为公司的分类方法，运营流程和管理支持流程也是流程的重要类型。

5 在华为的流程分层中，一级主流程用于中高层的业务决策和端到端跨职能部门的业务管理；二级子流程用于职能域的管理，确保职能域的交付能满足主流程需要；操作级流程用于指导基层的活动。

6 流程由一系列的环节和时序组成。

7 流程主要由输入、活动、结果、服务对象、价值和决策六大要素组成。

8 串行工序和并行工序是生产流程中两种不同的处理方式。

9 流程设计的主要目标包括实现整体效率的提升、确保工作条理的规范性，以及增加工作流程的透明度，提升管理水平。

10 流程设计需考虑的因素属性与规律主要涉及流程的内在属性和各环节的时序问题。

11 在生产过程中，材料、工艺、设备、人员、资金和环境等因素是非常关键的。

12 流程设计的目标是提高工作效率和质量、降低成本、减少风险、提高客户满意度等。

13 流程的设计需考虑的因素包括材料选择、产品工艺要求、生产设备水平、人员技术水平等。

14 流程设计需考虑的环境因素包括生产过程对环境的污染以及环境对生产的反作用。

15 流程的表达方式多种多样，主要包括口头表达、文字表达、表格表达、图示表达、模型表达和动画演示等。

16 文字表达是最基础的表达方式，适用于不需要可视化的简单流程。

17 表格表达通过列出流程中的各个环节，以及每个环节的具体任务、责任人、时间等信息，适用于流程较为复杂、需要分工协作的情况。

18 图示表达包括流程图、思维导图等，其中最常见的是流程图。

19 模型表达通过具体的模型展示流程的运行情况，如使用沙盘模拟等。

20 动画演示通过动画的形式展示流程的运行过程，使流程更加生动形象，适用于宣传和展示。

21 流程优化是一项策略，通过不断发展、完善和优化业务流程以保持企业的竞争优势。

22 流程优化的主要目标是提高效率、降低成本、提高质量和提高服务满意度。

23 流程优化的主要工作包括评价企业现有的业务流程状况，删减重复的、未增值的业务活动，疏通流程中的瓶颈或效率受制点。

24 流程优化需要通过对组织内部各项工作流程的规范化、优化和持续改进来完成。

25 每个企业、每个管理者乃至每个员工都应承担起优化流程的责任。

习题分析

一、选择题

1 下列关于流程的说法中，不合理的是(　　)。

A. 任何的流程都可由环节和时序两部分组成

B. 根据不同的需要，同一流程的环节可以有不同的划分方法

C. 时序有时可颠倒，有时不可颠倒

D. 任何环节在时序上都是可以调整的

2 洗衣机的洗涤流程通常是波轮循环执行“正转→暂停→反转→暂停”的过程。以下关于该流程的说法中，合理的是(　　)。

A. “正转”与“反转”交替执行可增强洗涤效果

B. 为了节省洗衣时间，可以取消“暂停”环节

C. “暂停”环节会增加衣服的缠绕

D. 循环执行的次数与洗涤时间无关

3 如图 6 - 1 所示是用不锈钢薄板制作的小饰品。在加工过程中，下列操作中不合理的是(　　)。

A. 钻孔时可使用手钳夹持

B. 锯割时选用细齿锯条

C. 削外轮廓时均用圆锉

D. 表面抛光时用砂纸打磨

图 6 - 1　3 题图

4 小黄同学用纸来制作工艺品，其环节有：1. 买纸；2. 裁剪；3. 划线；4. 组装。加工流程正确的是(　　)。

A. 2 - 3 - 4 - 1　　B. 1 - 2 - 4 - 3　　C. 3 - 1 - 2 - 4　　D. 1 - 3 - 2 - 4

5 在电子控制技术实践课上，同学们用电烙铁进行焊接操作，如图 6 - 2 所示。下列关于焊接的操作流程的说法中，最合理的是(　　)。

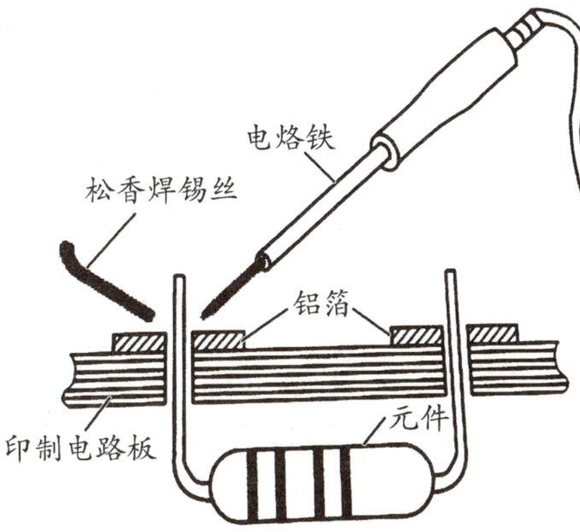

图 6 - 2　5 题图

A. 先用电烙铁加热元件引脚，再加焊锡，熔化的焊锡沿着引脚流到焊盘上形成焊点

B. 先将焊锡移到焊盘上方，再用电烙铁加热焊锡，让熔化的焊锡滴到焊盘上形成焊点

C. 先将焊锡熔化在电烙铁上，再用电烙铁在焊盘上来回涂抹，把焊锡均匀地涂在引脚四周

D. 先用电烙铁同时加热焊盘和元件引脚，再将焊锡送入使其熔化，在引脚和焊盘间形

装修新房时，通常有：1. 安地砖；2. 装水管；3. 打线槽；4. 装电线；5. 做家具等环节。

请根据上面的描述，回答第6、7题。

6 上述5个装修环节的合理时序是（　　）。

A. 1→2→3→4→5　　B. 3→1→2→5→4

C. 5→4→3→2→1　　D. 3→4→2→1→5

7 在上述5个环节中，为了加快进度，可以实施并行的环节是（　　）。

A. 1. 安地砖和2. 装水管并行完成　　B. 2. 装水管和3. 打线槽并行完成

C. 3. 打线槽和4. 装电线并行完成　　D. 2. 装水管和4. 装电线并行完成

8 小明放学回到家，刚打开房门就闻到一股煤气的味道，下列处理操作中最合理的是（　　）。

A. 先关闭煤气总开关，再打开窗户，隔一会后再打开电灯检查漏气的原因

B. 先打开电灯，再关闭煤气总开关，然后检查漏气的原因

C. 先打开电灯，再打开窗户，隔一会后再检查漏气的原因

D. 先关闭煤气总开关，然后打开电灯，隔一会后再检查漏气的原因

9 小张在家使用电饭煲时，刚把电饭煲的插头插入插座，家中的空气开关就跳闸断电。为了确定故障的位置，正确的处理是（　　）。

A. 先更换空气开关，再通电试验

B. 先拔掉电饭煲的插头，然后再打开空气开关通电试验

C. 先把电饭煲的插头交换到其他插孔，再打开空气开关通电试验

D. 直接打开空气开关，用测电笔检测

10 在做饭炒菜的过程中，通常有：1. 加热炒锅；2. 锅中放入菜叶；3. 加入辅料调味盐；4. 锅中放入菜油；5. 打开抽油烟机；6. 菜叶起锅；7. 关闭抽油烟机等环节。下列时序中最合理的是（　　）。

A. 1→2→3→4→5→6→7　　B. 5→4→1→2→3→6→7

C. 5→4→3→2→1→7→6　　D. 3→4→2→1→5→7→6

11 下列属于流程的是（　　）。

A. 学生座位表　　B. 工程零件的加工图

C. 电脑配置清单　　D. 课程表

12 下列关于流程的叙述中正确的是（　　）。

A. 流程反映了一定的时序，体现出一定的环节

B. 流程的时序都是不可颠倒的

C. 流程的环节不能再分出子环节

D. 流程中的串行工序都不能改为并行工序

13 下列更换电灯泡的流程，时序最合理的是（　　）。

A. 更换灯泡→切断电源→揭下灯罩→通电测试

B. 揭下灯罩→更换灯泡→切断电源→通电测试

C. 切断电源→揭下灯罩→更换灯泡→通电测试

D. 揭下灯罩→切断电源→更换灯泡→通电测试

有如图 6－3 甲所示的铝板，把它加工成图 6－3 乙所示的零件。请回答第 14、15 题

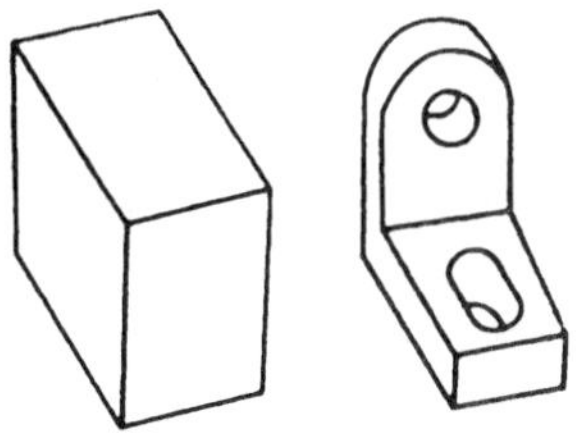

图 6－3　14、15 题图

14 下列加工工艺的流程中，时序最合理的是（　　）。

A. 画线→钻孔→锯割→锉削　　B. 画线→锯割→锉削→钻孔

C. 画线→钻孔→锉削→锯割　　D. 画线→锉削→锯割→钻孔

15 在该工件的加工过程中，以下工具中不需要的是（　　）。

A. 台虎钳　　B. 台钻　　C. 钢丝锯　　D. 锉刀

16 将一块大小合适的矩形钢加工成如图 6－4 所示的零件，下列加工流程最合理的是（　　）。

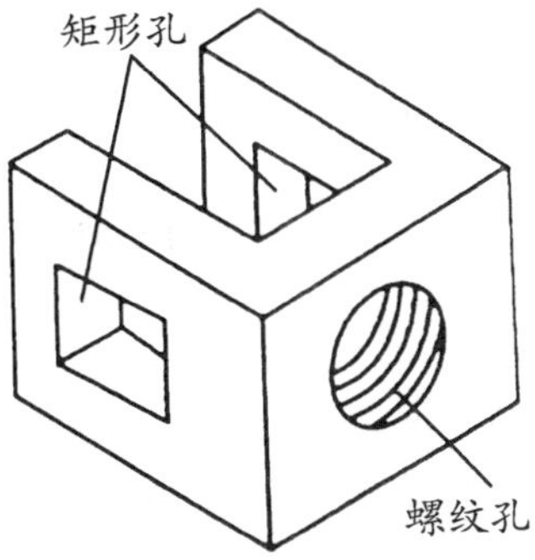

图 6－4　16 题图

A. 画线→锯割→锉削→钻孔→攻丝　　B. 画线→钻孔→锯割→锉削→攻丝

C. 画线→锉削→钻孔→攻丝→锯割　　D. 画线→钻孔→攻丝→锉削→锯割

17 小张在一块厚为 3 mm 的钢板上加工如图 6－5 所示的连接件，下列关于该连接件的加工流程中最合理的是（　　）。

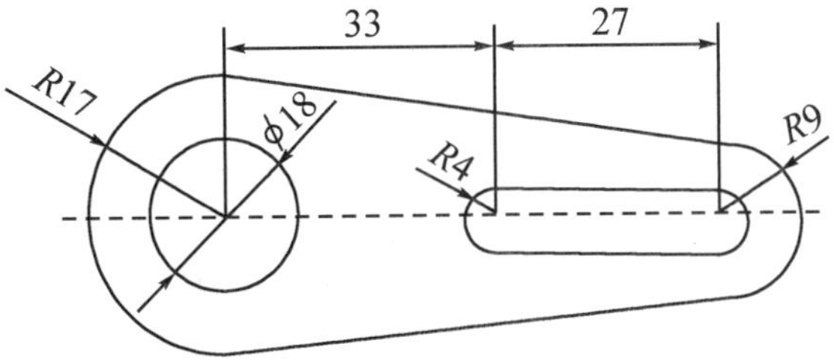

图 6－5　17 题图

A. 画线→钻孔→锉削→锯割　　B. 画线→锉削→锯割→钻孔
C. 画线→钻孔→锯割→锉削　　D. 画线→锯割→锉削→钻孔

如图 6－6 所示是一款木质小凳，由凳腿、凳面、角牙构成，构件间采用榫接。根据以上描述回答 18、19 题。

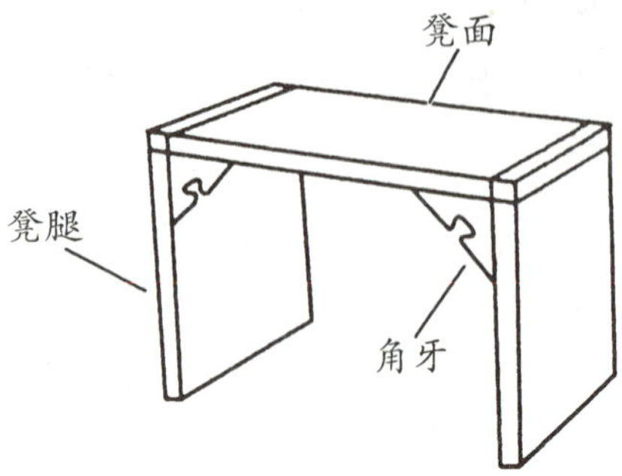

图 6－6　18、19 题图

18 下列是凳腿板与凳面板之间的榫接设计，其中最合理的是(　　)。

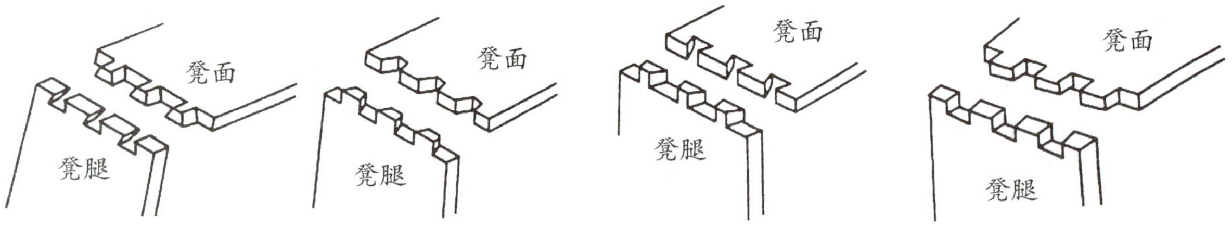

A　　B　　C　　D

19 现要将厚 50 mm 的长实木板加工成符合设计要求的面，下列流程中最合理是(　　)。

B. 下料→刨削→画线→锯割→凿削　　A. 下料→画线→刨削→锯割→凿削
C. 画线→下料→刨削→锯割→凿削　　D. 画线→下料→刨削→锯割→打磨

20 如图 6－7 所示是通用技术实践课上用铝板制作的工件，下列加工流程最合理的是(　　)。

A. 画线→钻孔→抛光→锯割→锉削
B. 画线→抛光→钻孔→锯割→锉削
C. 画线→锯割→锉削→钻孔→抛光
D. 画线→钻孔→锯割→锉削→抛光

图 6－7　20 题图

21 如图 6－8 所示是某企业的污水处理工艺流程图，主要运用了物理处理法、生化处理法和化学处理法，实现了污水的科学处理排放。下列关于该流程的说法中不正确的是(　　)。

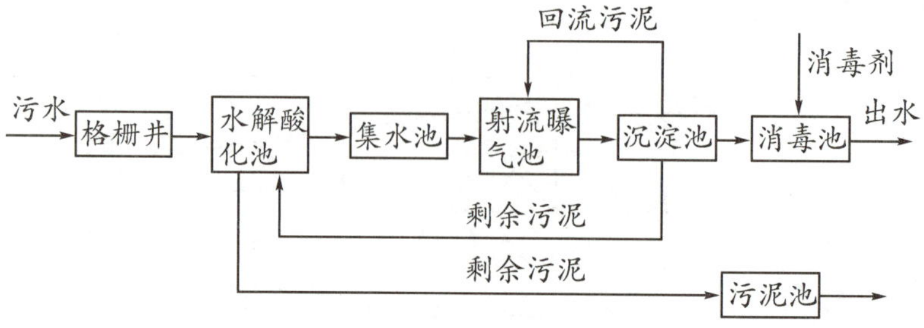

图 6－8　21 题图

A. 从水解酸化池里分离出来的剩余污泥可以直接进入污泥池

B. 该企业通过物理、生物和化学处理法，实现了污水的有效处理，提高了经济收入

C. 该流程中格栅井的主要目的是收集污水中的渣滓

D. 企业污水进行有效处理，达标排放，保护了生态环境

22 下列选项中，通用技术流程的正确顺序是（　　）。

A. 分析问题、定义需求、设计、制作、测试

B. 定义需求、分析问题、设计、制作、测试

C. 分析问题、设计、定义需求、制作、测试

D. 定义需求、分析问题、制作、设计、测试

23 下列不是通用技术流程主要阶段的是（　　）。

A. 问题的分析和定义　　B. 设计方案的制定和筛选

C. 模型的制作和测试　　D. 产品的使用和维护

24 通用技术流程中的设计基础是（　　）。

A. 确定目标　　B. 分析问题

C. 制定方案　　D. 筛选方案

25 通用技术流程中的制作基础是（　　）。

A. 设计图纸的制定　　B. 材料的选择和准备

C. 模型的制作和测试　　D. 制作进度的安排

26 通用技术流程中，测试的重要环节是（　　）。

A. 模型的制作和测试　　B. 设计方案的制定和筛选

C. 问题的分析和定义　　D. 产品的使用和维护

27 下列步骤中，是通用技术流程最初阶段的是（　　）。

A. 需求分析　　B. 概念设计

C. 详细设计　　D. 测试与评估

28 下列产品设计过程中，不属于设计阶段步骤的是（　　）。

A. 制定设计方案　　B. 制作原型

C. 评估设计方案　　D. 筛选设计方案

29 在模型制作阶段，下列说法中错误的是（　　）。

A. 根据设计图纸准备材料和工具　　B. 根据设计方案制作原型

C. 进行原型测试和评估　　D. 根据用户反馈进行修改和优化

30 下列产品开发过程中，不属于测试与评估阶段步骤的是（　　）。

A. 对产品进行性能测试　　B. 对产品进行用户测试

C. 对产品进行市场调研　　D. 对产品进行质量评估

31 在产品发布之前，下列步骤中错误的是(　　)。

A. 进行产品宣传和推广
B. 进行市场调研和分析
C. 对产品进行最后的测试和评估
D. 对产品进行大规模的生产和销售

32 在产品设计过程中，下列不属于概念设计阶段步骤的是(　　)。

A. 确定产品的整体结构和功能模块
B. 进行创意构思和方案制定
C. 对设计方案进行初步评估和筛选
D. 与用户沟通并收集用户反馈

33 在模型制作阶段，下列说法中错误的是(　　)。

A. 根据设计方案准备材料和工具
B. 进行原型制作和测试
C. 对原型进行细节调整和优化
D. 与设计师沟通并修改设计方案

34 在产品发布之后，下列不属于后期维护阶段步骤的是(　　)。

A. 对产品进行持续的监测和维护
B. 根据用户反馈进行产品的优化和升级
C. 对产品的市场表现进行持续的跟踪和分析
D. 对产品的成本进行严格的控制和管理

35 某公司计划开发一款智能手环，具备健康监测、运动记录和语音助手等功能。下列关于该项目的通用技术流程及其设计的关键步骤中，不属于该智能手环项目的通用技术流程的是(　　)。

A. 在需求分析阶段，该公司进行了市场调研，与用户沟通并收集了大量的用户反馈，以确保产品的功能设计符合用户需求
B. 在概念设计阶段，设计团队提出了多个设计方案，包括手环的形状、颜色、材料等方面的设计，并根据初步的评估结果筛选出了最优方案
C. 在模型制作阶段，制作团队根据设计方案准备了材料和工具，并成功制作出了手环的原型。然后进行了原型测试和评估，对手环的性能和稳定性进行了验证
D. 在测试与评估阶段，测试团队对手环进行了全面的测试，包括性能测试、用户测试和质量评估等，以确保产品的质量和性能达到预期水平，并准备发布

二、判断题

36 流程是指在工业品生产中，从原料到制成品各项工序安排的程序。(　　)

37 根据华为公司的分类方法，运营流程和管理支持流程不是流程的重要类型。(　　)

38 流程的组成主要由输入、活动、结果、服务对象、价值和决策六大要素组成。(　　)

39 串行工序的特点是所有的加工步骤都是按照一个循序渐进的步骤进行的，每一项会在上一项完成后才能进行下一步。(　　)

40 流程设计的主要目标包括实现整体效率的提升、确保工作条理的规范性，以及增加工作流程的透明度，提升管理水平。(　　)

41 在生产过程中，材料、工艺、设备、人员、资金和环境等因素对流程设计没有影响。(　　)

42 流程优化的主要目标包括提高效率、降低成本、提高质量和提高服务满意度。(　　)

43 流程优化是一个持续的过程，每个企业、每个管理者乃至每个员工都应承担起优化流程的责任。 ( )

44 流程优化的主要工作包括评价企业现有的业务流程状况。 ( )

45 流程优化的目标可以分为几个方面：明确企业目前存在的问题和流程优化的目标，进行优化流程，明确员工职责；找出常规流程中的低效之处，对其加以修正以提高效率；利用企业资源的优化配置，以达成企业业务系统性、高效率、高质量运行的目标。 ( )

三、应用题

46 请以华为公司的运营流程和管理支持流程为例，分析并设计一个适合你所在企业的流程优化方案。

47 假设你是一家制造公司的生产经理，需要设计一个新的生产流程以提高生产效率和质量。请根据流程设计的六大要素，以及需要考虑的因素，设计一个新的生产流程。

48 请选择一个你熟悉的业务流程（如订单处理、产品设计等），使用流程图的方式表达出来，并分析该流程中可能存在的瓶颈或效率受制点，提出优化建议。

第三章　系统及其设计

机械类、电子类或物理类方向必修★★

思维导图

- 系统及其设计
  - 系统的含义
    - 系统是由多个要素，以特定的方式组合成一个结构，通过互相联系和相互作用，变成的具有某个特定功能的整体。
  - 系统的基本特征
    - 集合性
    - 相关性
    - 目的性
    - 层次性
    - 环境使用性
    - 动态性
  - 系统分析
    - 系统分析，亦称“系统方法”，是一种以系统的整体最优为目标，对系统的各个方面进行定性和定量分析的过程。
  - 系统分析的主要原则
    - 整体性原则
    - 综合性原则
    - 环境适应性原则
    - 层次性原则
  - 系统设计
    - 系统设计是一个以系统科学的思想和方法为基础，根据系统分析的结果来设计出能最大限度满足所要求的目标(或目的)的新系统的过程。
  - 系统优化

知识结构

1 系统的含义

系统是由多个要素，以特定的方式组合成一个结构，通过互相联系和相互作用，变成的具有某个特定功能的整体。比如，人体有消化系统、血液循环系统，城市有交通系统、金融系统，大自然有生态系统，等等。

2 系统的基本特征

系统的基本特征包括集合性、相关性、目的性、层次性、环境适应性和动态性。首先，集合性是指系统至少由两个或两个以上可以相互区别的要素（或子系统）组成，单个要素或者完全相同的要素，无论数量多少，都不能构成系统。其次，相关性则表示系统内每个要素（子系统）之间是相互依存、相互制约和相互作用的，形成了一个相互关联的整体。这种要素间的特定“关系”体现了系统的整体性，当要素相同而关联关系不同时，系统表现的整体特性也会有所不同。再次，任何一个系统都有其存在的目的，即目的性。这也是系统的一个基本特征。层次性是指系统的结构是有层次的，系统内部的各个要素之间存在着一定的等级关系。环境适应性是指系统能够适应外部环境的变化，同时也能够对外部环境产生影响。最后，动态性则反映了系统的生命周期，即系统从诞生到消亡是一个连续变化的过程。这些特性共同决定了系统的本质和功能。

3 系统分析

系统分析，亦称“系统方法”，是一种以系统的整体最优为目标，对系统的各个方面进行定性和定量分析的过程。这是一个有目的、有步骤的探索和分析过程，为决策者提供直接判断和决定最优系统方案所需的信息和资料，是系统工程的一个重要程序和核心组成部分。此外，系统分析也被看作是一种研究方略，它能在不确定的情况下，确定问题的本质和起因，明确咨询目标，找出各种可行方案，并通过一定标准对这些方案进行比较，帮助决策者在复杂的问题和环境中做出科学抉择。

在具体的实施过程中，系统分析包括对企业管理业务的详细调查，理清原系统的业务流程和管理模式，找出其中的问题和不足；从功能分析和数据分析，利用数据流程图、数据字典和处理逻辑的表达方式进行定义，提出新系统的逻辑模型解决方案。这些分析的结果将作为新系统的设计和实施依据，同时也是最后交接验收的依据。通过这样的系统分析过程，我们能够更深入地理解系统的构成和特点，提高设计的效率和质量。

4 系统分析的主要原则

系统分析的主要原则包括整体性原则、综合性原则、环境适应性原则和层次性原则。

首先，整体性原则是系统分析的一个基本思想，它要求我们把所要研究的对象看作一个有机的整体，以整体效益为目标。在认识和改造系统时，必须从整体出发，从组成系统的各要素间的相互关系中探求系统整体的本质和规律。

其次，综合性原则表示系统分析总是为实现系统目标服务的，应将目标排出优先次序，首先选取最优先的目标进行分析。同时，要考虑到内部要素（子系统）之间、系统与环境之间的相互制约、相互依存的错综复杂的矛盾与联系。

再次，环境适应性原则强调系统能够适应外部环境的变化，同时也能够对外部环境产生影响。这个原则要求我们在进行系统分析时，不能忽视系统与其运行环境的相互影响关系。

最后，层次性原则是指任何一个系统都是由一定的要素组成的整体。这些要素一方面是由其下一层要素组成的子系统，另一方面又是更大系统中的构成要素。如此相互包含的关系就构成了系统的层次性。运用系统分析方法研究问题，要注意整体与层次、层次与层次间的相互制约关系。

5 系统设计

系统设计是一个以系统科学的思想和方法为基础，根据系统分析的结果来设计出能最大限度满足所要求的目标（或目的）的新系统的过程。这个过程首先包括确定系统功能和设计方针，然后产生理想系统的草案。接下来，通过搜集信息对草案进行修正，生成可选设计方案。然后，将系统分解为若干子系统进行详细设计并进行评价。最后阶段是进行系统方案的论证并做出性能效果预测。

在进行系统设计时，有几个关键的原则需要考虑：模块化、规范化、合理化、安全化等。例如，在设计大型复杂的系统（如 LNG 供气系统）时，需要考虑到各个子系统的设计和安装，使其规范化、合理化、安全化。而在设计单片机与上位机的信息传输系统时，则需要考虑如何通过模块化的设计，实现实时监控和自动灌溉等功能。

因此，对于任何类型的系统，良好的系统设计都应当考虑其整体性、环境适应性、综合性和层次性等原则。同时，也需要根据具体的实际需求和环境因素，灵活运用各种设计原则和方法，以实现最优的系统设计和效能。

6 系统优化

系统优化原来是系统科学（系统论）的术语，也用作（而且常用作）计算机方面的术语。系统优化的目的是尽可能减少计算机执行少的进程，更改工作模式，删除不必要的中断让机器运行更有效，优化文件位置使数据读写更快，空出更多的系统资源供用户支配，以及减少不必要的系统加载项及自启动项。当然，优化到一定程度可能略微影响系统稳定性，但基本对硬件无害。

知识积累

1. 系统是由多个要素以特定方式组合成的结构，具有某个特定功能的整体。
2. 系统的基本特征包括集合性、相关性、目的性、层次性、环境适应性和动态性。
3. 系统分析是一种以系统整体最优为目标，对系统各个方面进行定性和定量分析的过程。
4. 系统分析是系统工程的一个重要程序和核心组成部分，为决策者提供直接判断和决定最优系统方案所需的信息和资料。
5. 系统分析也被看作是一种研究方略，能在不确定的情况下，确定问题的本质和起因，明确咨询目标，找出各种可行方案，并通过一定标准对这些方案进行比较，帮助决策者在复杂的问题和环境中做出科学抉择。
6. 系统分析的具体实施过程包括对企业管理业务的详细调查，理清原系统的业务流程和管理模式，找出其中的问题和不足；从功能分析和数据分析利用数据流程图、数据字典和处理逻辑的表达方式进行定义，提出新系统的逻辑模型解决方案。

7 系统设计是一个以系统科学的思想和方法为基础，根据系统分析的结果来设计出能最大限度满足所要求的目标的新系统的过程。

8 系统设计的关键原则包括模块化、规范化、合理化、安全化等。

9 在进行系统设计时，需要考虑到其整体性、环境适应性、综合性和层次性等原则。

10 良好的系统设计应当灵活运用各种设计原则和方法，以实现最优的系统设计和效能。

11 系统分析的主要原则包括整体性原则、综合性原则、环境适应性原则和层次性原则。

12 整体性原则要求我们把所要研究的对象看作一个有机的整体，以整体效益为目标。

13 综合性原则表示系统分析总是为实现系统目标服务的，应将目标排出优先次序，首先选取最优先的目标进行分析。

14 环境适应性原则强调系统能够适应外部环境的变化，同时也能够对外部环境产生影响。

15 层次性原则是指任何一个系统都是由一定的要素组成的整体，这些要素一方面是由其下一层要素组成的子系统，另一方面又是更大系统中的构成要素。

16 对于任何类型的系统，良好的系统设计都应当考虑到其整体性、环境适应性、综合性和层次性等原则。

17 在进行系统设计时，需要根据具体的实际需求和环境因素，灵活运用各种设计原则和方法。

18 系统分析是一个有目的、有步骤的探索和分析过程。

19 系统分析为决策者提供直接判断和决定最优系统方案所需的信息和资料。

20 系统分析能够帮助决策者在复杂的问题和环境中做出科学抉择。

21 系统设计是一个以系统科学的思想和方法为基础，根据系统分析的结果来设计出能最大限度满足所要求的目标的新系统的过程。

22 良好的系统设计应当考虑到其整体性、环境适应性、综合性和层次性等原则。

23 在进行系统设计时，需要灵活运用各种设计原则和方法，以实现最优的系统设计和效能。

24 系统分析的主要原则包括整体性原则、综合性原则、环境适应性原则和层次性原则。

习题分析

一、选择题

1 下列关于系统的说法中不恰当的是(　　)。

A. 静态系统是不会发生任何变化的系统，不具动态性

B. 任何系统都具有某种目的，都要实现一定的功能，这是区别不同系统的标志

C. 一个系统至少要有两个或两个以上的要素(部分)

D. 系统要达到的功能是各个部分不具有的

2 如图 7-1 所示是一款普通的电吹风，由外壳、电动机、风叶、电热元件和开关等若干部分组成。关于该电吹风系统，下列说法中不正确的是(　　)。

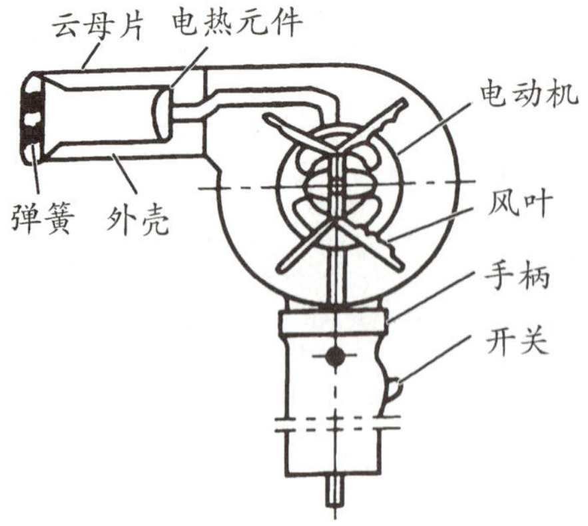

图 7－1　2 题图

A. 该系统可再分为外壳、加热、电动和开关控制 4 个子系统

B. 该系统由外壳、电动机、风叶、电热元件和开关等元素构成

C. 系统中各个元素之间是相互关联的

D. 电动机和风叶是电吹风系统最不可缺少的元素，可代替整机的功能

3 “一着不慎，满盘皆输”是我们生活中的常用成语，它主要反映了系统基本特性中的(　　)。

A. 整体性　　B. 相关性　　C. 动态性　　D. 目的性

4 下列语句的含义与整体性无关的是(　　)。

A. 盲人摸象　　B. 只见树木，不见森林

C. 头痛医头，脚痛医脚　　D. 见风使舵

5 大客车每月进行定期保养、汽车检测或给零部件添加润滑油等，这是因为一个零部件的好坏将直接影响整车的性能。这个案例说明系统具有(　　)。

A. 整体性　　B. 相关性　　C. 环境适应性　　D. 动态性

6 随着新能源技术的发展，为了达到节能减排的目的，国家近年来大力发展电动汽车。如图 7－2 所示是一款电动公共汽车，满电状态的续航里程是 80 km 左右，其刹车系统的灵敏度比燃油汽车刹车系统的灵敏度稍差，车速限制是 60 km/h，耗完电后再充满需要 5～7 小时。下列关于该电动公共汽车系统的说法中，不正确的是(　　)。

图 7－2　6 题图

A. 电动公共汽车能实现节能减排，体现了系统的目的性

B. 续航里程会越来越短，车辆电瓶需定期维护和更换，体现了系统的动态性

C. 发动机产生故障,系统停止工作,体现了系统的环境适应性

D. 发动机输出功率与刹车制动系统相互匹配,体现了系统的相关性

7 机械手表由大量齿轮组合而成,其中任何一个齿轮的损坏都会影响手表的整体功能,这说明(　　)。

A. 要素决定系统　　B. 要素发生变化影响整体功能

C. 系统是各要素之和　　D. 整体功能大于各要素功能之和

8 每个系统都由两个或两个以上的要素构成,而每个要素之间都有相关性。下列对系统相关性的理解中正确的是(　　)。

A. 各要素在系统中的地位平等　　B. 各要素在系统中的作用相同

C. 各要素对系统整体功能的影响相似　　D. 各要素对系统的作用不同,但相互影响

9 我国的航母"辽宁舰"是一个庞大的系统,需要配备电子设备、舰载机、预警机、防空武器等才能发挥其作用。从系统角度分析,下列说法中不恰当的是(　　)。

A. 舰载机与航母是两个互不相关的系统

B. 舰载机需要预警机提供目标信息,预警机需要舰载机的保护,两者具有相关性

C. 配备了雷达在内的各种新型电子设备,优化了防空以及末端反导防御系统

D. 能搭载 30 架舰载机和直升机,达到了航母作为移动作战平台的目的

10 下列关于系统的说法中,描述系统目的性的是(　　)。

A. 系统是一个整体,整体功能是任何部分在孤立状态下所没有的

B. 任何系统都具有某种目的,都要实现一定的功能,这是区别不同系统的一个重要标志

C. 构成系统的各元素之间是相互联系、相互作用、相互依赖、相互影响的关系,是彼此相关的

D. 系统都存在于一定的环境中,并不断地与外界环境进行物质的、能量的和信息的交换,系统必须适应外部环境的变化

11 汽车超载自动检测系统的工作原理是:在公路收费站前方每一条车道上安装称重传感器,用于监测每辆通过的汽车重量,同时高清摄像头将车辆的车型、牌照等数据信息都传入监察电脑,电脑辨认出各种车型,并查明该型车的规定载重量,经过与实测数据比对,以判断该车是否超载。下列关于汽车超载自动监测系统的分析中不正确的是(　　)。

A. 称重传感器检测的精度影响系统对车辆是否超载的判断,体现了系统的整体性

B. 使用一段时间后,摄像头的清晰度变差,体现了系统的动态性

C. 系统能精确地测量出经过车辆是否超载,体现了系统分析的科学性原则

D. 设计该系统时,既要考虑传感器的灵敏度,又要考虑摄像头的清晰度,体现了系统分析的综合性原则

12 为了克服燃油车尾气排放对环境的污染,现在许多国家都大力发展新能源电动车但,在电动车系统中,锂电池用一段时间后,电池容量会逐渐下降,影响续航里程。这说明系统具有(　　)。

A. 动态性　　B. 整体性　　C. 环境适应性　　D. 稳定性

13 在自然生态系统中，鹿、兔奔跑速度快，能逃避猛兽追捕；刺猬身上长有尖刺，让猛兽无从下口；黄鼬遇敌时突放臭气，扰乱猛兽神志，影响其情绪，在其迟疑间跑掉。这些反映了系统基本特性中的(　　)。

A. 整体性　　B. 相关性　　C. 动态性　　D. 环境适应性

14 飞机在空中飞行时，时常受到大气对流的影响而产生颠簸，当飞机的检测装置接收到这一信号后，经过控制器的调节，能在很短的时间内调整好飞行状态，克服大气对流对飞机飞行的影响，保持平稳飞行。这个现象说明飞机系统具有(　　)。

A. 整体性　　B. 相关性

C. 环境适应性　　D. 动态性

15 如图 7－3 所示是一款电磁炉，下列广告语中最能体现系统的环境适应性的是(　　)。

A. 纯平触摸式感应控制，操作简单

B. 先进无级变速散热风扇，散热快、噪声低

C. 110～220 V 工作电压，恶劣电网不用愁

D 四位数码显示，方便操作

图 7－3　15 题图

16 如图 7－4 所示的 ATV 概念车不单可借助轮子行进，也可采用类似腿部运动的方式移动来征服特殊的地形。它的驾驶舱距地面很高，易于驾驶员观察前方情况，如有麻烦可及时做出反应。ATV 概念车的这种特性表明该车具有良好的(　　)。

图 7－4　16 题图

A. 整体性　　B. 相关性　　C. 环境适应性　　D. 动态性

17 在日常生活中，我们经常使用各种系统，下列系统中最符合你对“系统”这个概念的理解的是(　　)。

A. 一组相互关联的组件或元素，协同工作以实现特定功能

B. 一种抽象的思维方式，用于理解和解决问题

C. 一个具有复杂功能的软件程序

D. 一个可以自我优化的机器或设备

18 在设计一个系统时，下列因素中最重要的是(　　)。

A. 实现所有功能　　B. 考虑用户需求

C. 优化算法和数据结构　　D. 选择合适的开发工具

19 在日常生活中,下列场景最能体现系统的概念的是(　　)。

A. 烹饪一道菜　　B. 建造一座房子

C. 设计一个网站　　D. 修建一条高速公路

20 在软件测试中,单元测试的主要目的是(　　)。

A. 确保软件满足用户需求　　B. 确保软件没有错误

C. 确保软件易于维护　　D. 确保软件具有良好的性能

21 在人机交互设计中,用户体验(UX)设计的主要目标是(　　)。

A. 提高系统的运行速度　　B. 降低系统的开发成本

C. 使用户更容易理解和使用系统　　D. 增加系统的功能和复杂性

22 在设计智能家居系统时,最重要的步骤是(　　)。

A. 选择最先进的技术和设备　　B. 确定系统的功能和需求

C. 设计系统的界面和外观　　D. 优化算法以提高系统性能

23 在日常生活中,交通系统是一个复杂的系统。下列元素中不属于交通系统组成部分的是(　　)。

A. 交通工具(如汽车、自行车)　　B. 道路和交通标志

C. 交通规则和交警　　D. 天气预报和气象条件

24 一个优秀的系统设计应该具备的特点是(　　)。

A. 尽可能复杂,以展示设计者的技能

B. 简洁明了,易于理解和使用

C. 只关注核心功能,忽略其他需求

D. 追求最新技术,不考虑成本

25 在系统设计中,最能体现"模块化"原则的是(　　)。

A. 在设计电路板时,将电子元件直接焊接在电路板上

B. 在设计电路板时,将电路板分为独立的模块,每个模块负责不同的功能

C. 在设计机器人时,将机器人整体设计为一个完整的系统

D. 在设计机器人时,将机器人的各个部分组合在一起

26 在系统设计过程中,下列阶段中涉及对系统功能和性能的详细规划和描述的是(　　)。

A. 需求分析　　B. 系统设计　　C. 系统实现　　D. 系统测试

27 下列最能体现系统思维在设计中的应用的是(　　)。

A. 某城市规划师在设计中考虑到城市交通系统的整体性,合理规划道路网络和公共交通系统

B. 某服装设计师在设计中注重细节和美感,没有考虑服装的舒适性和实用性

C. 某建筑师在设计一座大楼时,只关注建筑的外立面和内部空间,忽略了结构安全和节能环保

D. 某产品设计师在设计中注重产品的外观和功能,但忽略了产品的成本和生产工艺

28 下列选项中最能体现系统设计中的模块化思想的是(　　)。

A. 某公司在开发一款软件时,将软件代码分成独立的模块,每个模块负责不同的功能,便于维护和升级

B. 某公司在设计一款智能手表时,注重外观和功能,将所有功能集成在一个设备中,没有采用模块化设计

C. 某公司在设计一款电动汽车时,将电池组和电机等核心部件整合在一起,没有考虑到各个部件之间的独立性和可替换性

D. 某公司在开发一款游戏时,将游戏分成多个关卡,每个关卡都有不同的游戏规则和难度,便于玩家挑战和升级

29 在设计一个学校图书馆管理系统时,下列功能中最重要的是(　　)。

A. 记录每本书的借阅历史　　B. 自动提醒读者还书日期

C. 提供在线阅读和电子书下载　　D. 集成社交媒体分享功能

30 下列选项中最能体现系统设计中的反馈机制的是(　　)。

A. 某公司在设计一个销售管理系统时,通过数据分析和反馈机制,及时调整销售策略和产品定价

B. 某公司在设计一个生产系统时,没有考虑到环保和资源消耗问题,导致环境污染和资源浪费

C. 某公司在设计一个客户服务系统时,注重客户反馈和满意度调查,不断优化客户服务体验

D. 某公司在设计一个物流系统时,只关注运输速度和成本,忽略了货物安全和准确性问题

31 系统集成是指将(　　)组合在一起形成一个统一的、协调的系统。

A. 各个子系统　　B. 各个模块　　C. 各个部件　　D. 各个功能单元

32 下列选项中最能体现系统设计中的用户需求原则的是(　　)。

A. 一款手机 App 的设计只关注功能齐全,没有考虑到用户的操作习惯和界面友好性

B. 一款平板电脑的设计考虑到不同用户的需求,设计了多种颜色和尺寸的版本

C. 一款智能手表的设计只关注硬件配置和性能,没有考虑到用户佩戴的舒适性和外观的美观性

D. 一款电视机的设计考虑到用户的观看体验,设计了智能语音识别和高清显示功能

33 下列选项中最能体现系统设计中的反馈机制的是(　　)。

A. 一个公司的客户服务系统没有设置反馈渠道,客户有意见只能通过电话投诉

B. 一个公司的销售系统只能记录销售数据,不能根据销售数据调整库存和进货计划

C. 一个公司的生产系统可以根据市场需求调整生产计划,并反馈给供应链管理系统

D. 一个公司的质量管理系统只能检测产品质量问题,不能将检测结果反馈给生产部门进行调整

34 在系统设计中，最能体现“整体性”原则的是(　　)。

A. 在设计一个软件时，将代码分成独立的模块，每个模块负责不同的功能

B. 在设计一个手机时，考虑到手机的使用环境和用户习惯，以及与其他设备的兼容性

C. 在设计一个汽车时，只关注发动机的性能和速度，忽略了车辆的舒适性和安全性

D. 在设计一个电脑时，将硬件和软件整合在一起，实现统一管理和控制

35 下列属于通用技术系统在实际生活中的应用的是(　　)。

A. 能家居系统　　B. 高速列车

C. 无人机　　D. 所有以上的答案

二、判断题

36 系统是由多个要素以特定方式组合成一个结构，通过互相联系和相互作用，变成具有某个特定功能的整体。(　　)

37 系统的基本特征包括集合性、相关性、随意性、层次性、环境适应性和动态性。(　　)

38 系统分析是一种以系统的整体最优为目标，对系统的各个方面进行定性和定量分析的过程。(　　)

39 系统分析是系统工程的一个重要程序和核心组成部分，为决策者提供直接判断和决定最优系统方案所需的信息和资料。(　　)

40 系统分析也被看作是一种研究方略，能在不确定的情况下，确定问题的本质和起因，明确咨询目标，找出各种可行方案，并通过一定标准对这些方案进行比较，帮助决策者在复杂的问题和环境中做出科学抉择。(　　)

41 系统分析的主要原则包括局部性原则、综合性原则、环境适应性原则和层次性原则。(　　)

42 整体性原则要求我们把所要研究的对象看作一个有机的整体，以整体效益为目标。(　　)

43 综合性原则表示系统分析总是为实现系统目标服务的，应将目标排出优先次序，首先选取最优先的目标进行分析。同时，要考虑到内部要素(子系统)之间、系统与环境之间的相互制约、相互依存的错综复杂的矛盾与联系。(　　)

44 环境适应性原则强调系统能够适应外部环境的变化，同时也能够对外部环境产生影响。这个原则要求我们在进行系统分析时，不能忽视系统与其运行环境的相互影响关系。(　　)

45 层次性原则是指任何一个系统都是由一定的要素组成的整体，这些要素一方面是由其下一层要素组成的子系统，另一方面又是更大系统中的构成要素。如此相互包含的关系就构成了系统的层次性。运用系统分析方法研究问题，要注意整体与层次、层次与层次间的相互制约关系。(　　)

三、应用题

46 请简要描述流程的概念以及流程管理的重要性。

47 请列举并解释华为公司的运营流程和管理支持流程。

48 请描述设计一个流程时需要考虑的主要因素。

49 如图 7－5 所示是一款集成环保灶。它是集燃气灶、吸油烟机、消毒柜等功能于一体的厨房革新产品，具有环保、节能、无油烟、节省空间等特点。其吸烟口在灶腔上方，和锅沿的距离只有几厘米，油烟一形成就被吸油烟机吸走并迅速排出，除烟率达 95% 以上，使厨房更干净；消毒柜位于燃气灶下方，采用臭氧发生器消毒加紫外线消毒，消毒完毕进入烘干状态，使厨具更卫生，而且节省了独立消毒柜的存放空间；在灶具通电的情况下，气敏传感器全程监控漏气情况，若燃气泄漏，在浓度未达到闪爆点前系统将自动报警并启动风机吸排，吸净后自动关闭风机；灶腔里还设计了溢流孔，当发生烧水溢流浇灭火焰时，传感器将信号传给控制器，熄火保护装置将自动切断气源，从而使燃气灶的使用更安全。

图 7－5　49 题图

(1) 进烟口与火焰口距离太大则除烟效果不好，距离太小则火苗易吸入内腔，当积油过多、温度过高时，会引起机身自燃，存在很大的安全隐患，只有距离适当才能使系统达到最佳运行状态，进烟口与火焰口两者之间的关系体现了系统的________。

(2) 设计人员经过分析计算与反复试验，得出吸烟口与火焰口的距离约为 40 cm 时是比较安全的距离，该系统分析遵循了____________________。

(3) 以下对集成环保灶系统的优化不合理的是(　　)。

A. 增加智能延时保护，3 分钟炊后净吸，确保燃气、油烟无残留

B. 增加电磁炉、洗碗柜等的功能，功能越多越实用

C. 增加智能过热保护，确保电机安全运行

第四章　控制及其设计

机械类、电子类或物理类方向必修★★

思维导图

- 控制及其设计
  - 控制的含义——概念：人们按照自己的意愿或目的，通过一定的手段，使事物向期望的目标发展，这就是控制
  - 控制的种类
    - 根据控制手段氛围：手动(人工)控制和自动控制
    - 手动控制与自动控制的确定：只要人参与系统的控制过程，就是手动控制(设定输入量并未在控制的系统中进行操作应除外)，反之就是自动控制
    - 根据控制方式分为：开环控制和闭环控制
    - 开环控制与闭环控制的确定：关键看系统的输入端与输出端是否存在反馈回路，输出量对控制工程是否产生影响
  - 控制的组成——比较器(闭环)、控制器、执行器、被控对象、反馈环节(闭环)
  - 控制的干扰和反馈
    - 干扰：除输入量外，引起被控量变化的各种因素
    - 反馈：将输出量返回输入端并于输入量进行比较的过程

知识结构

1 控制的含义

人们按照自己的意愿或目的，通过一定的手段，使事物向期望的目标发展，这就是控制。

2 控制的分类

(1)根据控制手段分为手动(人工)控制和自动控制

①手动(人工)控制：必须在人的直接干预和全程干预下才能完成的控制。

②自动控制：不需要人的干预，就可按期望规律或预定程序进行的控制。

③判断是手动控制还是自动控制的方法：只要人参与系统的控制过程，就是手动控制只(设定输入量并未在控制的过程中进行操作的情况应排除)，反之是自动控制。比如家中空调的调温系统，人设定温度只是设定输入量，空调温度控制系统的控制过程中并不包括人的操作，所以该系统是自动控制系统。

(2)根据控制方式分为开环控制和闭环控制

①开环控制：控制系统的输出量不对系统的控制过程产生影响的控制。

②闭环控制：能将系统的输出量反馈到输入端进行比较并根据它们的差别(误差)及时调整控制作用，使控制的误差减小的控制。

判断是开环还是闭环控制的方法，关键是看系统的输出端与输入端之间是否存在反馈回路，输出量对控制过程是否产生影响。分析当控制效果(即被控量)发生变化时，如给被控对

象或被控量施加一些干扰，控制系统能否通过反馈来减少被控量（输出量）的偏差，如果能则为闭环控制，否则为开环控制。

判断闭环控制的步骤如下：确定控制目的→确定输出量→确定控制对象→确定输出量是否被检测送回输入端→对下一轮控制产生影响。如果控制过程在不断修正，并把输出量随时反馈到输入端，即为闭环控制。

3 控制系统的组成和描述

（1）控制系统的组成实体：比较器（闭环）、控制器、执行器被控对象、反馈环节（闭环）。

①比较器：将被控量与给定量进行比较，求出偏差值（存在于闭环控制中）。

②控制器：对输入信号进行处理并发出控制命令的装置或元件。

③执行器：直接对被控对象进行控制的装置或元件。

④被控对象：控制系统中所要求控制的装置或生产过程。

⑤反馈环节：检测被控量并返回到系统的输入端（存在于闭环控制中）的设备。

（2）控制系统传递的量：输入量（给定值）、控制量（执行器的输出信号）、输出量（被控量）。

①输入量（给定值）：控制系统的给定量。

②控制量：执行器的输出信号。

③输出量（被控量）：控制系统所要控制的量，也是控制系统的输出信号。

4 控制系统方框图

开环控制系统的结构框图如图 8－1 所示，其信号的传递从输入到输出是单向的。

图 8－1　开环控制系统的结构框图

闭环控制系统的结构框图如图 8－2 所示，其信号的传递从输出到输入增加了反馈环节构成一个闭合回路。开、闭环控制系统的本质区别就是有无反馈环节。

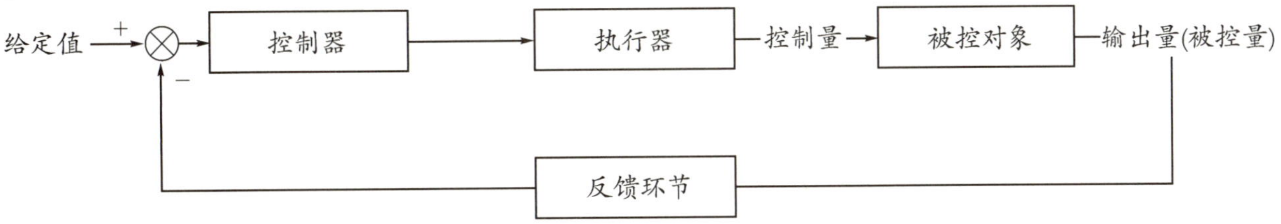

图 8－2　闭环控制系统的结构框图

常见的开、闭环控制系统方框图如下。

（1）自动门的开环控制方框图如图 8－3 所示。

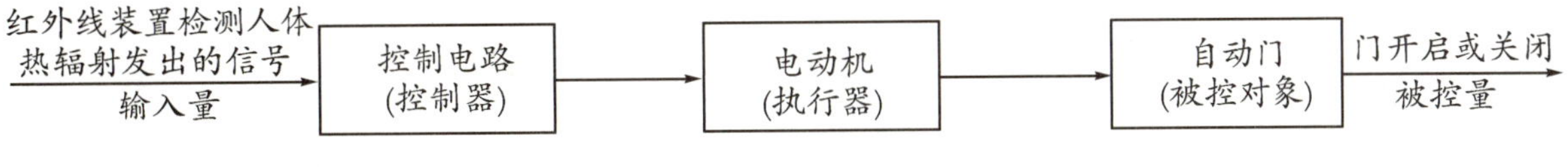

图 8－3　自动门的开环控制方框图

(2)游泳池水位的开环控制系统方框图(设定时间以控制水位)如图 8－4 所示。

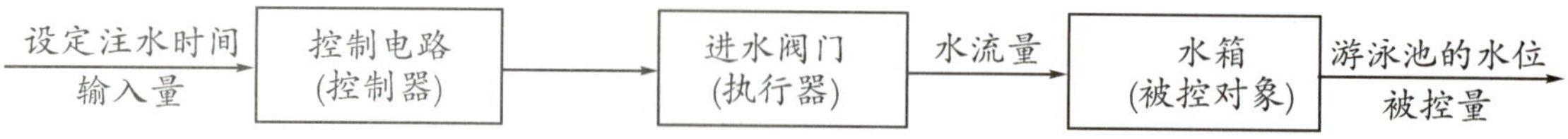

图 8－4　游泳池水位的开环控制系统方框图

(3)游泳池水位的闭环控制系统方框图(检测装置反馈控制水位)如图 8－5 所示。

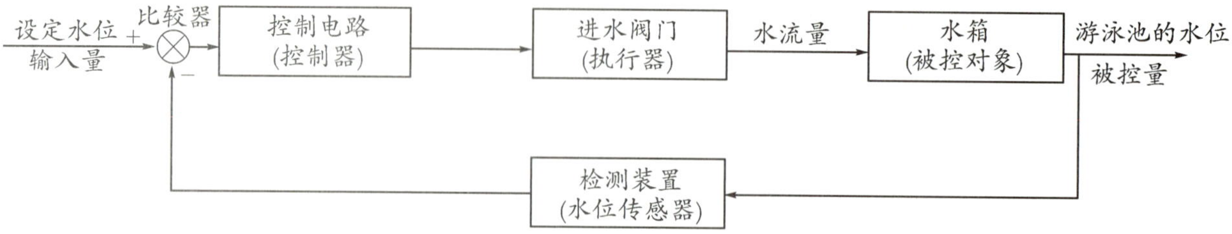

图 8－5　游泳池水位的闭环控制系统方框图

(4)抽水马桶水箱水位的控制系统方框图如图 8－6 所示。

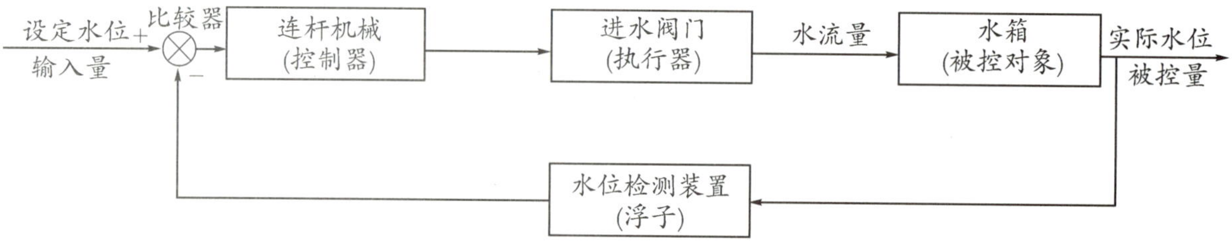

图 8－6　抽水马桶水箱水位的控制系统方框图

(5)加热炉的温度自动控制系统方框图如图 8－7 所示。

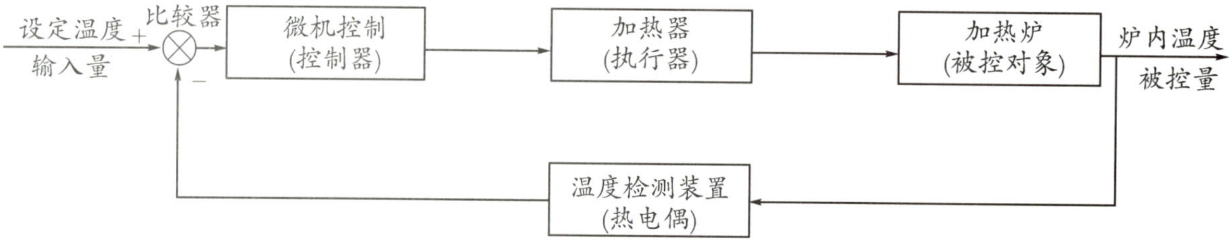

图 8－7　加热炉的温度自动控制系统方框图

5 控制系统的设计思路

要设计好一个控制系统，应该明确这个系统要达到的目的是什么，所要控制的对象是什么，被控对象有哪些重要的特性，被控量和控制量分别是什么，外界的主要干扰因素有哪些等。

设计一个控制系统，是选择开环控制还是闭环控制，应根据对控制精度的要求及条件的可行性而定。一般来说，开环控制系统的设计相对简单，而闭环控制系统的控制精度要求较高，抗干扰能力较强。

6 干扰因素

除输入量(给定值)以外，引起被控量变化的各种因素称为干扰因素。干扰因素可以作用在控制系统中除输入量以外的各个部分，做题时要抓住“除输入量以外”“引起被控量变化”这两个关键信息。

一般来说，闭环控制系统能不断修正控制效果，以减少被控量和基准量（希望值）之间的误差，所以闭环控制系统比开环控制系统有更好的抗干扰能力。

干扰因素可能有一个，也可能有若干个。有的干扰因素是由环境造成的，如影响自行车行驶速度的自然风；有的干扰因素是人为原因所致，如影响飞机导航信号的手机信号等。

7 反馈

在自动控制系统中，将输出量通过适当的检测装置返回输入端并与输入量进行比较的过程，就是反馈。

（1）功能模拟法：以功能和行为的相似性为基础，用“模型”模拟“原型”的功能和行为的方法称为功能模拟法。做题时要抓住概念中“以功能和行为的相似性为基础”，如用机械手模拟人的双手的功能。

（2）黑箱方法：把将要研究的系统作为黑箱，通过对系统输入与输出关系的研究，进而推断出系统内部结构及其功能的方法，就是黑箱方法。如不拆开设备，通过仪器检测获取输入与输出的关系，进而判断故障。

知识积累

1 控制是指人们按照自己的意愿或目的，通过一定的手段使事物向期望的目标发展。

2 控制可以分为手动（人工）控制和自动控制。手动控制需要人的直接干预和全程干预，而自动控制则不需要人的干预，可以按期望规律或预定程序进行。判断方法是看人是否参与系统的控制过程。

3 控制系统的组成实体包括比较器（闭环）、控制器、执行器和被控对象。控制系统传递的量有输入量（给定值）、控制量（执行器的输出信号）和被控量（输出量）。

4 开环控制系统的结构框图是信号从输入到输出单向传递，闭环控制系统的结构框图则是信号从输出到输入增加了反馈环节构成一个闭合回路。

5 设计控制系统时，应明确系统要达到的目的、所要控制的对象、被控对象的特性、被控量和控制量以及外界的主要干扰因素等。选择开环控制还是闭环控制应根据对控制精度的要求和条件的可行性而定。

6 干扰因素是指除输入量以外引起被控量变化的各种因素。闭环控制系统能不断修正控制效果，以减少被控量和基准量之间的误差，因此闭环控制系统比开环控制系统有更好的抗干扰能力。

7 反馈是指在自动控制系统中，将输出量通过适当的检测装置返回输入端并与输入量进行比较的过程。

8 功能模拟法是以功能和行为的相似性为基础，用“模型”模拟“原型”的功能和行为的方法。

9 黑箱方法是指把将要研究的系统作为黑箱，通过对系统输入与输出关系的研究，进而推断出系统内部结构及其功能的方法。

习题分析

一、选择题

1 下列属于闭环控制的是(　　)。

A. 公交车车门的开关控制　　B. 自动保温电热水壶的保温控制

C. 电风扇的机械定时开关控制　　D. 电梯超载发出警报的控制

2 如图 8－8 所示是小伊同学利用虹吸原理制作的自动浇花器，其工作过程为：当花盆下碟子中的水位低于设定水位线(进气管高度)时，空气便会从进气管进入水箱，排挤出等量的水，再从出水管流入碟子中，到达水位线时停止出水，从而让碟子里的水位始终保持在设定水位线。该自动浇花控制系统属于(　　)。

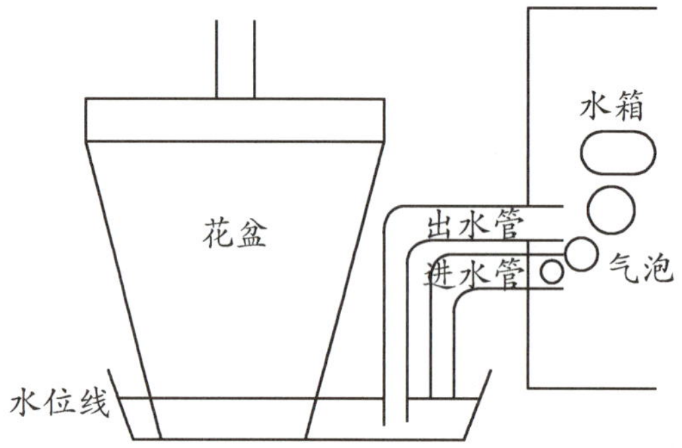

图 8－8　2 题图

A. 自动控制系统、开环控制系统　　B. 自动控制系统、闭环控制系统

C. 手动控制系统、闭环控制系统　　D. 手动控制系统、开环控制系统

3 美国某公司研发了一款疼痛缓解设备，该设备佩戴在小腿上，能为患有慢性疼痛疾病的人减少痛苦，它的工作原理是：设备释放电流刺激感觉神经，接着感觉神经发出脉冲信号示意大脑，使其产生天然的镇痛剂来缓解疼痛。该疼痛缓解设备的控制属于(　　)。

A. 手动控制、开环控制　　B. 自动控制、开环控制

C. 手动控制、闭环控制　　D. 自动控制、闭环控制

4 在电冰箱的温度控制系统(图 8－9)中，主弹簧及连接杆是(　　)。

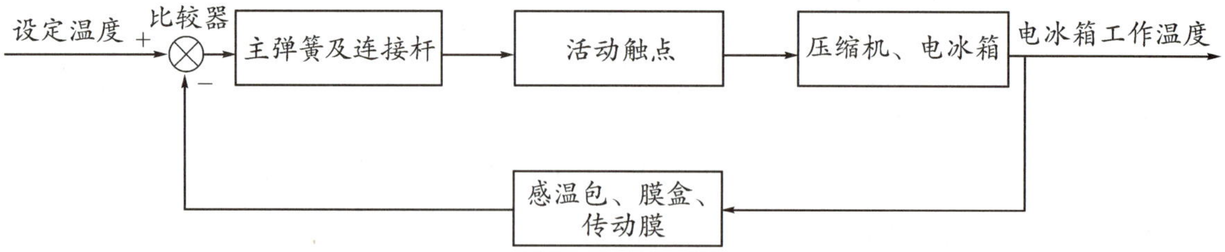

图 8－9　4 题图

A. 被控对象　　B. 执行器　　C. 控制量　　D. 控制器

5 如图 8－10 所示为自行车刹车控制系统方框图，其控制过程为：刹车时施加一定的握把力，通过杠杆系统，使刹车片压紧车圈(或轮轴)从而使车轮减速，刹车握紧力与车轮转速一一对应。该控制系统的执行器是(　　)。

图 8－10　5 题图

A. 握把　　B. 杠杆系统　　C. 刹车片　　D. 车轮

6 如图 8－11 所示为一款扫地机器人，可实现自动导航并对地面进行清扫和吸尘。其清扫过程为：微电脑控制直流电机运行，驱动风机高速运转，使吸尘器内部形成瞬间真空，内部的气压大大低于外界的气压，在这个气压差的作用下，尘埃和脏物随着气流进入机器人筒体内。下列分析中不正确的是(　　)。

图 8－11　6 题图

A. 该扫地机器人的清扫系统属于开环控制系统

B. 控制器是微电脑

C. 被控量是尘埃和脏物吸入机器人筒体

D. 房间内的噪声会对该清扫系统造成干扰

7 随着音乐信号的变化而变化的音乐喷泉是控制技术的一种具体应用。其工作过程是：由声－电转换装置将不同的音乐信号强度转换为随之变化的电信号，电信号通过变频器控制水泵转动。音乐声信号强，水泵的转速就快，水压上升，喷出的水柱就高；反之，喷出的水柱就低。音乐信号的强弱与喷泉水柱的高低一一对应。该控制系统的输出量是(　　)。

A. 音乐信号的强弱　　B. 喷泉水柱的高低

C. 电信号　　D. 水泵的转速

8 如图 8－12 所示是一款能够监控机房内温度、湿度的仪器。当房内的温度或湿度高于设定上限或低于设定下限时，机器会自动发出报警声。下列分析中正确的是(　　)。

图 8－12　8 题图

A. 机房内外的声音会对该报警系统产生干扰

B. 温度、湿度的上下限要人为设定，该报警系统为人工控制

C. 房内的温度、湿度是输入量，报警声是输出量

D. 该控制系统的执行器是报警器

9 一款人工胰腺系统，应该由血糖检测仪、胰岛素泵、安全控制器三部分组成。整个系统能模拟胰腺分泌，持续注射胰岛素。其工作过程为：当血糖检测仪测到佩戴者的血糖水平升高后，指示胰岛素泵注射相应剂量的胰岛素，当血糖水平达到预设值后，注射将自动停止，以防低血糖事件发生。该人工胰腺系统的执行器是(　　)。

A. 血糖检测仪　　B. 安全控制器

C. 胰岛素泵　　D. 人工胰腺系统

10 如图 8－13 所示为一款循迹小车，在其车头底部装有两个灰度感应探头，当左侧探头探测到黑色信号，控制电路驱动电机增加小车右轮的转速使车子左转，直到探测头探测不到黑色信号；右侧探头探测到黑色信号时，操作相反；当左右探测头都没有探测到黑色信号时，左右轮的电机转速相同，车子直行。下列关于该循迹小车的控制系统的说法中正确的是(　　)。

图 8－13　10 题图

A. 控制器是探测头　　B. 输入量是循迹小车的速度

C. 执行器是电机　　D. 被控对象是轨道

如图 8－14 所示是酒店用洒水灭火喷头的结构示意图。该喷水控制系统的工作原理是：当防护区发生火灾时，环境温度升高，璃球内的感温液体受热膨胀，当温度达到 65 ℃时，玻璃球就会破裂，于是密封件脱落，开启喷头洒水进行灭火。

请根据示意图和描述回答 11、12 题。

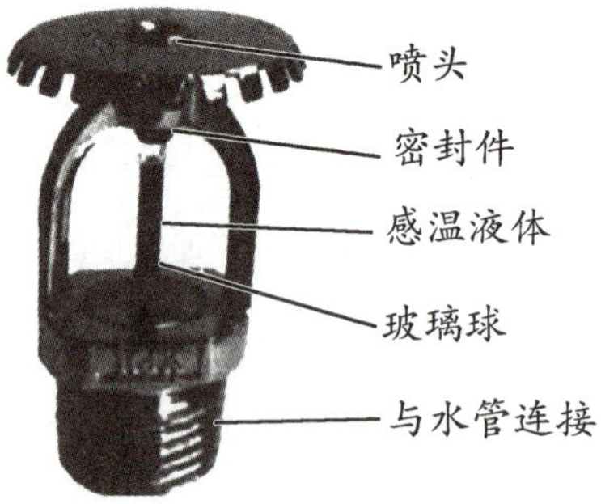

图 8－14　11、12 题图

11 在该喷水控制系统中，玻璃球与感温液体组成的装置所起的作用是(　　)。

A. 控制水量　　B. 发出控制指令　　C. 控制温度　　D. 执行控制命令

12 在该喷水控制系统中，以下不属于干扰因素的是(　　)。

A. 水管停水　　B. 玻璃球漏液

C. 喷头堵塞　　D. 着火后房间温度未达 65 ℃

如图 8－15 所示是某商场的车位引导显示系统，其主要工作原理是：通过安装在每个车位上方的超声波车位探测器，实时采集停车场的各个车位信息，并按照一定的规则将数据压缩编码后反馈给中央处理器，由中央处理器完成数据处理，并将处理后的车位数据通过信息发布器发送到停车场 LED 引导屏，进行空车位信息的显示，同时空余车位上方的指示灯打开，从而引导车辆进入空余车位。

请根据示意图和描述回答 13 ~ 15 题。

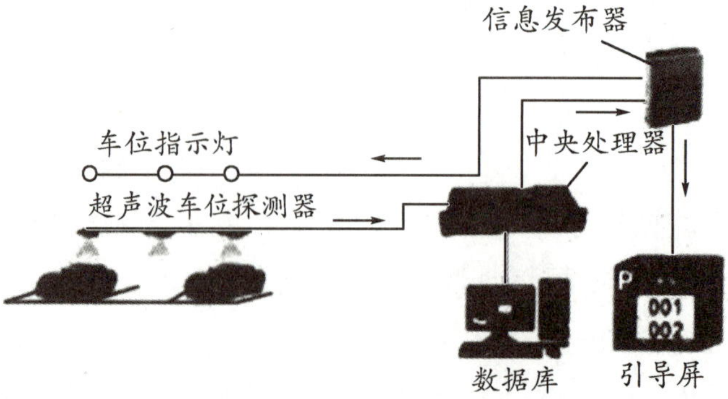

图 8－15　13 ~ 15 题图

13 整个控制系统的控制手段和控制方式属于(　　)。

A. 手动控制、开环控制　　C. 手动控制、闭环控制

B. 自动控制、开环控制　　D. 自动控制、闭环控制

14 该控制系统的被控对象是(　　)。

A. 信息发布器　　B. 车位指示灯

C. LED 引导屏　　D. LED 引导屏和车位指示灯

15 下列不属于车位引导系统干扰因素的是(　　)。

A. 汽车没有停放在指定位置　　B. LED 引导屏碎裂

C 车位探测器损坏　　D. 车辆的颜色

某学校的铃声控制系统,其工作过程是:电脑根据设定的时间发出电信号给功率放大器,使音箱发出铃声。

请根据描述回答 16、17 题。

16 下列关于该控制系统的说法中不正确的是(　　)。

A. 输出量是电信号　　B. 执行器是功率放大器

C. 被控对象是音箱　　D. 控制器是电脑

17 各种干扰因素会造成系统工作不正常,下列不属于干扰因素的是(　　)。

A. 电脑中侵入病毒程序　　B. 功率放大器出现故障

C. 供电电源出现故障　　D. 工作人员在系统附近大声讲话

如图 8 - 16 所示为某高铁站闸机检票刷脸进站系统,旅客需将车票正面的二维码朝上、朝前,放置在身份证上方然后将身份证和车票一起放入闸机插入口,摄像头会采集旅客的人脸信息,与身份证人脸信息和车票信息进行比对,如果一致则闸机打开,旅客进站。

请根据描述回答 18 ~ 20 题。

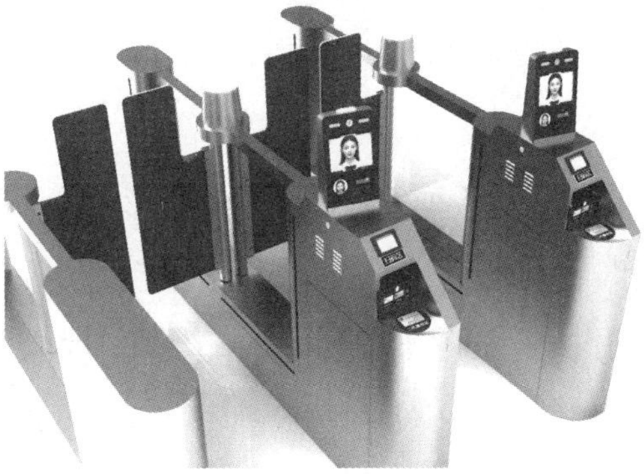

图 8 - 16　18 ~ 20 题图

18 该闸机检票刷脸进站控制系统属于(　　)。

A. 手动控制系统、开环控制系统　　B. 自动控制系统、开环控制系统

D. 自动控制系统、闭环控制系统　　C. 手动控制系统、闭环控制系统

19 该闸机检票刷脸进站控制系统的被控量是(　　)。

A. 摄像头　　B. 闸机门

C. 开启或未开启　　D. 车票信息

20 下列不属于该系统干扰因素的是(　　)。

A. 旅客的高矮胖瘦

B. 身份证和车的放置方式

C. 口罩帽子等遮挡物

D. 闸机供电电源

二、判断题

21 任何控制系统一定存在被控对象。(　　)

22 控制就是为了完成一定目的而采用的方法和手段。(　　)

23 如果在控制过程中,人参与成为控制器或执行器,那这种控制一定是人工控制。(　　)

24 整个控制过程没有人的参与,那一定是自动控制。(　　)

25 教室里,学生打开空调的控制过程是自动控制。(　　)

26 在宾馆,人到门开、人走门关的感应门控制是人工控制。(　　)

27 控制的输出量能送回到输入端,对下一轮控制产生影响,进行不断修正的控制是闭环控制。(　　)

28 在开环控制系统中,传感器通常作为信号输入与信号反馈的设备。(　　)

29 闭环自动控制系统的反馈都是依靠传感器来完成的。(　　)

30 开环控制的信号传递是单向的,一般都是一次性的。(　　)

31 闭环控制的过程一般较为精细,需要反复作用于同一个被控对象上。(　　)

32 闭环控制系统的控制精度较高,抗干扰能力较强。(　　)

33 设计一个控制系统时,首先要明确控制的目的,其次还要知道控制的对象、被控量等因素。(　　)

34 干扰因素有的是环境造成的,有的是人为原因造成的。(　　)

35 只要能引起被控量变化的各种因素都是干扰因素。(　　)

三、应用题

36 如图 8－17 所示的“聪明红绿灯”与普通红绿灯的外形相似,只是灯柱上多了一个触摸式操作按钮。行人要过马路时,只需按一下触摸式操作按钮,控制电路便会使相应继电器工作,转换红绿灯的信号,人行横道的红灯随即变成绿灯,行人就可以安全通过了。请根据示意图和描述回答下列问题。

图 8－17　36 题图

(1)该“聪明红绿灯”的控制系统属于开环控制系统还是闭环控制系统？

(2)请结合图 8－18 回答，该控制系统的给定值是________，执行器是________，被控量是________(从“①触摸式操作按钮的操作信号；②红绿灯信号的转换；③控制电路；④继电器”四项中选择合适的选项，将序号填写在横线处)。

图 8－18　(2)题图

37 某款太阳能饭盒的每一层都有独立的温度控制系统，当饭煮熟后自动进入保温状态。保温控制系统的工作过程是：温度传感器检测饭盒内的温度，把该信号传送给控制电路与设定的温度进行比较，当低于设定温度时，控制电路发出信号给加热器让其工作；反之，则加热器不工作。请根据示意图和描述回答下列问题。

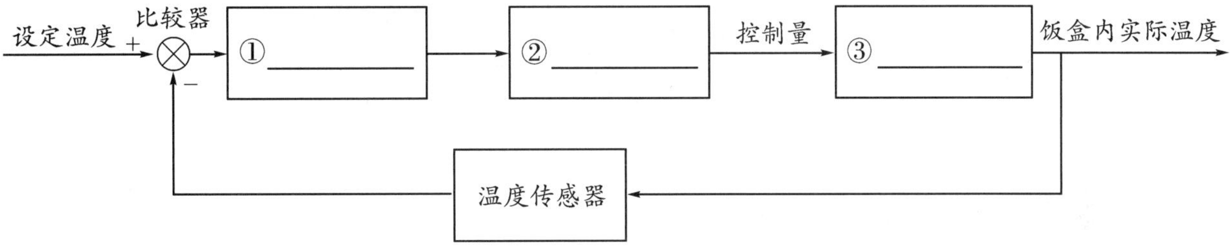

图 8－19　37 题图

(1)请问该饭盒保温控制系统的控制手段和控制方式分别属于________和________(从“①手动控制；②自动控制；③开环控制；④闭环控制”四项中选择合适的选项，将序号填写在横线处)。

(2)请将图 8－19 中饭盒温度控制系统方框图补充完整(从“加热器”“控制电路”“太阳能饭盒”中选择合适的内容，将答案填写在图中的横线处)。

项目三　电子控制技术

第一章　电子元器件

电气自动化、电子、智能设计方向必修★★★★

思维导图

- 电子元器件
  - 电子元件
    - 阻容类
      - 电阻的识别与检测
      - 电容的识别与检测
      - 电感的识别与检测
      - 变压器的识别与检测
    - 半导体类
      - 二极管的识别与检测
      - 三极管的识别与检测
  - 万用表使用
    - 指针式万用表的结构及使用方法
    - 数字式万用表的使用方法
  - 装配与焊接
    - 元件配置要求
    - 元件焊接技术

知识结构

1 电阻器、电容器及电感器

(1)电阻器

在电路中,电阻起限流、分压作用。电阻用 R 表示,它的国际单位是欧姆(Ω),经常用的电阻单位还有千欧(kΩ)、兆欧(MΩ),它们与 Ω 的换算关系为 $1\ \mathrm{k\Omega}=10^3\ \Omega$;$1\ \mathrm{M\Omega}=10^6\ \Omega$。各类电阻器的外形和电路符号见表 9－1 所列。

表 9－1　常见电阻器的外形和电路符号

类型	碳膜金属膜电阻	水泥绕线电阻	可调电阻电位器
外形特征	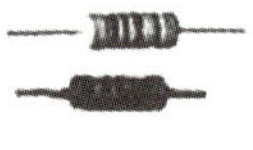		
电路符号			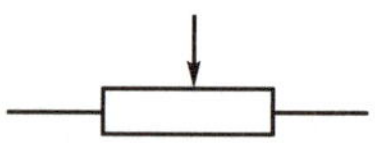
类型	光敏电阻器	贴片电阻	热敏电阻器

续表

外形特征	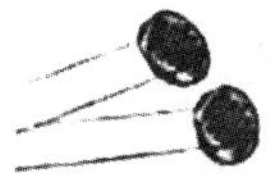		
电路符号	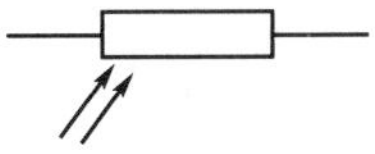	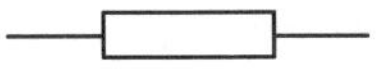	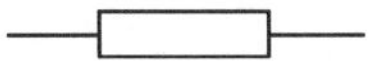

通常采用直接标注或色环表示电阻参数。直接标注时，如 5K1 表示 5.1 kΩ，4Ω7 表示 4.7Ω，3M3 表示 3.3 MΩ；三位数字表示时，第三位表示零的个数，比如，103 表示 10 kΩ，472 表示 4.7 kΩ。色环法标注时，通常用“黑 0、棕 1、红 2、橙 3、黄 4、绿 5、蓝 6、紫 7、灰 8、白 9、金、银”等表示，四色环电阻误差相对较大，最后一道色环一般用“金色 ±5%”或“银色 ±10%”；五色环电阻相对较小，最后一道色环一般用“棕色 ±1%”。在识别色环电阻时，最好先找到最后一条，然后确定顺序，根据有效数字，得出色环电的大小。色环标注法如图 9－1 所示。

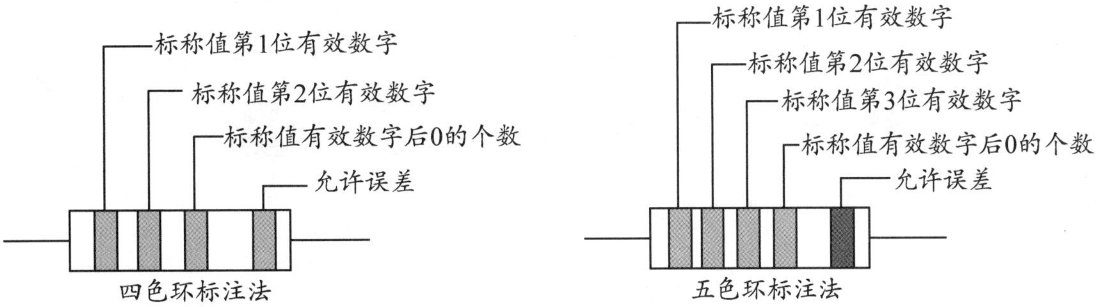

图 9－1　色环标注法

电路设计：根据要求选择相应阻值的电阻，同时选额定功率（W）比实际消耗的功率大一些的电阻。

电阻测量：用指针式万用表测量电阻时，首先进行机械调零（使指针指到左侧的 0 刻度线），然后选择倍率（测量时指针尽量指到中部或偏右），接下来进行欧姆挡调零（红、黑表笔短接，调节欧姆挡调零旋钮，使指针指到右侧欧姆挡的 0 刻度线），最后测量并读数（阻值 = 读数 × 倍率），如图 9－2 所示。测量时，不能并联其他元件，也不能带电测量，每次更换量程后均要进行欧姆挡调零。

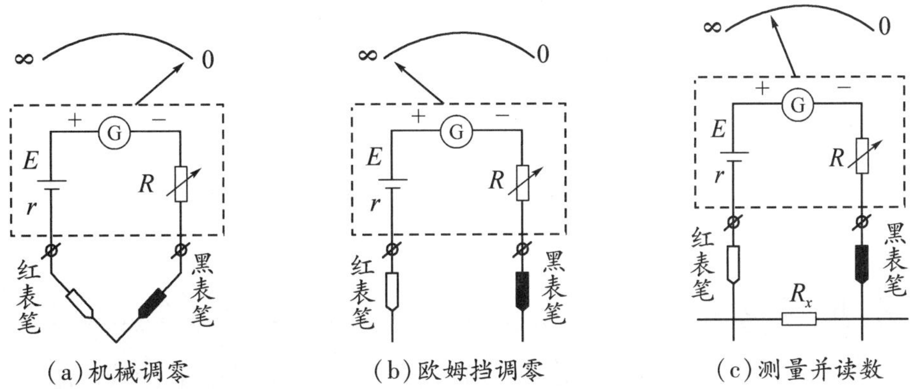

图 9－2　指针式万用表测电阻

(2)电容器

电容器是由两个中间隔以绝缘材料(介质)的电极组成的,具有存储电荷的功能,电容器在电路中起阻直流、通交流、偶合信号、滤波等作用。电容通常可分为有极电容(电解电容、长脚为正极)和无极电容两大类,各种电容的外形和电路符号见表 9-2 所列。电容用 C 表示,它的国际单位是法拉(F),经常用的单位还有微法(μF)、皮法(pF)、它们与 F 的换算关系为 $1\ F = 10^6\ \mu F = 10^{12}\ pF$。

电容标称值通常有两个参数,电容量和耐压(额定直流工作电压),常直接标注。标注时,电容容量有多种标注方法。比如电容上标注的"472""103""56n""10n""4n7"分别表示"4700 pF""10 000 pF""56 000 pF""10 000 pF""4700 pF";而 0.0047 μF 可以标注为"472""4n7""4700"或"0047"等。

表 9-2 常见电容的外形和电路符号

类型	普通电容	强调电容	可变电容	电解电容
外形特征				
电路符号	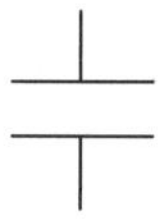	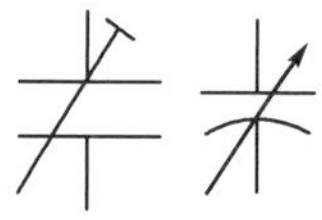	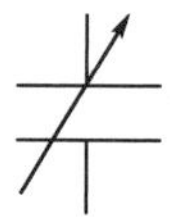	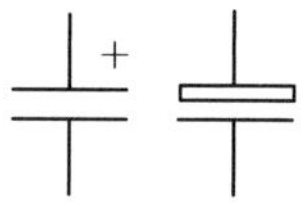

电路设计:加在电容上的交流电压的最大值不能超过电容的额定直流工作电压。

电容检测:使用指针式万用表进行检测,容量较小(pF 数量级)时,选用"×1 k"或"×10 k"挡测量,容量较大(μF 数量级)或电解电容时,通常先用"×100"或"×10"挡检测。电容检测前先短路放电,有极电容检测时,黑表笔接正极。红、黑表笔接在电容两脚上后,存在一个充电过程,指针由无穷大变小再回到无穷大,如图 9-3 所示。

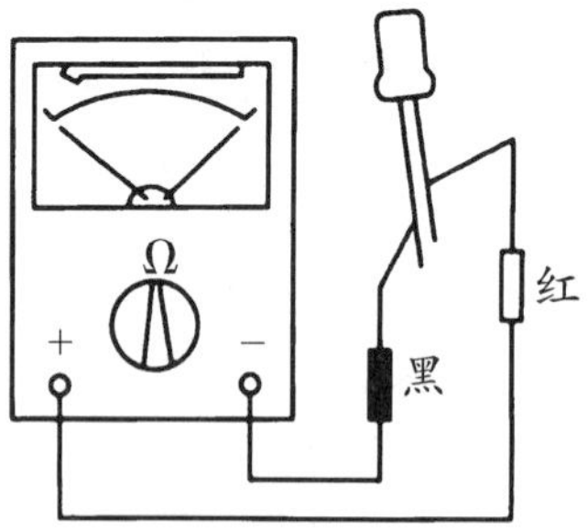

图 9-3 指针式万用表测电容

(3)电感器

电感器也称"电感"或"电感线圈",它是利用电磁感应原理制成的元件,其各类型的外形和电路符号见表 9-3 所列。电感在电路中起阻止交流、通直流、变压、谐振、阻抗变换等作用。

表 9－3　常见电感线圈的外形和电路符号

类型	空心线圈	磁芯线圈	可调磁芯线圈	变压器
外形特征		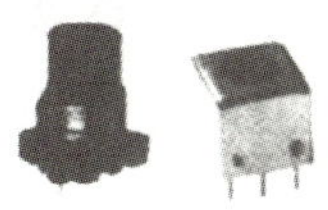		
电路符号		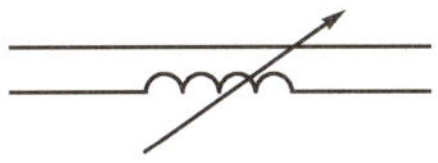		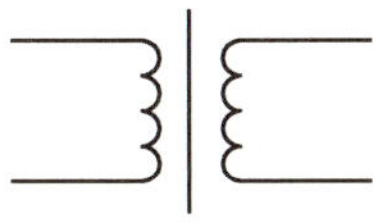

电感器在电路中通常用“L”表示，它的国际单位是亨利（H），实际标称电感量常用毫亨（mH）和微亨（μH）表示，其换算关系为：$1\ H=10^3\ mH=10^6\ \mu H$。

电感器由线圈组成，用万用表测量时电阻通常很小，接近零欧，匝数较多、线径小时，可达几百欧。

2 二极管

（1）二极管的结构

二极管是由 P 型半导体与 N 型半导体组成的，它们结合在一起形成了一个 PN 结，就是二极管（图 9－4），其中在 P 区上引出一个电极是正极，在 N 区上引出一个电极是负极（图 9－5）。二极管各类型的外形和电路符号见表 9－4 所列。

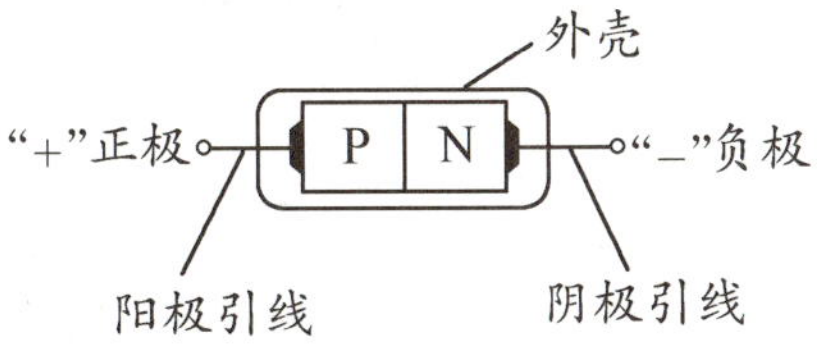

图 9－4　二极管

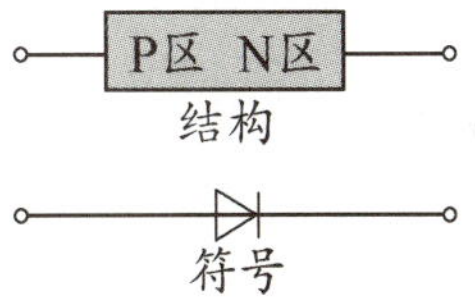

图 9－5　二极管的结构及符号

表 9－4　常见二极管的外形和电路符号

类型	外形特征	电路符号	注意事项
普通二极管	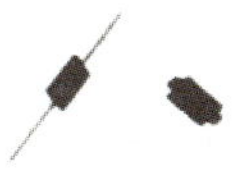	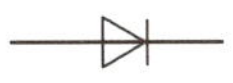	导通后两端电压基本保持不变，硅二极管的导通电压是 0.7 V，锗二极管的导通电压是 0.3 V
发光二极管			在电路中会串联一个电阻，以防止发光二极管烧毁
光敏二极管			必须工作在反偏电压下，光照强时，电阻小
稳压二极管		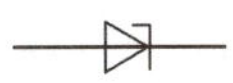	利用 PN 结反向击穿状态，其电流可在很大范围内变化而电压基本不变，起稳压作用

(2)二极管的性质

二极管具有单向导电性。P 区接电源的高电位,N 区接电源的低电位,如果电压大于死区电压(硅二极管死区电压为0.5 V,二极管死区电压为0.2 V),二极管就导通,反之则截止。其简单原理如图 9－6 所示。

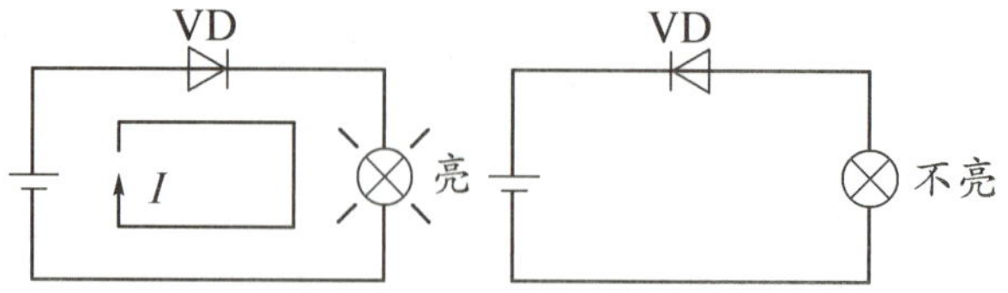

图 9－6　二极管原理图

在电路中,通常运用二极管的单向导电性,形成整流电路(如图 9－7 所示,把交流电转变成直流电)、限幅电路、检波电路等。利用二极管的反向击穿特性,还可形成稳压电路。

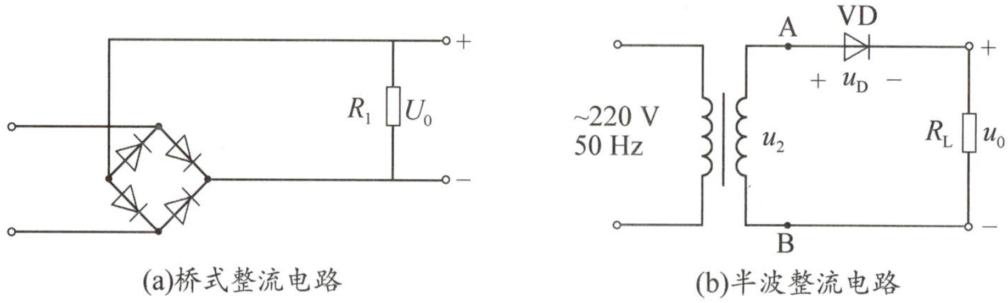

图 9－7　二极管整流电路

(3)二极管的极性识别

二极管的正、负引脚通常在它的外壳上都有标志,一般分为四种情况:第一种是直接用二极管符号标注,第二种是用色环标注(有色环端为负极),第三种是用色点标注(有色点的端为正极),第四种是通过外形判断(发光二极管长脚为正),如图 9－8 所示。

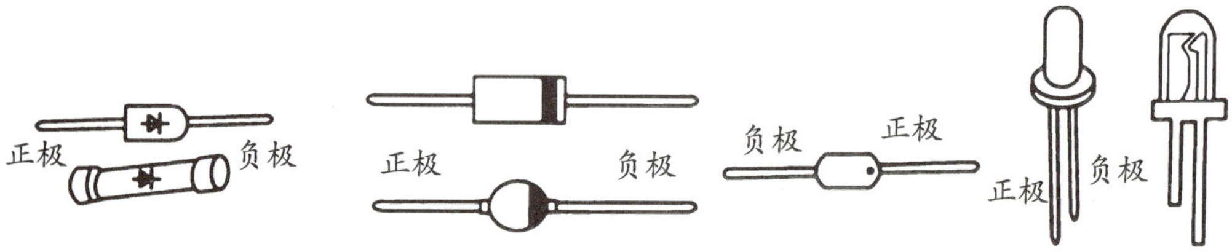

图 9－8　二极管的正负极

用指针式万用表"×1k"或"×100"电阻挡测试二极管时(图 9－9),正反向各检测一次,正向时电阻较小,反向时电阻接近无穷大,二极管性能正常。正向导通时,指针式万用表的黑表笔接二极管正极,红表笔接二极管负极。

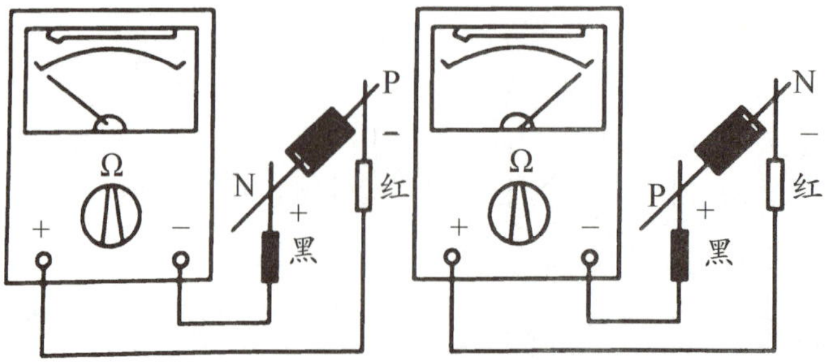

图 9－9　用指针式万用表测二极管的电阻

3 三极管

(1)三极管的结构

三极管是在一块半导体基片上制作的两个相距很近的PN结,排列方式有PNP和NPN两种,两个PN结把整块半导体分成三部分,中间部分是基区,两侧部分是发射区和集电区。基区很薄,而发射区较厚,杂质浓度大,发射区和基区之间的PN结称为发射结,集电区和基区之间的PN结称为集电结。从三个区引出相应的电极,分别为基极b、发射极e和集电极c。三极管的结构和外形如图9-10所示。

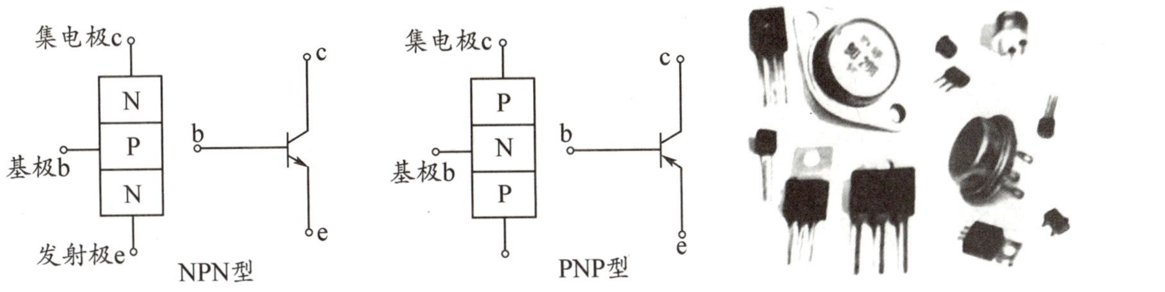

图9-10　三极管的结构及外形

(2)三极管的管脚及类型

在电子设备元件中,经常使用的三极管NPN型有3DG6、3DG12、3DG201、C9013、C9014、C9018、C1815、C8050、2N5551、3DD15D、DD03A;三极管PNP型有C9012、C9015、C1015、C8580。部分类型的管脚排列如图9-11所示。

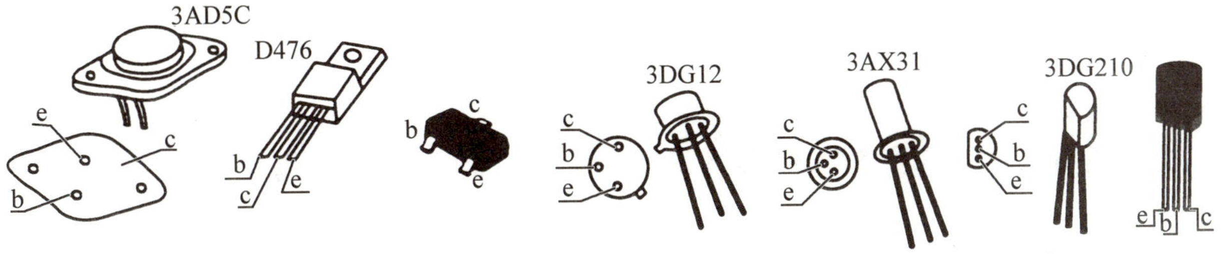

图9-11　常见三极管的管脚排列

判别三极管的管脚及类型:首先确定基极和类型,然后确定发射极与集电极。使用指针式万用表"×1k"或"×100"电阻挡,先假设一脚为基极,用一支表笔接在假设的脚上固定,用另一支表笔分别测量另外两脚的电阻,如果阻值都较大(或较小),交换表笔与假设脚再次固定,再分别测量两次,此时阻值与前面测量相反,都较小(或较大),四次测量符合上面规律的,假设脚为基极。黑表笔接在基极上,红表笔分别接另两只脚,两次测量的阻值都较小时,三极管的类型是NPN型,两次测量的阻值都较大时,三极管的类型是PNP型;集电极和发射极根据三极管的工作状态判定,如图9-12所示,集电极与发射极之间如果产生电流,说明电路进入放大状态,从而确定三极管的c极与e极。

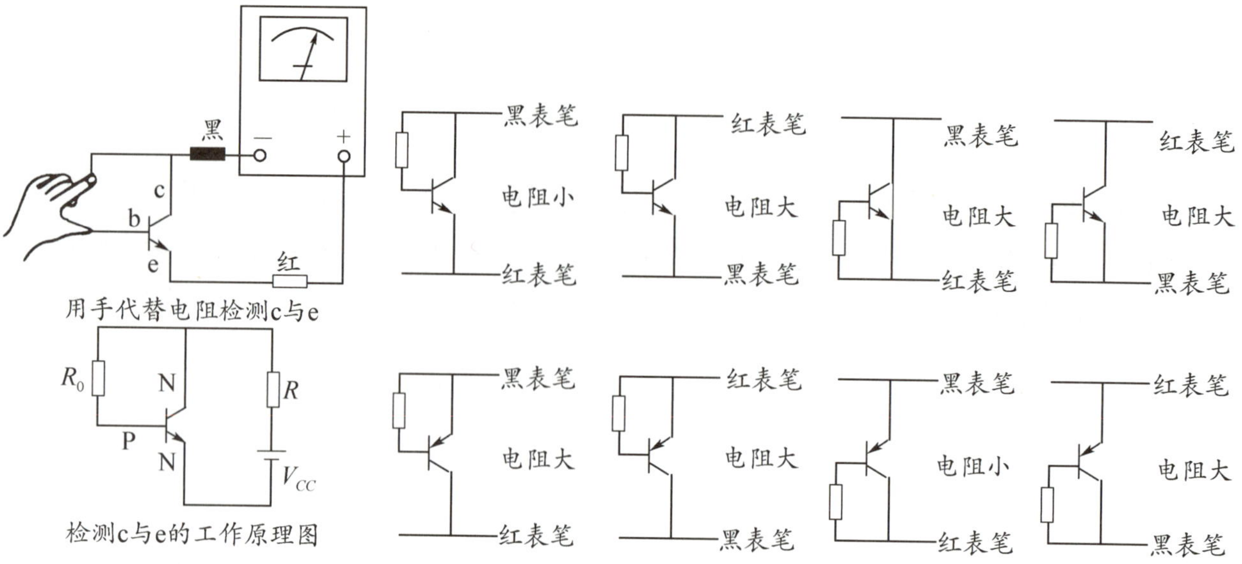

图 9-12　三极管的工作原理及工作状态判断

4 电路图的识读与元件的焊接

(1)电路图的识读

熟悉电路中的元件符号,准确判断电源端和接地端,如图 9-13 所示。

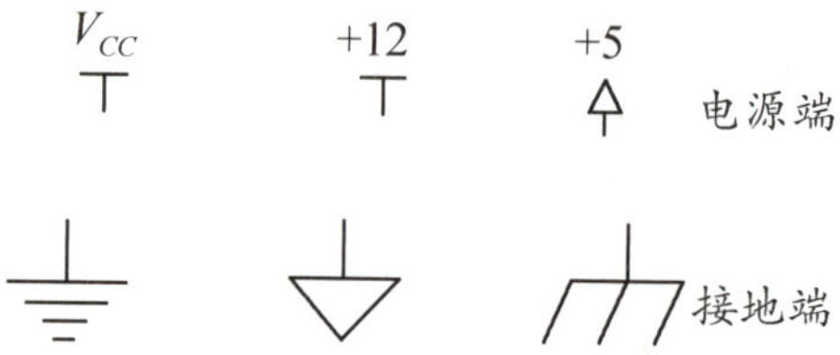

图 9-13　电路中的元件符号

(2)元件的焊接

焊接的材料通常有电烙铁、焊锡丝、松香、助焊膏、高温海绵、吸锡器等,焊接过程如图 9-14所示。

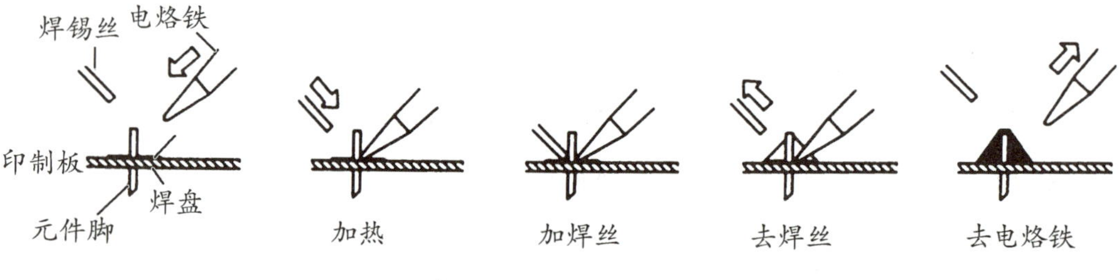

图 9-14　元件的焊接

知识积累

1 电阻器:电阻器是电子设备中最常用的元件之一,用于限制电流或电压。电阻器的参数包括阻值、功率和误差等级。

2 电容器:电容器是用于储存电荷的元件,可以用于过滤信号、储存能量和延迟信号。电容器的主要参数包括容量、耐压和误差等级。

3 电感器：电感器是用于储存磁能的元件，可以用于滤波、扼流和天线调谐等。电感器的主要参数包括感值、电流容量和误差等级。

4 二极管：二极管是用于整流或开关电流的元件。二极管的主要类型包括硅二极管、锗二极管和肖特基二极管等。

5 三极管：三极管是用于放大或开关电流的元件，由基极、集电极和发射极三个电极组成。三极管的主要类型包括 NPN 三极管、PNP 三极管和场效应管等。

6 集成电路：集成电路是将多个电子元器件集成在一个芯片上的元件，具有体积小、功能强大、可靠性高等优点。集成电路的主要类型包括模拟集成电路、数字集成电路和混合信号集成电路等。

7 变压器：变压器是用于变换电压、电流或阻抗的元件，主要由初级和次级两个线圈组成。变压器的主要参数包括变比、功率和效率等。

8 开关：开关是用于控制电路通断的元件，可以用于电源开关、按钮开关、拨动开关等。开关的主要参数包括操作方式、触点材质和负载能力等。

9 继电器：继电器是用于控制大电流或高电压的元件，由触点和控制电路两部分组成。继电器的主要参数包括操作电压、触点容量和响应时间等。

10 光电耦合器：光电耦合器是用于光信号传输的元件，可以用于隔离电路、传递信号和保护电路等。光电耦合器的主要参数包括传输速率、光敏度、隔离度和寿命等。

习题分析

一、选择题

1 下列选项中，电子元器件与电路符号不一致的是(　　)。

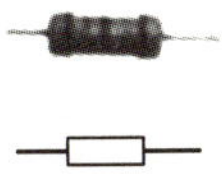
A

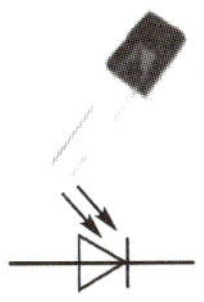
B

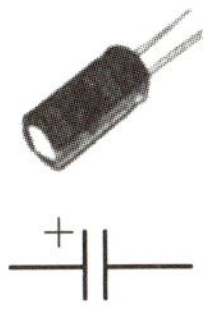

C

D

2 下列关于电子元件的描述中，不恰当的是(　　)。

A. 有一色环电阻，色环的颜色按顺序分别是金、橙、红、红，该电的阻值大约是 22 kΩ

B. 二极管有色点标注的一端通常为负极

C. 电感的品质因素越高，在电路的耗能越小

D. 在充放电电路中，其他参数不变，电容容量越大，充放电时间越长

3 下列关于电容的描述中不恰当的是(　　)。

A. 有一只电容器上标注的容量是“103”，它的实际容量大小是 0.01 μF

B. 有三只电容器上标注的容量分别是“471”“102”“.01”容量最小的一只为“.01”标注的电容

C. 二极管与三极管都是有极性的元件

D. 10 pF 瓷片电容的两脚之间的电阻阻值接近无穷大

4 下列电子元器件在接入电路时，不需要考虑管脚正负极性的是(　　)。

A

B

C

D

5 下列关于用指针式万用电表测量元器件的说法中，错误的是(　　)。

A. 使用万用电表测量电阻阻值时，选择挡位后，首先要进行欧姆挡调零

B. 使用万用电表测量电流时，需将万用电表串联在被测电路中，红表笔接电流的注入端，黑表笔接电流的流出端

C. 使用万用电表测量电压时，需将万用电表并联在被测电路元件两端，红表笔接高电位端，黑表笔接低电位端

D. 使用万用电表检测电容好坏时，一般情况下首先要先放电，容量越大，选择的量程越大，这样更能迅速地检测出性能

6 用万用表测一电阻，电阻挡位在“×100 Ω”位置上，其指针偏转情况如图 9－15 所示则该电阻的测量值为(　　)。

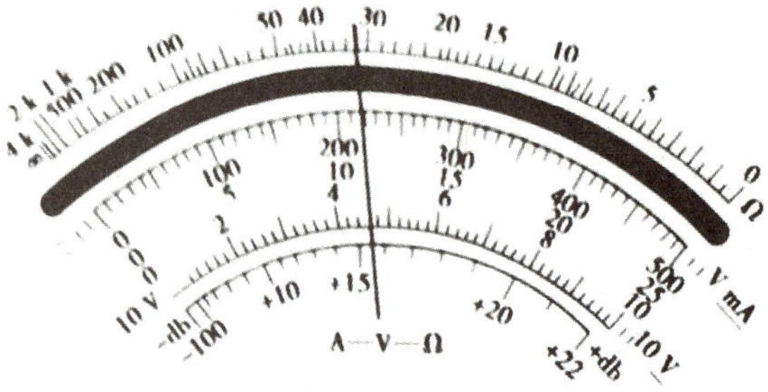

图 9－15　6 题图

A. 32 Ω　　B. 320 Ω　　C. 3.2 kΩ　　D. 32 kΩ

7 下列关于元器件功能的描述中不正确的是(　　)。

A. 整流、检波

B. 改变电流

C. 充放电

D. 放大信号

8 用指针式万用表测量以下元器件，对应的描述中正确的是(　　)。

A. 表笔接在任意两脚间的阻值一样大

B. 两脚间的阻值，无论怎样测量均一样大

C. 两脚间的阻值,无论怎样测量均为无穷大 D. 两脚间的阻值,无论怎样测量均为无穷大

9 如图 9 - 16 所示为指针式万用表测量二极管的示意图,此时万用表置于欧姆挡。关于测量时的现象与二极管的特性,下列说法中错误的是(　　)。

A. 此时测量的是二极管的反向阻值

B. “色环标志”端为二极管的负极

C. 此时万用表的指示读数较大,二极管是截止的

D. 指针式万用表黑表笔接二极管负极,红笔表接正极时,如果所测阻值较小,则可判定二极管没有损坏

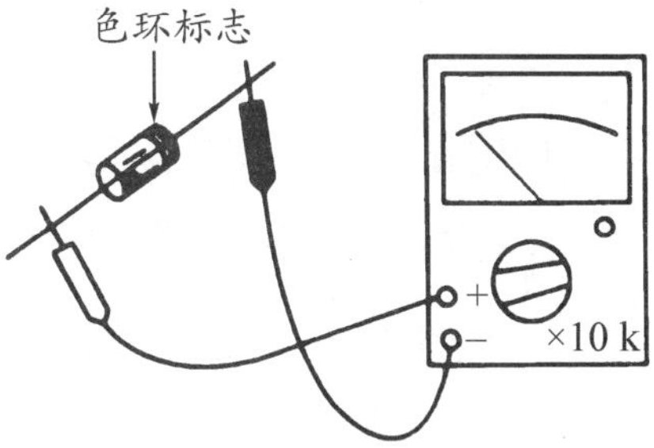

图 9 - 16　9 题图

10 下列关于如图 9 - 17 所示电容的描述中,不正确的是(　　)。

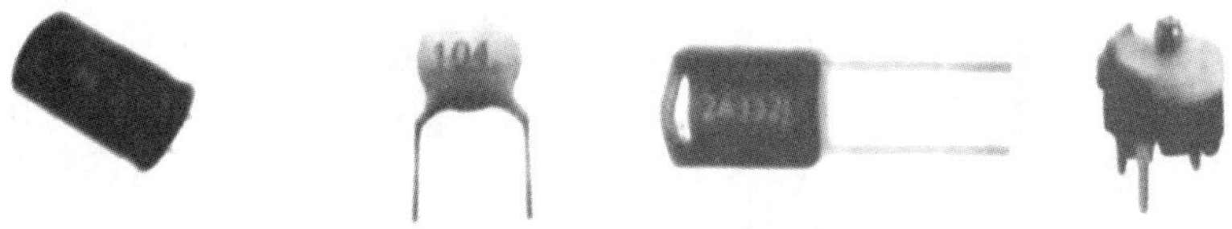

图 9 - 17　10 题图

A. 只有第一只电容的容量是有极性的,其他三只电容无极性

B. 第四只电容是可变电容

C. 第三只电容的耐压是 100 V,容量是 3300 pF,容量的误差等级为 ±5%

D. 第二只电容的容量是 104 pF

11 下列关于电感与电容的说法中不正确的是(　　)。

A. 电感由线圈构成,它能阻碍电流的变化

B. 电容由相互绝缘的极板构成,两极板间可储存电荷

C. 指针式万用表电阻挡检测时,电感的电阻值较小,而电容的阻值无穷大

D. 电感的品质因素用 Q 表示,Q 越大表示直流电阻越大

12 下列判断二极管正负极的方法中,错误的是(　　)。

A. 二极管上如果有色点,色点一端为正极

B. 发光二极管长引脚为正极

C. 发光二极管管壳内金属片大的一端为正极

D. 二极管上如果有色环的,色环一端为负极

13 小明同学使用指针式万用表测试正常的电感、电阻、电容。他将万用表的开关拨到“R × 1k”挡,并分别测各元件的正反电阻。测甲元件时,$R_{正} = R_{反} \approx 0\ \Omega$;测元件时,$R_{正} = R_{反} = 6.8\ k\Omega$;测丙元件时,开始指针偏向 0.5 kΩ,接着读数逐渐增大,最后停在无穷大处。根据以上测试。你认为甲、乙、丙三个元件分别是(　　)。

A. 电容器、电感、电阻　　B. 电阻、电容器、电感

C. 电阻、电感、电容器　　D. 电感、电阻、电容器

14 下列关于数字式万用表与指针式万用表的使用的说法中不正确的是(　　)。

A. 用数字式万用表"—▷|—"挡测试二极管时，红表笔接正极，黑表笔接负极，可显示导通电压

B. 用指针式万用表电阻挡测试二极管时，红表笔接负极，黑表笔接正极，二极管导通

C. 用指针式万用表的红表笔接三极管基极，黑表笔接另两只管脚时，测得的电阻均很小；再用黑表笔接三极管基极，红表笔接另两只管脚时，测得的电阻均很大，则说明该三极管为 PNP 型

D. 在判断 NPN 型三极管材料时，若用数字式万用表的"—▷|—"挡测试，黑表笔接三极管基极上，红表笔分别接另两只管脚时，如果数值均显示 0.7，则说明该三极管是硅管

15 小明用指针式万用表检测三极管，检测的过程如图 9－18 所示，下列分析中正确的是(　　)。

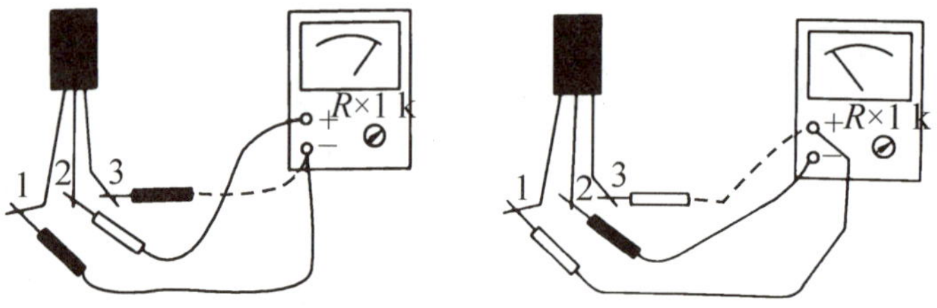

图 9－18　15 题图

A. 图中三极管的 1 脚是基极，三极管的类型是 NPN 型

B. 图中三极管的 2 脚是基极，三极管的类是 NPN 型

C. 图中三极管的 3 脚是基极，三极管的类型是 PNP 型

D. 图中三极管的 2 脚是基极，三极管的类型是 PNP 型

16 小明用指针式万用表检测电路两端的电压，检测的连接方式如图 9－19 所示，你认为万用表读数最适当的是(　　)。

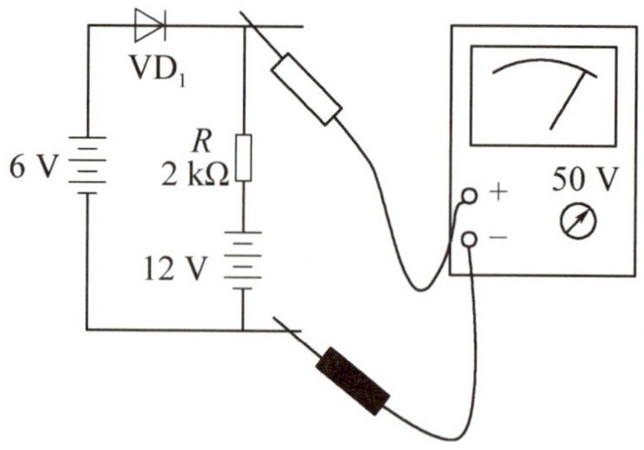

图 9－19　16 题图

A. 12 V　　B. 6 V　　C. 约为 6.7 V　　D. 约为 5.3 V

17 如图 9－20 所示的两个电路，下列关于流过电阻 R_1、R_2 的电流方向的判断中正确的是(　　)。

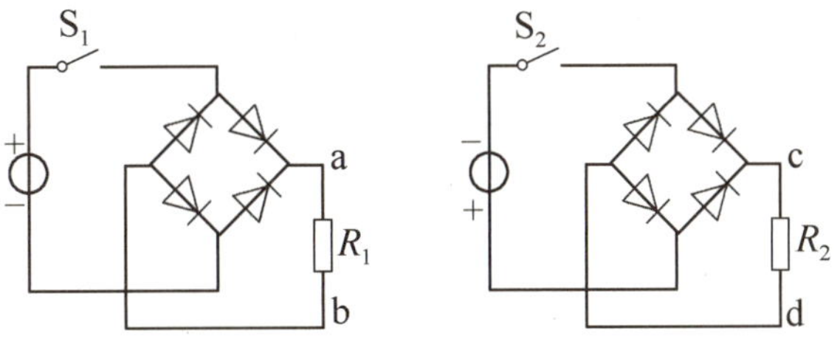

图 9－20　17 题图

A. 由 a 到 b，由 c 到 d　　B. 由 a 到 b，由 d 到 c

C. 由 b 到 a，由 c 到 d　　D. 由 b 到 a，由 d 到 c

18 如图 9－21 所示电路，下列说法中不正确的是（　　）。

A. 电阻 R 上会产生电流

B. VD_1导通，VD_2、VD_3都截止

C. U_b的电压约为 12 V

D. U_a的电压约为 2.7 V

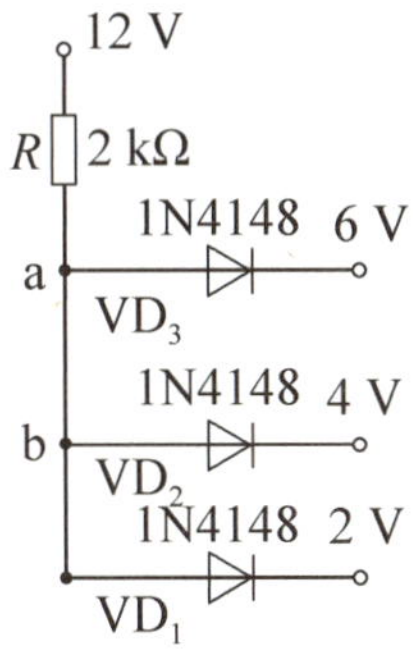

图 9－21　18 题图

19 在安装电子元件前，可以用数字式万用表检测元器件的好坏，再用电烙铁进行焊接。关于该过程的描述，下列说法中不恰当的是（　　）。

A. 数字式万用表测量电阻的阻值，选用的量程应大于实测电阻阻值，不然会显示溢出

B. 用数字式万用表“—▷|—”挡检测二极管，如果显示溢出，说明二极管已损坏

C. 通孔电子元件安装前通常要整形

D. 焊接时先用电烙铁同时加热焊盘和元件引脚，上锡后先撤离焊丝再立即撤离电烙铁

20 下列关于电子元件安装焊接操作过程的描述中不合理的是（　　）。

A. 先将元件的引脚弯折整形，再插到电路板相应的孔中

B. 焊接材料中高温海绵可用于清洁烙铁头，松香可用于助焊

C. 焊接时可用烙铁头直接熔化焊丝，再用带有焊料的铁头靠近元件脚焊接

D. 焊接时的温度不宜过高，一般为 300 ℃左右

二、判断题

21 电阻量测不能带电测试，待测物要独立存在。（　　）

22 电阻器按安装方式可分为固定电阻、可调电阻、特种电阻（敏感电阻）。（　　）

23 二极管又称“晶体二极管”，简称“二极管”，可以往两个方向传送电流。（　　）

24 三极管又称“晶体三极管”或“晶体管”。具有两个电极，是能起放大、振荡或开关等作用的半导体电子器件。（　　）

25 扼流线圈又称为“扼流圈”“阻流线圈”“差模电感器”，是用来限制交流电通过的线圈，分为高频阻流圈和低频阻流圈。（　　）

26 有三只脚的元器件都名叫三极管。（　　）

27 烙铁温度过低、焊接面（焊盘/引脚）氧化或有油污，容易造成假焊。（　　）

28 二极管没有极性，插件时应该注意方向；IC 插件时应该注意方向。（　　）

29 DIP 封装代表直插。（　　）

30 电解电容为无极性元件。（　　）

三、应用题

31 读出如图 9－22 所示两个色环电阻的阻值及误差，并根据电容的标识方法读出贴片电容 212 J 和 104 K 的电容值及误差。

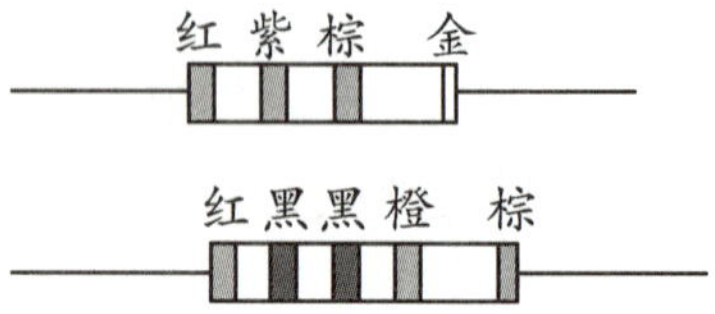

图 9－22　31 题图

32 简述图中符号分别表示哪些特性的晶体管。

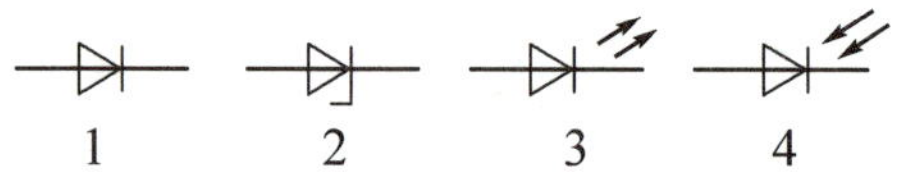

答：

33 列举 3 个常用的电子元器件并简述其用万用表简单的检测方法。

答：

第二章　模拟电路与数字电路

电气自动化、电子、智能设计方向必修★★★

思维导图

- 模拟电路与数字电路
  - 模拟信号与数字信号
    - 模拟信号：连续变化的信号
    - 数字信号：离散的信号
  - 模拟电路
    - 三极管构成的基本放大电路的特性
    - 开关电路的特点
  - 数字电路
    - 基本门电路的特性：形成“与、或、非、与、非、或非、触发器”等
    - 基本门电路的应用：温度控制、抢答器等

知识结构

1 模拟信号和数字信号

电子控制电路处理的信号通常有两种类型：模拟信号和数字信号。模拟信号又称为“连续信号”，泛指可用连续变化的物理量所表达的信息；数字信号是指在取值上是离散的、不连续的信号，数字信号通常用“0”和“1”来表示。“0”和“1”没有大小之分，只代表两个对立的状态，称为逻辑0或逻辑1，可以代表信号的“有”与“无”、命题的“真”与“假”、电平的“高”与“低”等。

模拟信号有很高的分辨率，能精确地表达信息变化过程，但信息的传输和处理过程的保密性差，抗干扰能力弱，很易失真。数字信号是“0”和“1”的编码，传输和处理过程抗干扰能力强，但占用的频带较宽，接收、发送技术要求复杂。

将模拟信号进行采样、量化和编码就可以转换成数字信号，这个过程称为A/D转换（功能器件简称ADC转换器）；相反，把数字信号还原成模信号的过程称为D\\A转换（功能器件简称DAC转换器）。

2 模拟信号和数字信号的电子元件

（1）三极管在电路中的作用

晶体三极管是电子电路的核心元件（图10－1）。三极管在电路中通常有三个状态（截止、放大、饱和），表现两种作用：一是放大信号的作用，二是利用三极管的截止和饱和完成开关作用。当三极管处于放大状态时，基极电流微小的变化会引起集电极电流较大的改变，其各极电

流的分配规律是：$I_e = I_b + I_c$，$I_c \approx I_e$，$I_c = \beta I_b$。

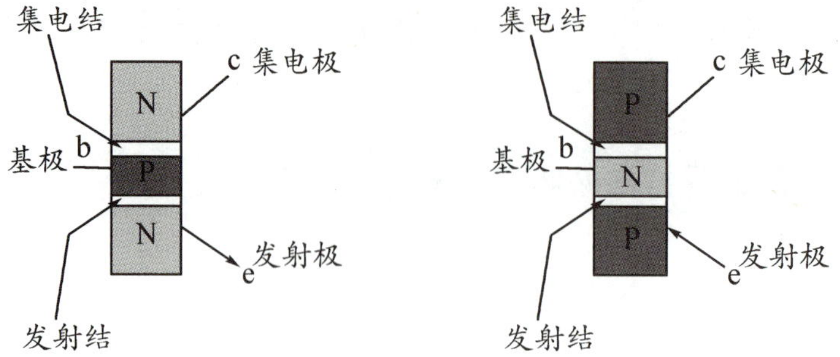

图 10－1　2 类三极管的结构

(2)三极管的工作状态

放大状态的条件是：发射结正偏（大于 PN 结的死区电压），集电结反偏。其各极的电位关系是：NPN 型三极管的 $U_c > U_b > U_e$，PNP 型三极管的 $U_e > U_b > U_c$。饱和状态的条件是：发射结正偏，集电结正偏（集电极电流变得较大，c 极与 e 极之间相当于短路），NPN 型三极管的 $U_b > U_e$ 且 $U_b > U_c$，PNP 型三极管的 $U_b < U_e$ 且 $U_b < U_c$。截止状态的条件是：发射结反偏（小于 PN 结的死区电压），I_c 电流理想状态下为零（c 极与 e 极之间相当于开路）。

(3)基本放大电路的原理

三极管处于放大状态时，除了保证发射结处于正向偏置外，还要让集电结处于反向偏置。在 NPN 型三极管构成的基本放大电路中（图 10－2），U_b 和基极电阻 R_b 的作用就是向发射结提供正向偏置电压，以形成一定的静态基极电流 I_b；而 Vcc 与 R_c 保证集电结反偏，同时 R_c 兼作负载电阻，电容 C_1、C_1 分别用作信号的输入和信号的输出耦合作用。如果我们将一个变化的小信号通过 C_1 加到基极跟发射极之间，就会引起基极电流 I_b 的变化，I_b 的变化被放大后，会导致 I_c 发生很大的变化。集电极电流 I_c 是流过负载电阻 R_c 的，根据电压计算公式 $U_R = R_c \times I_c$ 可以知道电阻上电压会发生很大的变化。将这个电阻上的电压取出来，通过 C_2 就可输出信号。

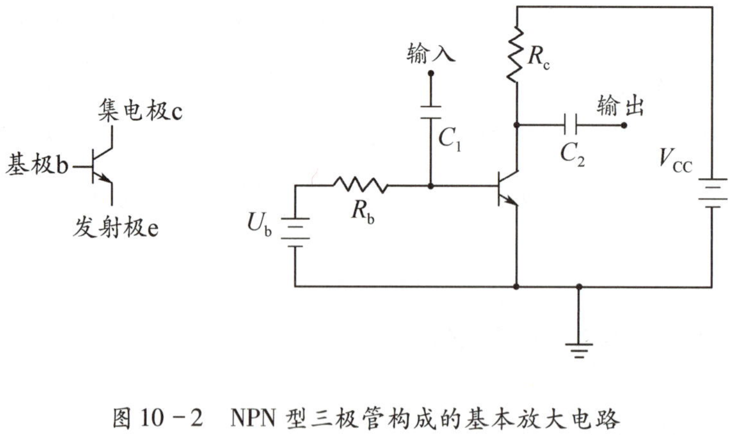

图 10－2　NPN 型三极管构成的基本放大电路

(4)NPN 与 PNP 三极管工作状态表（表 10－1）

表 10－1　NPN 与 PNP 三极管工作状态

类型	工作状态	电流分布	电压或电位	PN 结	功能
NPN	截止	各极电流几乎为零	$U_{bc}<0.5$ V(或 0.2 V)	发射结反偏	开关断开
	放大	$I_c=\beta I_b, I_e=I_b+I_c$	$U_c>U_b>U_e$	发射结正偏，集电极反偏	放大
	饱和	$I_c<\beta I_b, I_e=I_b+I_c$	$U_c>U_b>U_e, U_{ce}<0.6$ V	发射结正偏，集电极正偏	开关闭合
PNP	截止	各极电流几乎为零	$U_{eb}<0.5$ V(或 0.2 V)	发射结反偏	开关断开
	放大	$I_e=\beta I_b, I_e=I_b+I_c$	$U_e>U_b>U_c$	发射结正偏，集电极反偏	放大
	饱和	$I_e<\beta I_b, I_e=I_b+I_c$	$U_e>U_b>U_c, U_{ce}<0.6$ V	发射结正偏，集电极正偏	开关闭合

3 基本逻辑电路

(1)与门

实现“与”逻辑运算，指只有同时满足条件，结论才成立，记作：$F=A\cdot B$ 或 $F=AB$，功能是“全高出高，有低出低”。真值表与波形如图 10－3 所示。

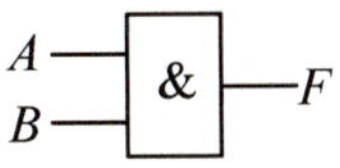

输入		输出
A	B	F
0	0	0
0	1	0
1	0	0
1	1	1

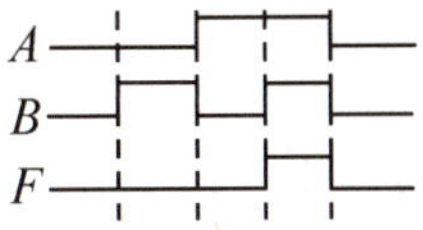

图 10－3　与门真值表与波形图

(2)或门

实现“或”逻辑运算，指只要满足其中一个条件，结论就成立，记作：F＝A＋B，功能是“全低出低，有高出高”。真值表与波形如图 10－4 所示。

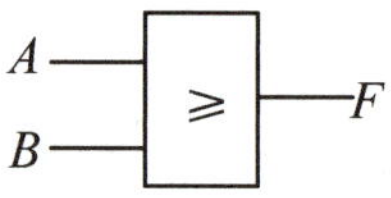

输入		输出
A	*B*	*F*
0	0	0
0	1	1
1	0	1
1	1	1

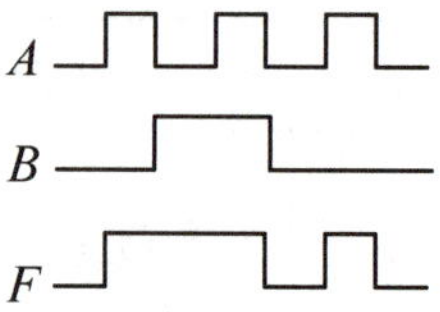

图 10－4　或门真值表与波形图

(3)非门

实现“非”逻辑运算,也称“取反逻辑”,记作:$F = A$。真值表与波形如图 10－5 所示。

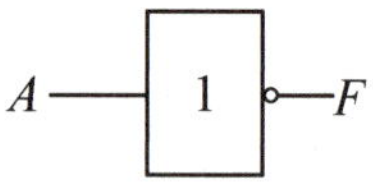

输入	输出
A	*F*
0	1
1	0

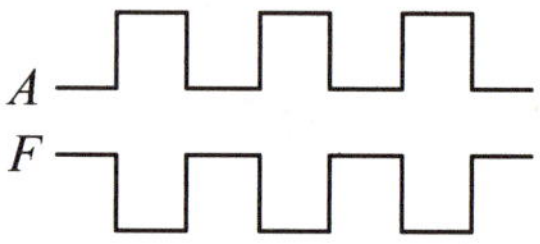

图 10－5　非门真值表与波形图

4 与非门和或非门

(1)与非门

与门和非门的叠加(先与后非),记作:$F = AB$,功能是“全高出低,有低出高”。真值表与波形如图 10－6 所示。

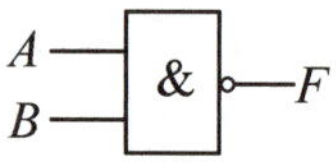

输入		输出
A	*B*	*F*
0	0	1
0	1	1
1	0	1
1	1	0

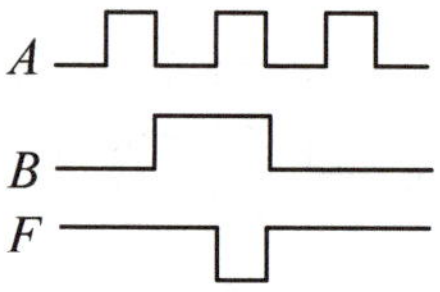

图 10－6　与非门真值表与波形图

(2)或非门

或门和非门的叠加(先或后非),记作:$F = A + B$,功能是“全低出高,有高出低”。真值表与波形如图 10－7 所示。

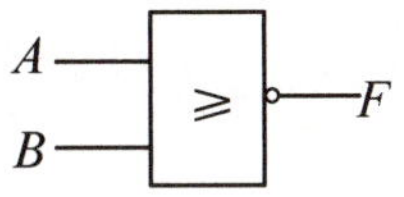

输入		输出
A	B	F
0	0	1
0	1	0
1	0	0
1	1	0

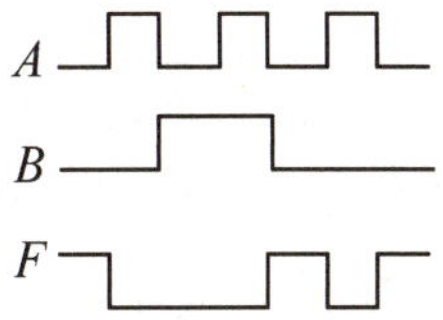

图 10－7　或非门真值表与波形图

5 基本的 RS 触发器

触发器是能将二进制信息记住的基本单元，是存储 1 位二进制信息的基本单元。电路简单的触发器是由两个与非门（或非门）组成的，称为 RS 基本触发器，如图 10－8 所示。

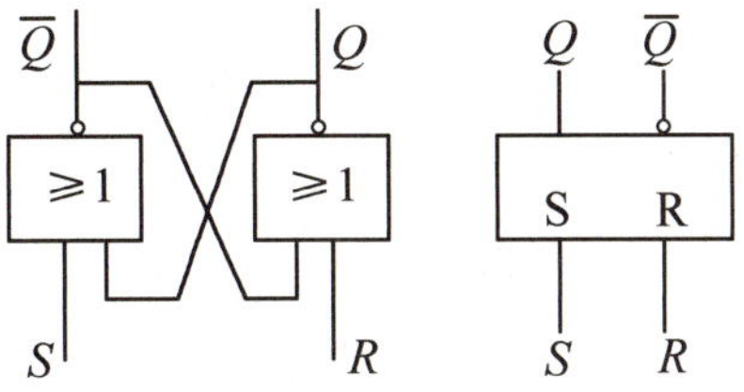

图 10－8　RS 基本触发器

知识积累

1. 模拟电路：模拟电路是用来模拟真实世界中的物理现象的电路。它由电阻、电容、电感等电子元件组成，可以用来实现如放大、滤波、调制等功能。模拟电路通常用于音频、视频、通信等领域。
2. 数字电路：数字电路是用来处理和传输二进制数字信号的电路。它由逻辑门、触发器等数字元件组成，可以实现如逻辑运算、时序控制、编码解码等功能。数字电路通常用于计算机、数字通信、电子测量等领域。
3. 模拟信号与数字信号：模拟信号是连续的、平滑的信号，如声音、图像等；数字信号是离散的、不连续的信号，如二进制数字、脉冲等。模拟电路与数字电路的区别在于它们处理和传输的信号类型不同。
4. 模拟电路与数字电路的优缺点：模拟电路的优点在于它的信号保真度高、适用范围广，缺点在于它的噪声大、抗干扰能力差。数字电路的优点在于它的精度高、稳定性好、抗干扰能力强，缺点在于它的处理复杂度高、功耗大。
5. 模拟电路与数字电路的基本元件：模拟电路的基本元件包括电阻、电容、电感等；数字电路的基本元件包括逻辑门、触发器等。

6 模拟电路与数字电路的应用场景：模拟电路通常用于音频、视频、通信等领域；数字电路通常用于计算机、数字通信、电子测量等领域。

7 模拟电路与数字电路的设计方法：模拟电路通常采用图解法、实验法等方法进行设计；数字电路通常采用计算机辅助设计、逻辑代数等方法进行设计。

习题分析

一、选择题

1 已知某一晶体三极管 V 工作在放大状态，测得其三个管脚的直流电位如图 10－9 所示，则 1、2、3 三个管脚对应名称和三极管类型分别为(　　)。

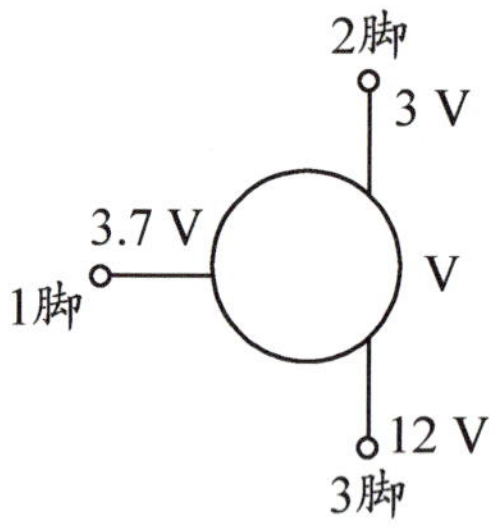

图 10－9　1 题图

A. 基极、发射极、集电极、NPN　　B. 基极、发射极、集电极、PNP

C. 发射极、基极、集电极、NPN　　D. 发射极、基极、集电极、PNP

2 小明同学在检修某电路时，用万用电表测得 NPN 型三极管各电极对地电位分别是：集电极电位 $U_c=5.5\ \text{V}$，基极电位 $U_b=5.9\ \text{V}$，发射极电位 $U_e=5.2\ \text{V}$，下列判断中正确的是(　　)。

A. 发射结正偏，集电结反偏，三极管处于放大状态

B. 发射结正偏，集电结反偏，三极管处于饱和状态

C. 发射结正偏，集电结正偏，三极管处于放大状态

D. 发射结正偏，集电结正偏，三极管处于饱和状态

3 如图 10－10 所示的三极管放大电路中，已知此时该三极管处于饱和状态。下列关于该电路的分析中正确的是(　　)。

A. 此时电压表读数为电阻 R_3 的电压

B. R_2 的滑动端上滑时，电压表的读数增大

C. R_2 的滑动端下滑时，R_3 两端的电压会减小

D. R_2 的滑动端上滑时，三极管会进入截止状态

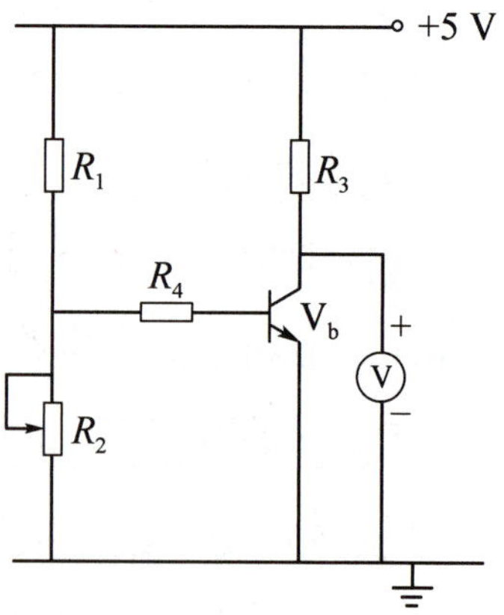

图 10－10　3 题图

4 小明用型号为 C9014 的三极管设计如图 10－11 所示的两个电路，通电测试时二极管均发光。下列关于该电路中电位的分析中，最有可能的是（　　）。

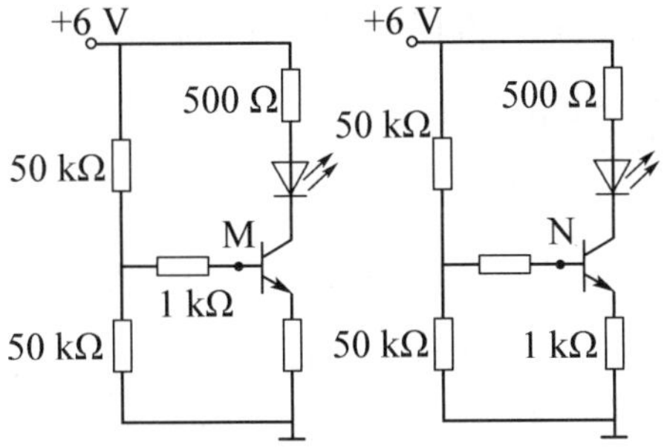

图 10－11　4 题图

A. M 点约为 3 V，N 点约为 3 V　　B. M 点约为 3 V，N 点约为 0.7 V

C. M 点约为 0.7 V，N 点约为 0.7 V　　D. M 点约为 0.7 V，N 点约为 3 V

5 小明用型号为 C9015 的三极管设计了如图 10－12 所示的电路，通电后二极管正常发光。经测量二极管的压降为 1.8 V，三极管 U_{cp} = 1.5 V，下列关于该电路的分析中正确的是（　　）。

A. R_2的阻值调大，D 点电位会上升

B. R_2的阻值调小，发光二极管的亮度会变亮

C. R_3在电路中可以去掉

D. 如果去掉 R_1，电路将不能正常工作，无论怎样改变 R_2，二极管也不能正常发光

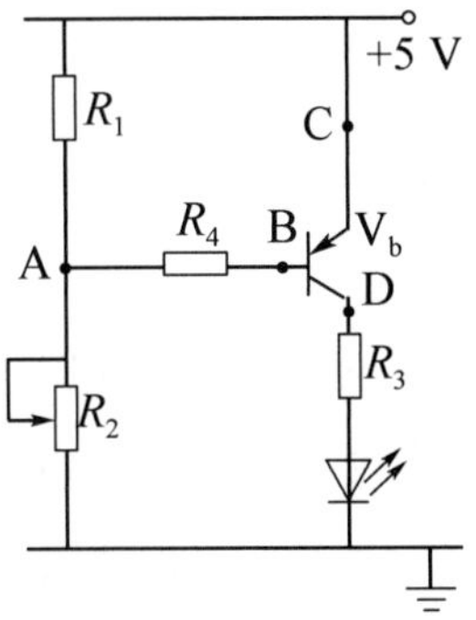

图 10－12　5 题图

6 如图 10－13 所示是小明同学搭建的三极管实验电路，接通电源 12 V 后，调节可变电阻 R_1，下列说法中不正确的是（　　）。

A. R_1的动滑片在上端 *a* 处时，发光二极管 VD 不亮，原因可能是三极 V 处于截止状态

B. R_1的滑片向下移时，发光二极管 VD 不断变亮

C. R_1的滑片向上移时，电阻 R_3两端的电压可能会增大

D. R_1的滑片从 *a* 处向下移至 *b* 处，三极管 V 可能由原来的截止状态变为现在的饱和状态

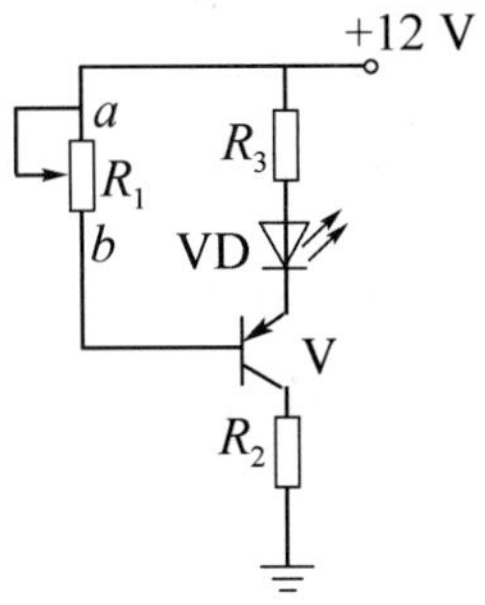

图 10－13　6 题图

7 如图 10－14 所示为小明设计的 LED 灯指示延时电路，下列关于该电路的分析中不正确的是（　　）。

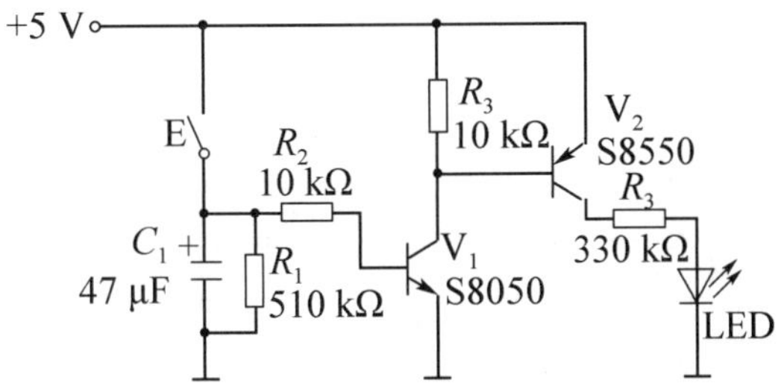

图 10－14　7 题图

A. 按下开关后，三极管 V_1集电极电压会升高

B. 当 LED 点亮时，三极管 V_2、V_1均导通

C. 断开开关后，电容 C_1放电，放电时间与 C_1R_1的大小有关

D. 本电路的延时时间与 C_1R_1的大小有关

8 如图 10－15 所示为直流稳压电路，能在一定范围内输出稳定的电压 U_0。其中 V_1、V_2处于放大状态，R_1为负载电阻。R_P用于改变 R_L两端的电压 U_0。R_2为稳压二极管 V_Z提供电流，使 V_Z两端电压基本不变。下列关于该电路的分析中不正确的是(　　)。

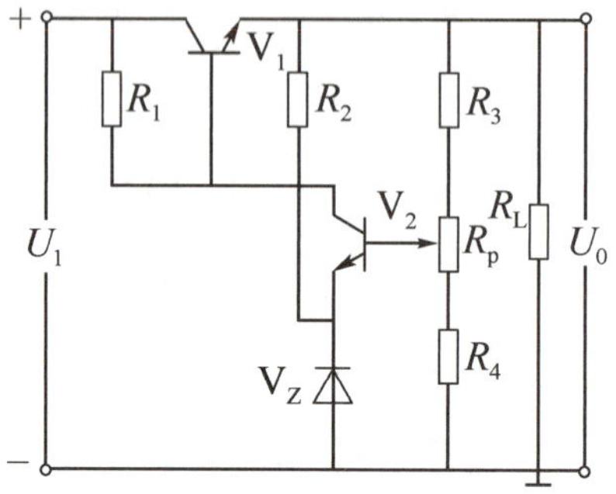

图 10－15　8 题图

A. V_1基极和 V_2集电极电位相同

B. 如果 V_1某极电位下降，R_L两端的电压将上升

C. 通过调节 R_P可以调整输出 U_0稳定电压

D. 该电路的稳压过程是一个闭环控制过程

9 如图 10－16 所示的电路中，A、B 作为输入，Out 作为输出，其实现的逻辑运算功能相当于下列选项中的(　　)。

A 与门

B. 或门

C. 或非门

D. 与非门

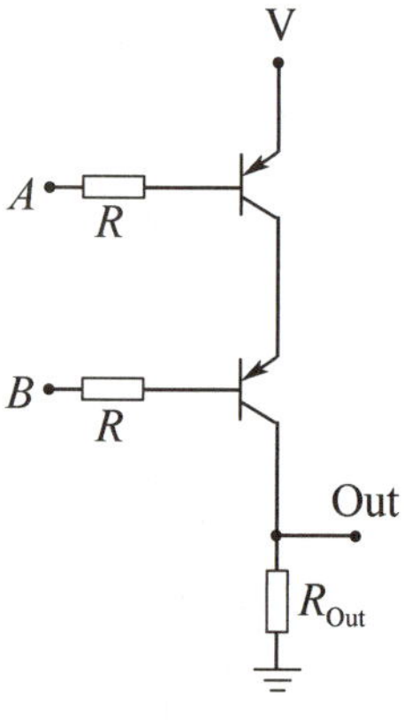

图 10－16　9 题图

10 与图 10－17 中功能相似的逻辑电路是(　　)。

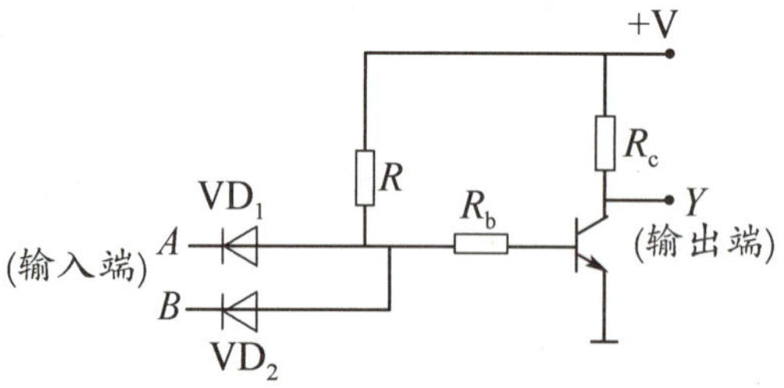

图 10－17　10 题图

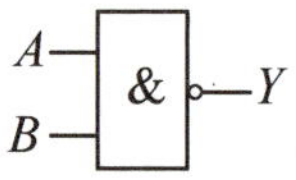

A

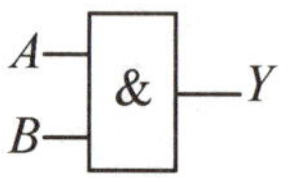

B

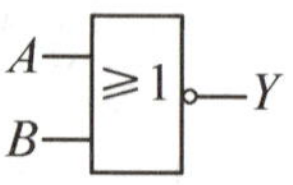

C

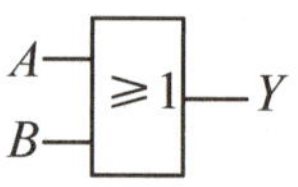

D

11 在如图 10－18 所示的逻辑电路中，当 A 端输入为 1，B 端输入为 0 时，在 C 端和 D 端的输

出分别为(　　)。

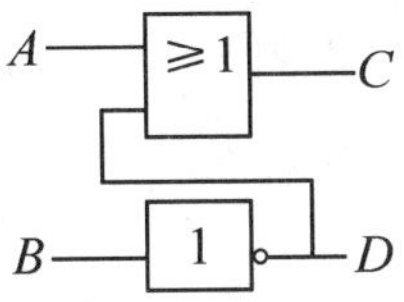

图 10－18　11 题图

A. 0　0　　B. 1　1　　C. 1　0　　D. 0　1

12 关于如图 10－19 所示的电路,下列分析中不正确的是(　　)。

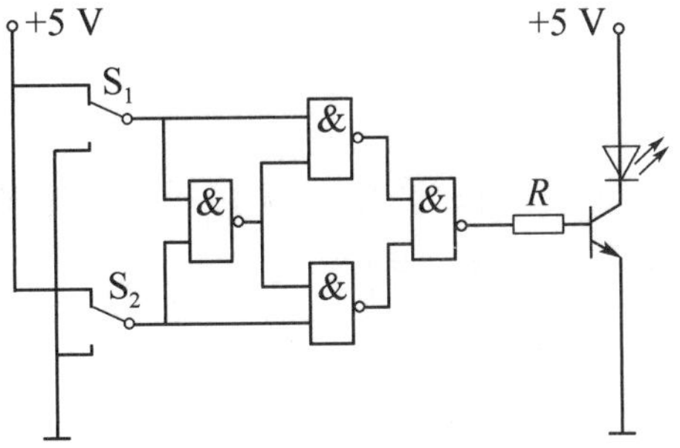

图 10－19　12 题图

A. S_1接地、S_2接电源,LED 发光　　B. S_1接电源、S_2接电源,LED 发光

C. S_1接电源、S_2接地,LED 发光　　D. S_1接地、S_2接地,LED 不发光

13 有以下逻辑电路,能实现 $F=A\cdot B$ 逻辑关系的是(　　)。

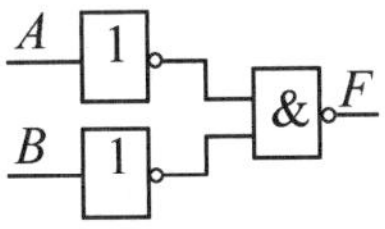

A

B

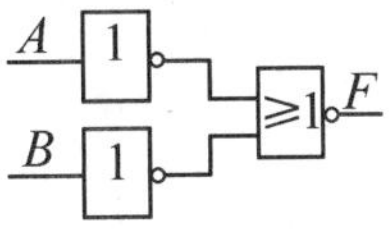

C

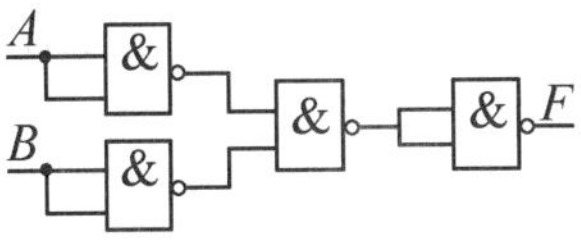

D

14 如图 10－20 所示是某组合逻辑电路,A、B 为输入,L 为逻辑电路的输出。以下真值表中,与逻辑电路功能对应的是(　　)。

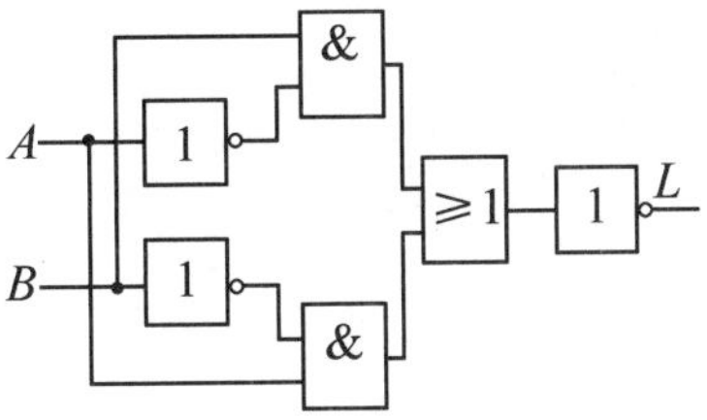

图 10－20　14 题图

A	B	L
0	0	0
0	1	0
1	0	0
1	1	1

A

A	B	L
0	0	0
0	1	1
1	0	1
1	1	1

B

A	B	L
0	0	0
0	1	1
1	0	1
1	1	0

C

A	B	L
0	0	1
0	1	0
1	0	0
1	1	1

D

15 如图 10－21 所示为控制楼梯照明灯的电路，单刀双掷开关 A 装在楼下，B 装在楼上。设 L 表示灯的状态，L＝1 表示灯亮，L＝0 表示灯不亮。用 A 和 B 表示开关 A 和开关 B 的位置，用 1 表示开关向上扳，用 0 表示开关向下扳。表示该电路灯亮的逻辑函数是(　　)。

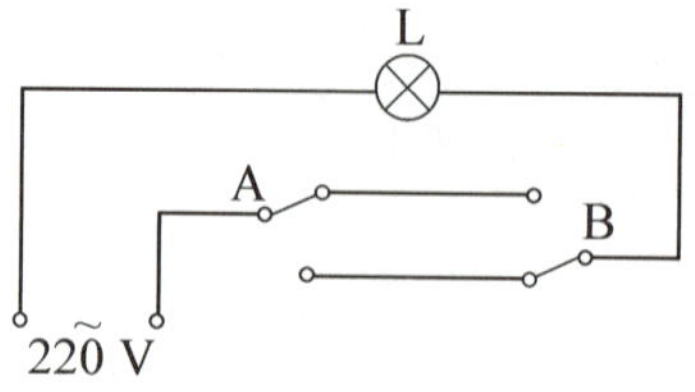

图 10－21　15 题图

A. $L=\overline{AB}=AB$　　B. $L=\overline{AB}+AB$　　C. $L=AB+A\overline{B}$　　D. $L=\overline{A}B+A\overline{B}$

16 如图 10－22 所示是小明设计的门窗未关提醒电路。电路中 S_1 和 S_2 为微动开关，安装于门和窗上，只要门和窗都关上(S_1 和 S_2 闭合)，报警灯就不亮。下列关于此报警电路的描述中，说法完全合理的是(　　)。

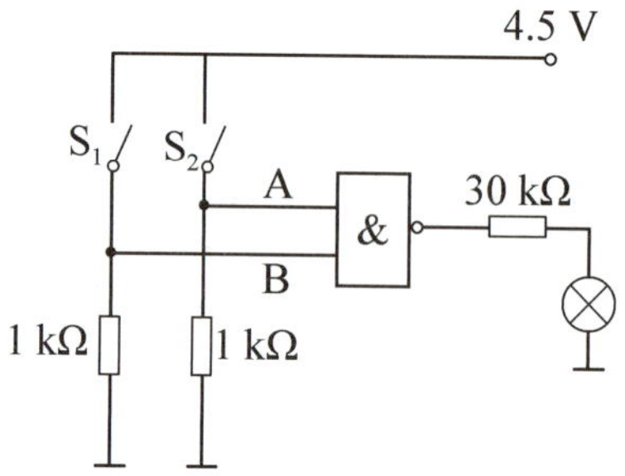

图 10－22　16 题图

A. 只要门或窗任何一个被打开(微动开关断开)，门电路有低电平输入，报警灯就会发亮

B. 只要门或窗任何一个被打开(微动开关断开)，门电路有高电平输入，报警灯就会发亮

C. 只有门和窗同时被打开(微动开关断开)，门电路输入全是高电平时，报警灯才会亮

D. 只有门和窗同时被关闭(微动开关)，门电路输出为高电平时，报警灯才会亮

17 如图 10－23 所示电路中，从 S_1 闭合，S_2 断开变成 S_1、S_2 都闭合时，VD_1 和 VD_2 的发光情况分析正确的是(　　)。

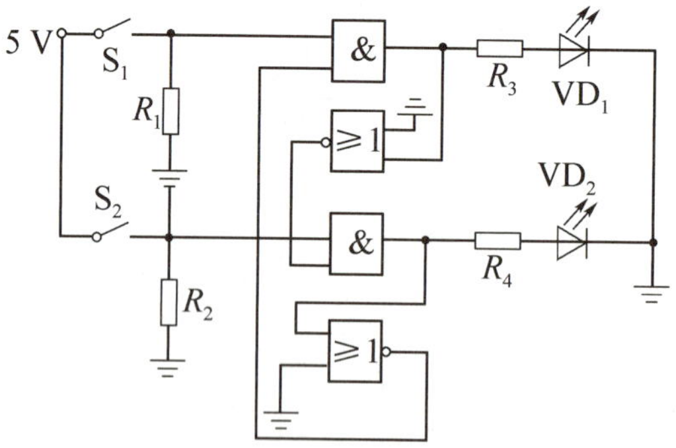

图 10－23　17 题图

A. VD_1 发光，VD_2 发光　　B. VD_1 不发光，VD_2 发光

C. VD_1 发光，VD_2 不发光　　D. VD_1 不发光，VD_2 不发光

18 如图 10－24 所示电路，要使红色发光二极管亮，需进行的操作是(　　)。

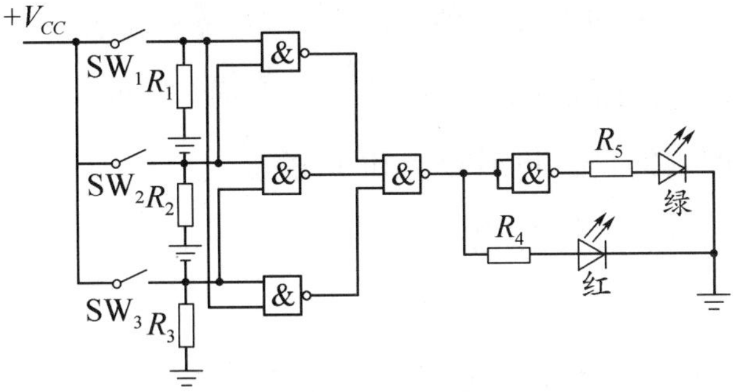

图 10－24　18 题图

A. 闭合任意两个开关　　B. 闭合 SW_1

C. 闭合 SW_2　　D. 闭合 SW_3

19 下列关于如图 10－25 所示电路的分析中，正确的是(　　)。

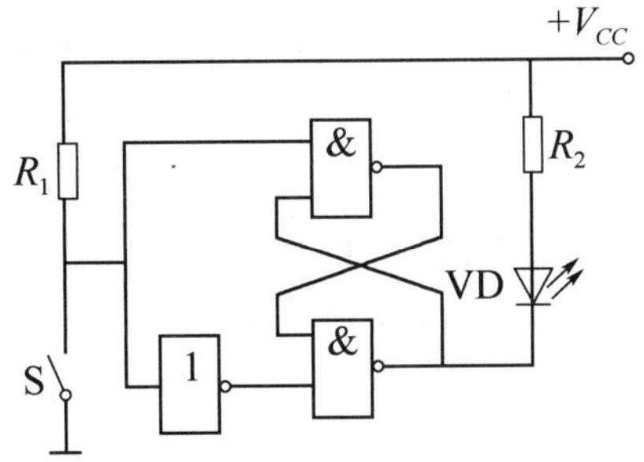

图 10－25　19 题图

A. S 断开时 VD 不发光，S 闭合时 VD 发光

B. S 断开时 VD 发光，S 闭合时 VD 不发光

C. 不管 S 闭合还是断开，VD 都发光

D. 因为电路的初始状态未知，所以不能确定 VD 是否发光

20 小明学习逻辑电路后，根据少数服从多数的原则，设计了一个三位评委同时参与并立即显示投票结果的电路。该电路输入端为 A、B、C，用高电平表示赞成，低电平表示反对，如果通过，输出端 F 的发光二极管就会点亮。下列选项中不能实现上述逻辑关系的是(　　)。

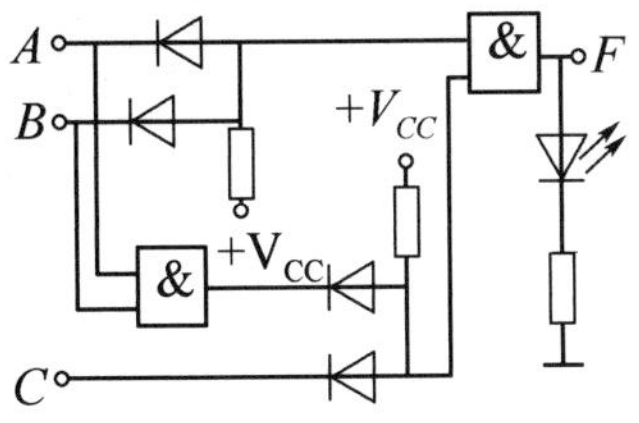

A

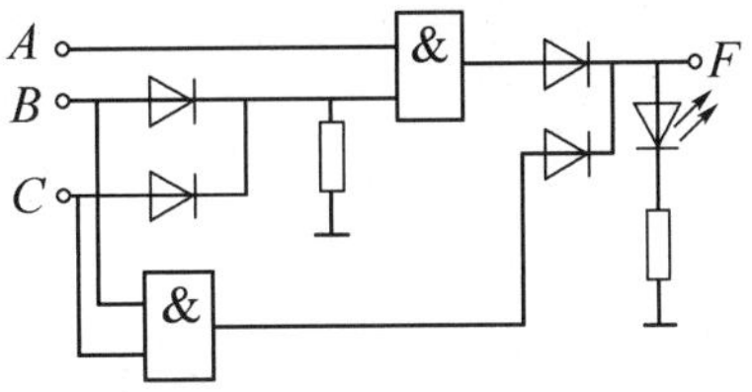

B

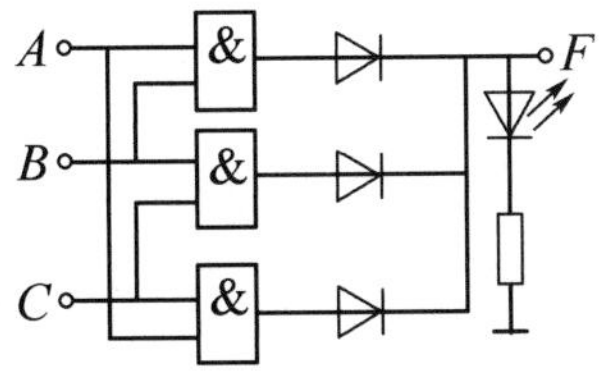

C

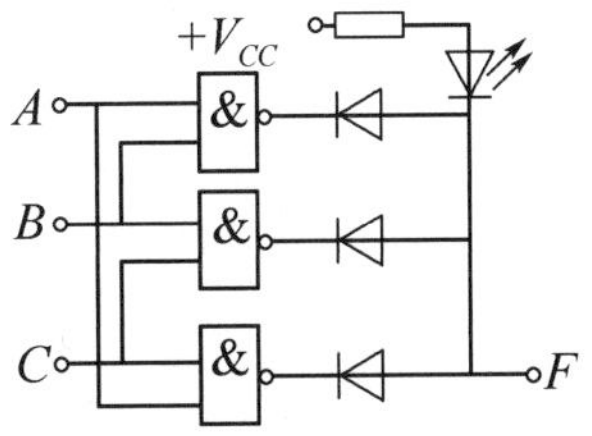

D

二、判断题

21 半导体的载流子分为电子和空穴两种。 ( )

22 PN 结反向偏置时没有电流流过。 ( )

23 杂质半导体中主要掺入的是三价或是五价元素。 ( )

24 本征半导体常温下其导电特性与绝缘体相当。 ( )

25 稳压管的稳压区是工作在反向击穿状态。 ( )

26 温度升高时，三极管输出特性曲线之间的间隔将增大。 ( )

27 对于 PNP 管来说，集电极电位极高，发射极电位最低。 ( )

28 对于 PNP 管来说，发射极电位极高，集电极电位最低。 ( )

29 若一个硅三极管的三个电极对地电压分别为 $Vcc = 11\ \text{V}$，$V_b = 6\ \text{V}$，$V_e = 5.3\ \text{V}$，则可以判断三极管工作在饱和状态。 ( )

30 场效应管是电压控制型半导体器件，通过栅极电压控制漏极电流。 ( )

三、应用题

31 组合逻辑电路与时序逻辑电路有何区别？

答：

32 同步时序逻辑电路与异步时序电路有何区别？

答：

33 4－2 线编码器往往省略 0 输入线，这是为什么？

答：

34 实验时只有 74LS112 双 JK 触发器，怎样将其转换为 T 触发器使用？

答：

35 试给出常用的两种实现组合逻辑函数的常用电路。

答：

第三章　传感器与继电器

电气自动化、电子、智能设计方向必修★★★

思维导图

- 传感器与继电器
  - 传感器的识别与检测
    - 传感器的识别
    - 传感器的检测
  - 继电器的识别与检测
    - 继电器的识别
    - 继电器的检测
  - 传感器与继电器的应用
    - 光控、温控、湿控等电路的安装与调试

知识结构

1 认识传感器

传感器是将非电量转换为与之有确定对应关系的电量输出的一种装置。传感器一般由敏感元件和输出部分组成,敏感元件是传感器中能直接感受被测量信息,并把它转换成电信号的部分,是传感器的核心。常见的传感器有光敏电阻、热敏电阻、湿敏传感器、气敏传感器、磁敏传感器、红外线传感器、声音传感器、超声波传感器等,其外形和符号见表 11 －1 所列。

表 11 －1　常见传感器的外形和符号

常见传感器	实物图	电路中的符号
光敏电阻		
光敏二极管		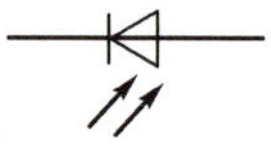
光敏三极管		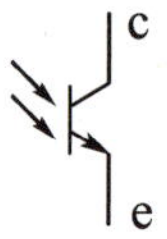
热敏电阻	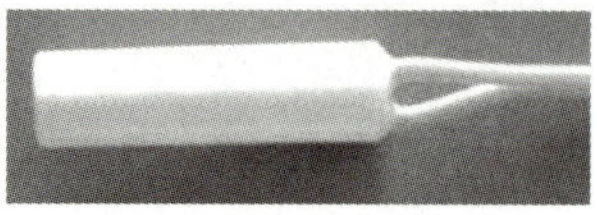	

续表

常见传感器	实物图	电路中的符号
湿敏传感器	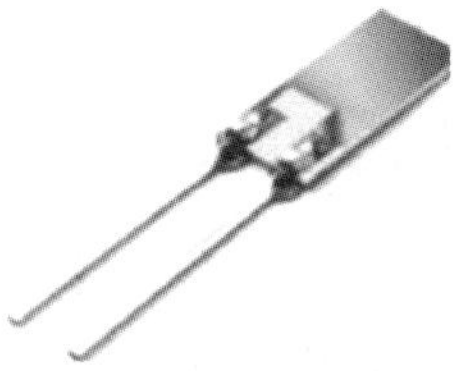	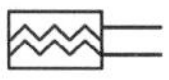
气敏传感器	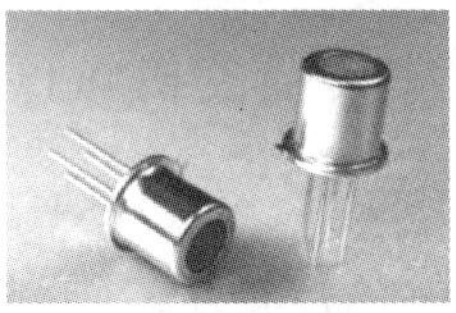	无
气压传感器		无
干簧管		无
声敏传感器	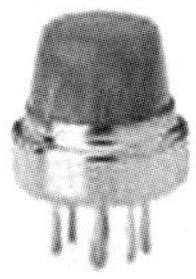	无
激光传感器		无

①光敏电阻：一种电阻性传感器件，能将获取的外界光线变化信息转化为电阻阻值变化信号，通常有光照时，电阻值就减小。可用万用表测量其电阻值随外界光线的变化情况。可用于光控电路。

②光敏二极管与光敏三极管：能够将光信号变成电信号的探测器件。光敏二极管工作时通过在PN结加上反向电压，利用光的照射，使其反向导通获得电信号。光敏三极管工作时通过发射结接受光的照射，引起集电极电流的变化获得信号。可用万用表"×1k"挡在有光和无光两种情况下测量元件两脚的正反向电阻确认其好坏。可用于光控电路。

③热敏电阻：一种温度敏感元件，又称"热敏传感器"。通常有PTC（正温度系数热敏电阻，随着温度升高阻值增大）、NTC（负温度系数热敏电阻，随着温度降低阻值增大）两种类型。可用万用表测量其电阻值随外界温度的变化情况。可用于温度控制电路，热电偶可测高温。

④湿敏传感器：能够感受外界湿度变化，并通过器件材料的物理或化学性质变化，将湿度转化成电信号的器件。可用于检测土壤湿度、粮食的含水量。

⑤气敏传感器：一种能获取气体信息并转换为电信号的元件。例如检测家庭中的煤气、甲

醛等的传感器。

⑥干簧管:对磁敏感的传感器,有磁场时簧片触点吸合状态改变。霍尔传感器也是一种磁敏传感器,用它可以制成霍尔转速表。

⑦力敏传感器:将被测的力学量转换成电信号的装置。例如电子秤、冲击波分析。

⑧红外传感器:利用红外线的物理性质来进行测量,通过转换电路变成电信号输出的传感器件。例如夜视镜、疫情中使用的测温仪等使用的传感器。

⑨声敏传感器:把气体、液体或固体介质中传播的机械振动转换成电信号的一种器件或装置。例如驻极话筒。

⑩超声波传感器:把频率高于 20 kHz 的声波称为超声波,超声波具有良好的方向性和穿透能力,超声波传感器可以用来测速度、测距离。例如医院的 B 超机、倒车雷达等。

2 认识继电器

继电器能够根据控制系统的控制命令自动接通或者断开电路,实现自动控制和保护用电设备。它是低电压控制高电压或用小电流控制大电流的开关器件。按输入信号可以分为电压继电器、电流继电器、速度继电器、热继电器、压力继电器等;按输出方式可以分为有触点的继电器和无触点的继电器两种类型。

(1)电磁继电器(属于有触点继电器)

如图 11-1 所示,其中 A、B 是输入端,通常接入较低控制电压。C、D、E 是输出端,C、E 为常开触点,C、D 为常闭触点。优点:工作可靠、体积小、结构简单、制作方便、灵敏度高和输入输出电路之间相互隔离等。缺点:触点频繁地接通、断开,影响寿命。实物如图 11-2 所示。

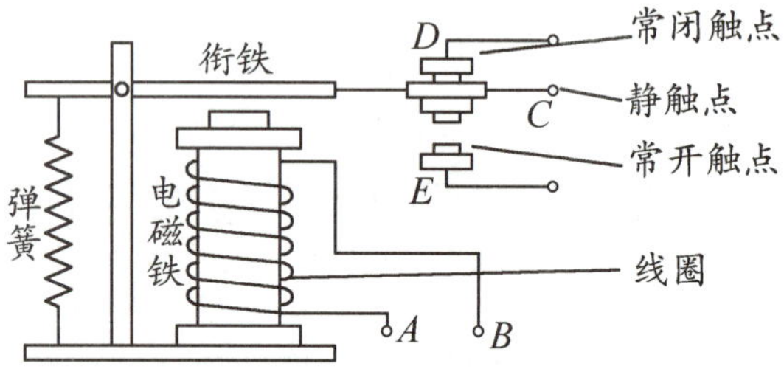

图 11-1 电磁继电器示意图

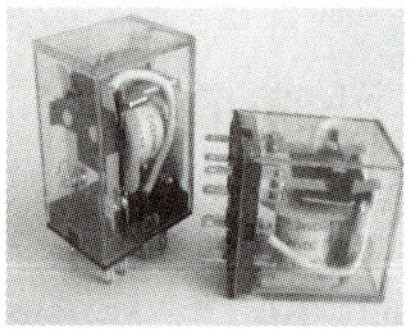

图 11-2 电磁继电器

(2)无触点继电器

由于没有可动触点,不产生电火花,因而无触点继电器的可靠性高、寿命长、无干扰,又由于它的体积小,易与电子电路集成,应用广泛。例如,晶闸管可以看成是一种无触点的继电器,外形及符号如图 11-3 所示。

图 11-3 无触点继电器

知识积累

1 传感器：传感器是一种能够感受并响应外界环境变化（如温度、湿度、光线、压力等）的装置，并将其转化为可读或可用的信号。传感器通常由敏感元件和转换元件组成，敏感元件负责感受环境变化，转换元件则将感受到的变化转换成电信号或其他形式的信号。

2 继电器：继电器是一种开关设备，用于控制电路中的电流或电压。它由一个线圈和一组触点组成，当线圈通电时，会产生磁场，吸引触点闭合，从而接通电路。继电器常用于控制电动机、照明、空调等设备的开关。

3 传感器与继电器的应用：传感器可以用于各种自动化系统中，如工业自动化、智能家居、自动驾驶等，用于检测和监控系统的运行状态。继电器则可以用于控制各种设备的开关，如电动机、灯光、空调等，实现自动化控制。

4 传感器与继电器的选择：选择传感器和继电器时，需要考虑系统的需求、工作环境、精度、可靠性等因素。例如，在工业自动化系统中，需要选择具有高精度、高可靠性、耐腐蚀的传感器和继电器；在智能家居中，需要选择体积小、能耗低、寿命长的传感器和继电器。

5 传感器与继电器的安装：安装传感器和继电器时，需要遵循制造商的说明书和相关规定，确保设备的正确安装和使用。例如，安装传感器时需要注意避免高温、高压等恶劣环境对设备的影响；安装继电器时需要注意电流和电压的大小、触点的材料和负载等参数。

习题分析

一、选择题

1 在电子控制系统中，传感器可以将外界信号输入基本电子线路中。下列器件不能用作传感器器件的是（　　）。

A. 驻极话筒　　B. 蜂鸣器　　C. 干簧管　　D. 红外二极管

2 在家用热风机的设计中，为了实现室内温度的控制，你认为下列传感器件中最合适选用的是（　　）。

A. 蒸发温度传感器

B. 贴片温度传感器

C. 金属电阻温度传感

D. 双金属片温度传感器

3 在“银行自动门、温度探测仪、电视的监控系统、防盗报警”这四种装置中，都可选用的传感器是（　　）。

A. 红外传感器　　B. 超声波传感器

C. 温度传感器　　D. 压力传感器

4 如图 11－4 所示为某含有干簧管的控制电路。关于该电路，下列分析描述中不正确的是(　　)。

A. 此电路的干簧管 J 是磁敏传感器

B. 干簧管吸合时可以让发光二极管熄灭

C. 开关 K 闭合时，发光二极管 VD_b 不可能点亮

D. 干簧管 J 吸合，开关 K 闭合时，蜂鸣器 D_L 会发声

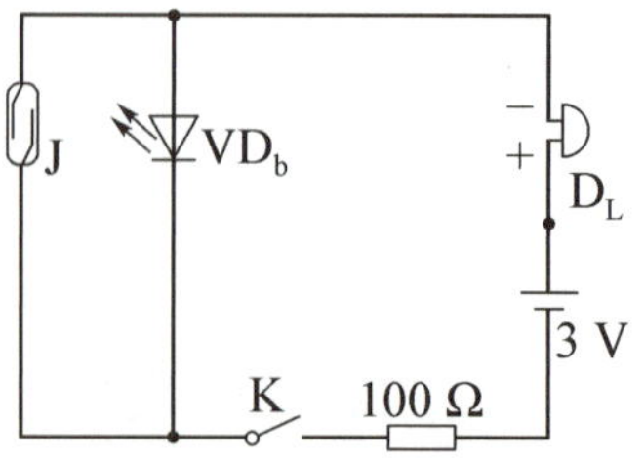

图 11－4　4 题图

5 在汽车倒车系统中，通常都安装有倒车雷达装置，当汽车倒车距离障碍物太近时，该装置就会报警提醒司机。你认为汽车倒车雷达装置系统中最有可能选用的传感器是(　　)。

A. 热敏传感器　　B. 磁敏传感器

C. 光敏传感器　　D. 超声波传感器

6 在长途公交车上，为了保护乘客的安全，要求每位乘客都佩戴座位上的安全带。为了方便驾驶员的管理，通常在每个座位上都安装有传感器，如果乘客坐在座位上，且没有佩戴座位上的安全带，报警的蜂鸣器就会发出声音。你认为该系统中，最适合选用的传感器是(　　)。

A. 热敏传感器和声敏传感器　　B. 磁敏传感器和超声波传感器

C. 力敏传感器和光敏传感器　　D. 红外线传感器和超声波传感器

7 下列四种传感器，在不接入电路的情况下，使用万用表最有可能直接判断其性能好坏的是(　　)。

A. 超声波传感器

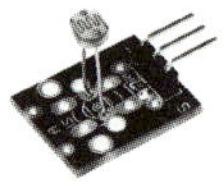

B. 光敏传感器

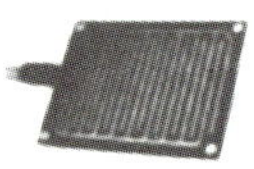

C. 湿敏传感器

D. 声敏传感器

8 下列关于电磁继电器的几种说法中，不合理的是(　　)。

A. 电磁继电器是一种"以小控大"的器件

B. 电磁继电器的控制电路与工作电路既可是直流电，也可是交流电

C. 可控硅就是一种无触点的电磁继电器

D. 电磁继电器是控制电路中不可缺少的部件

9 图 11－5 所示为电磁继电器提供额定直流电源，开关 S 闭合时，下列关于该电路的相关说法中，不合理的是(　　)。

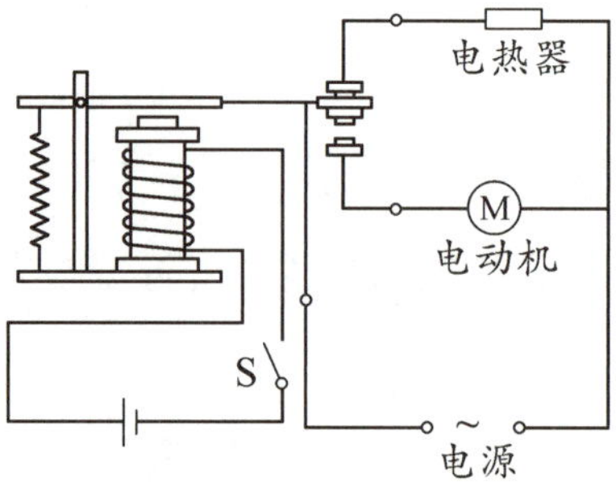

图 11－5　9 题图

A. 电磁继电器常闭触点会打开　　　　　B. 电路中电动机会转动

C. 电路中电热器会不断发热　　　　　　D. 电磁继电器常开触点会闭合

10 如图 11－6 所示的控制电路中，当控制电路的开关 S 闭合时，下列关于工作电路的分析中正确的是(　　)。

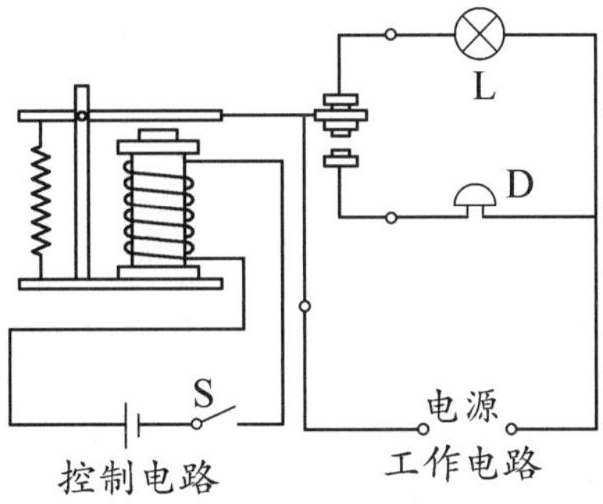

图 11－6　10 题图

A. 电灯 L 亮，电铃 D 发出声音　　　　B. 电灯 L 不亮，电铃 D 发出声音

C. 电灯 L 不亮，电铃 D 不响　　　　　D. 电灯 L 亮，电铃 D 不响

11 如图 11－7 所示的电路中，当水温升高时，电流表的读数减小。下列关于该实验的分析中正确的是(　　)。

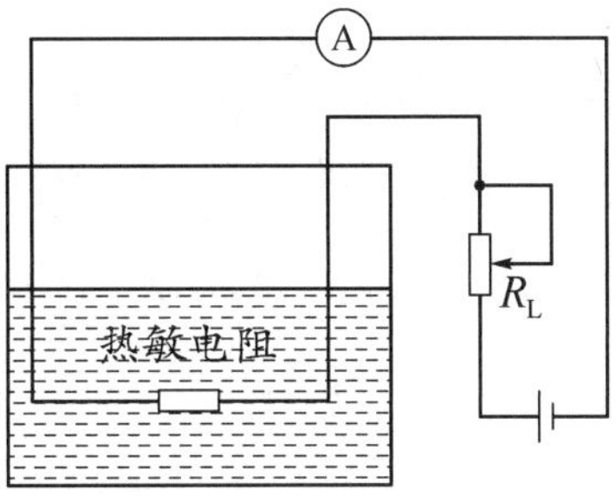

图 11－7　11 题图

A. 随着温度的升高，热敏电阻阻值会增大

B. 随着温度的升高，流过热敏电阻的电流增大

C. 调节可变电阻 R_L 的阻值，会引起热敏电阻阻值改变

D. 此实验可调节可变电阻 R_L 的阻值，通过观察电流变化，就能分析热敏电阻的特性

12 如图 11－8 所示是小明设计的冬天室内烤火温度报警系统。当室内温度过高时，蜂鸣器 D_L 就会报警。为了能调节报警温度，电路中 A、B 处应选用的元器件组合，你认为最合理的是(　　)。

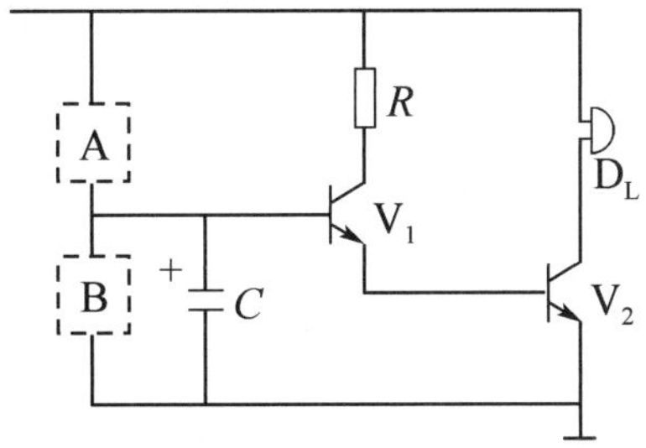

图 11－8　12 题图

A　　　　B　　　　C　　　　D

13 下列关于气敏传感器运用的说法中，不合理的是(　　)。

A. 检测驾驶员酒精浓度是否超标可用气敏传感器

B. 检测房间是否发生火灾的烟雾报警器可使用气敏传感器

C. 气敏传感器还可用于检测房间一氧化碳及有害气体是否超标

D. 气敏传感器能将各种外界信息转化为电信号

14 小明用万用表的“×1k”电阻挡位测试热敏电阻和光敏电阻，得出了下列结论，你认为这些结论中不正确的是(　　)。

A. 光敏电阻测试时，遮光越多，万用表测得的电阻数值越大

B. 光敏电阻测试时，遮光越少，万用表测得的电阻数值越大

C. 负温度系数的热敏电阻测试时，所处环境温度越高万用表测得的电阻数值越小

D. 正温度系数的热敏电阻测试时，所处环境温度越低，万用表测得的电阻数值越小

15 如图 11－9 所示是型号为 JQC－3FF 下的电磁继电器。它共有 5 个引脚，其中 2 个引脚连接线圈，另外 3 个引脚分别连接常开触点、常闭触点和动触点。已知继电器完好，用万用表检测各引脚之间的电阻，下列说法中不合理的是(　　)。

A. 若测得某两个引脚之间的电阻为无穷大，则这两个引脚中必定有一个连接常闭触点

B. 若测得某两个引脚之间的电阻约 500 Ω，则这两个引脚内部接的是线圈

C. 若测得某两个引脚之间的电阻为零，则这两个引脚中必定有一个连接动触点

D. 若测得某引脚和其余引脚之间的电阻均为无穷大，则该引脚连接的必是常开触点

图 11－9　15 题图

16 如图 11－10 所示为小明设计的温控报警电路，其中 R_1 为热敏电阻，D_L 为蜂鸣器。当温度升高到一定值时，D_L 就会发出蜂鸣声。下列关于该电路的说法中正确的是(　　)。

A. R_1 滑动端上移时，温度更高才会报警

B. R_2 对 V_1 的基极有限流保护作用

C. 三极管截止时，D_L 也会发声

D. R_1 为正温度系数热敏电阻

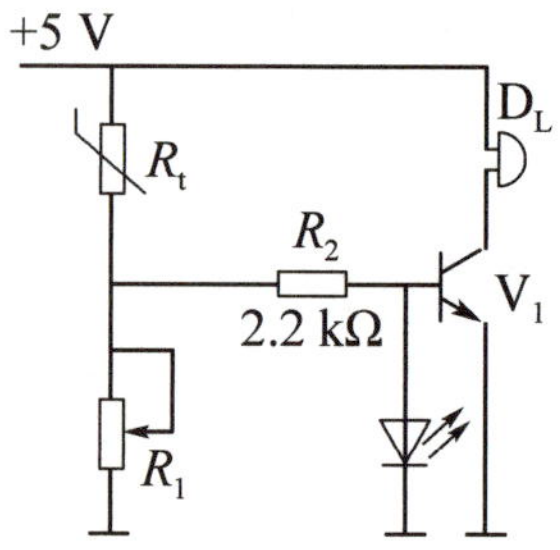

图 11－10　16 题图

17 小明为了检测土壤湿度，搭建了如图 11－11 所示的电路。测量时，只要将检测探头插入土壤中，就可根据 LED 点亮数量了解土壤的湿度情况。关于该电路，下列分析中不正确的是（　　）。

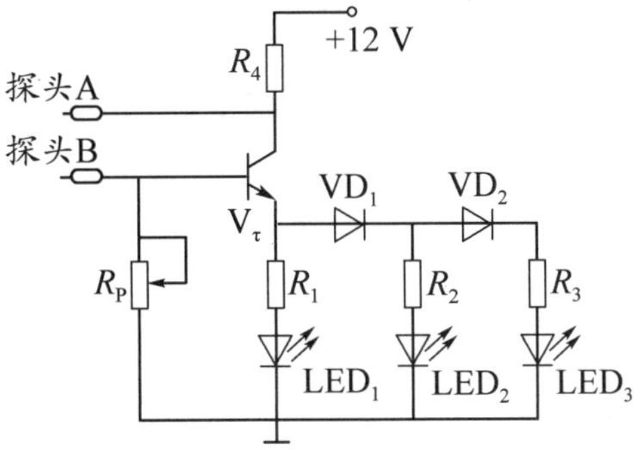

图 11－11　17 题图

A. 土壤湿度越大，LED 点亮的数量越多

B. 两个探头碰在一起时，会点亮所有的 LED

C. 调试时，让探头 A、B 悬于空中，不接触，只要 R_P 调到合适值，LED_1 就会发亮

D. 将 R_P 的滑动触点下移，相同湿度下点亮的 LED 会减少

18 如图 11－12 所示是小明设计的下雨报警电路，报警器由湿敏传感器 MS、电位器、三极管蜂鸣器等元件构成。接通电路后调节电位器让电路正常工作（图中湿敏传感器 MS 和电位器在虚线框内未画出），当湿敏传感器 MS 检测到雨水时，二极管 VD 会发光，蜂鸣器报警，此时万用表显示 －4 V。下列关于该电路的分析中合理的是（　　）。

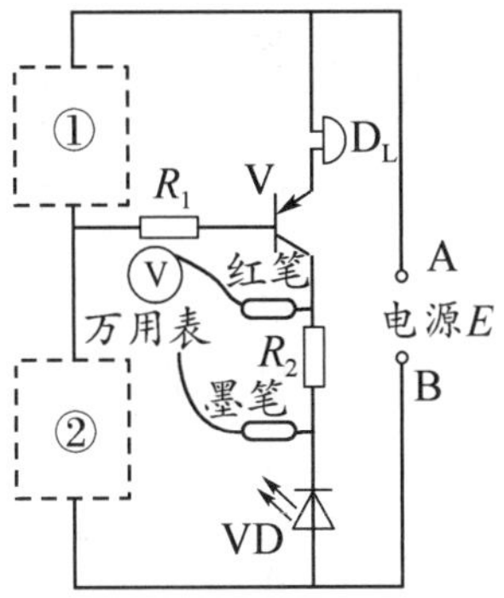

图 11－12　18 题图

A. 根据报警要求虚线框①中应接湿敏电阻 MS，虚线框②中应接电位器

B. 开始报警时，调小电位器的电阻值，VD 一定变亮

C. 电源 E 的电压一定高于 4 V，并且 A 端接电源正极，B 端接电源负极

D. 开始报警后，如果湿度增大，万用表读数的绝对值也会增大

19 如图 11－13 所示的高温报警指示电路，当温度高于设定温度值时，发光二极管 LED 发光报警，下列对该电路的分析中正确的是（　　）。

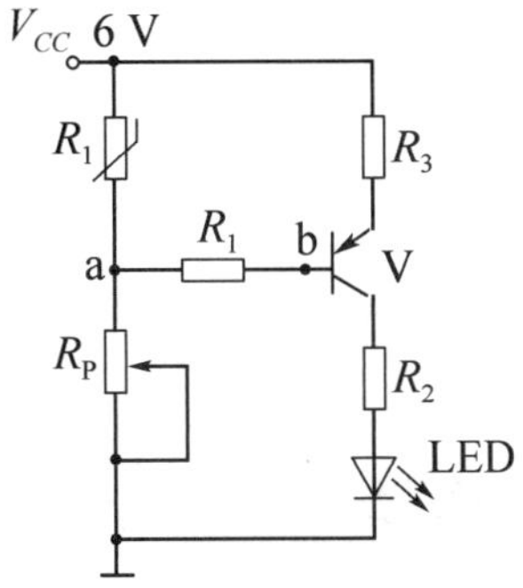

图 11－13　19 题图

A. R_t为负温度系数热敏电阻

B. R_p电位器上移时,相同温度下,LED 会变暗

C. 不管 S 闭合还是断开,VD 都发光

D. 本电路中发光二极管 LED 不能改接到 R_3位置

20 如图 11－14 所示是小明设计的花房喷雾控制电路,R_t为正温度系数热敏电阻,MS 为湿度传感器,调整 R_{p1}与 R_{p2}到合适状态,在设计的温度或湿度下电路就会启动电机喷雾。下列关于该电路的分析中不正确的是(　　)。

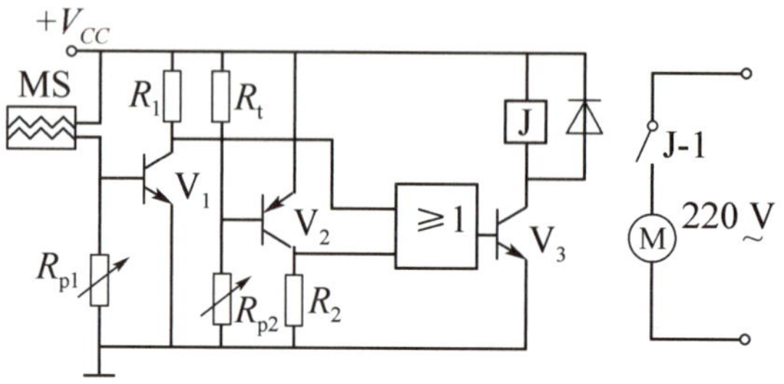

图 11－14　20 题图

A. R_{p1}阻值调大时,可能会增加花房的喷雾时间

B. 只要花房的温度过高,电路就会启动水泵喷雾

C. 花房的湿度过低或温度过高时,电路也会启动水泵喷雾

D. 只要花房的湿度过低,电路就会启动水泵喷雾降温

二、判断题

21 传感器是能将非电量转换成与之具有一定关系的电量的转换器件。(　　)

22 无论是电量还是非电量,都可以直接使用一般的电工仪表和电子仪器对其进行测量。(　　)

23 传感器的敏感元件是指能直接感受或响应被测量的部分。(　　)

24 所有类型的传感器都包括敏感元件和转换元件这两个必备的构成部件。(　　)

25 传感器按其工作原理来分类的缺点是不便于使用者根据其用途来进行选用。(　　)

26 按工作原理分类,传感器可分为电阻式传感器、磁学式传感器、光电式传感器、电势型传感器、半导体式传感器。(　　)

27 传感器的线性度 E 是指其输出量与输入量之间的实际关系曲线偏离直线的程度。E 值越大,其非线性误差就越小。(　　)

28 传感器在输入量按同一方向做全量程多次测试时,得到的曲线越重合,其重合性就越好,不重复极限误差 E_2就越大。(　　)

29 在快速变化的动态输入信号作用下,要求传感器能够精确地测量出信号幅值的大小,而不要求测量出信号变化的过程。(　　)

30 最大超调量 p 表征传感器测量的平滑性;响应时间 t_s 表征传感器测量的稳定性。(　　)

三、应用题

31 请简述在工业自动化生产中，传感器和继电器是如何协同工作的。

答：

32 一台变间隙式平板电容传感器，其极板直径 $D=8$ mm，极板间的初始间距 $d_0=1$ mm，极板间介质为空气，其介电常数 $E_0=8.85\times10-12$ F/m。试求：

(1) 初始电容 C_0；

(2) 当传感器工作时，间隙减小 $\Delta d=10$ μm，求其电容变化量 ΔC；

(3) 如果测量电路的灵敏 $K_u=100$ mV/pF，则在 $\Delta d=\pm1$ μm 时的输出电压为 U_0。石英晶体加速计及电荷放大器测量机械振动，已知加速度计灵敏度为 5 pC/g，电荷放大器灵敏度为 50 mV/pC，当机器达到最大加速度时的相应输出电压幅值为 2 V，试求机械的振动加速度。[注：1 pC $=1\times10^{-12}$ C（库伦），g 为重力加速度]

答：

第四章　电子控制系统及其应用

电气自动化、电子、智能设计方向必修★★★

思维导图

- 电子控制系统及其应用
  - 电子控制系统
    - 电子控制系统的含义
    - 电子控制系统的组成
  - 开环电子控制系统
    - 开环电子控制系统的分析
    - 开环电子控制系统的设计、安装与调试
  - 闭环电子控制系统
    - 闭环电子控制系统的分析
    - 闭环电子控制系统的设计、安装与调试

知识结构

1 电子控制系统

电子控制系统是以电子技术为核心的控制系统。电子控制系统一般可分为输入、控制(处理)和输出三个基本的组成部分。输部分通常由传感器组成;控制(处理)部分一般由电子元件或集成电路构成,它能对输入的信号进行分析比较和处理,然后发出执行指令;输出部分就是执行机构,可以由继电器组成,通过该部分能完成任务或达到特定功能。

电子控制系统在生活中应用得非常广泛,比如,路灯的自动开启和关闭控制、电冰箱的恒温控制、微波炉的火力控制等。

2 基本的单元电路

(1)振荡器

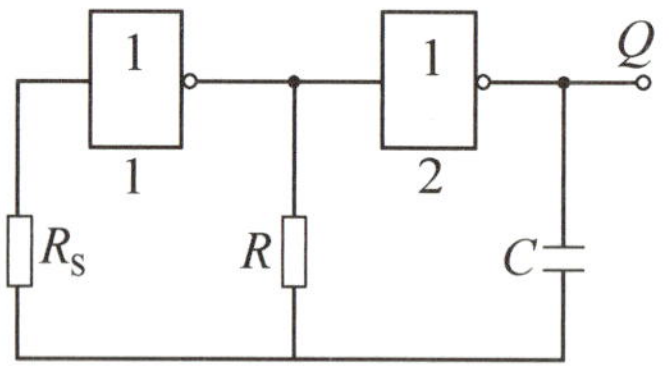

图 12－1　振荡器工作原理图

在如图 12－1 所示的振荡器中,假设 Q 为低电平,则非门 2 的输入端为高电平,经过 R 对 C 充电,C 的电压上升,直到非门 1 输入端的电压达到反转电压,此时非门 1 的输出变为低电平,Q 变为高电平。此时,Q 点、C、R、非门 2 的输入端,极性反转,相对于之前变为放电回路,然后转为反向充电,C 的电压下降,直到非门 1 输入的电压达到反转电压,此时非门 1 的输出变为高电平,Q 变为低电平。如此循环,形成振荡,在 Q 端输出方波。如果非门的反转电压为电源电压的1/2。则振荡周期：$T\approx 2.2 \cdot R \cdot C$。$R_s$ 用于稳定振荡频率，驱使电阻为6～10倍的 R。

(2)比较器

电压比较器的基本功能是能对两个输入电压的大小进行比较，判断比较的结果用输出电压的高低来表示。它有两个输入端：同相输入端（“+”端）及反相输入端（“-”端）；有一个输出端 V_{out}（输出电平信号）。常见的比较器LM393由两个比较电路构成，它的内部结构及性能如图12-2所示。

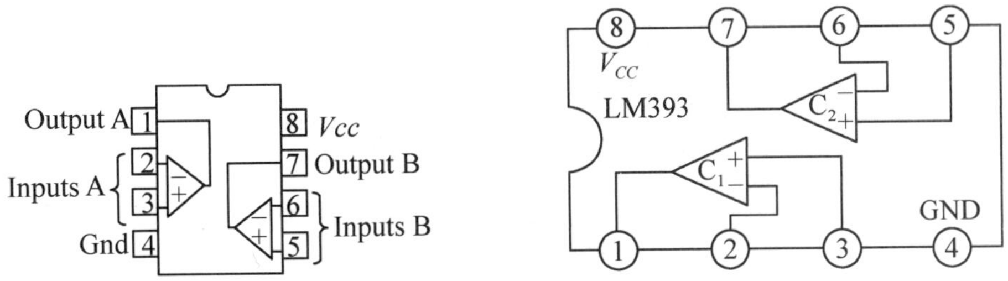

比较器	输入	输出
C_1	③>②	①高电平
	③<②	①低电平
C_2	⑤>⑥	⑦高电平
	⑤<⑥	⑦低电平

图12-2　比较器内部结构及性能

(3)电压放大器

集成运算放大器CF741（UA741），其实质是一只比较器，它可接5脚电压，可使失调电压为零。它的电路符号及功能如图12-3所示。

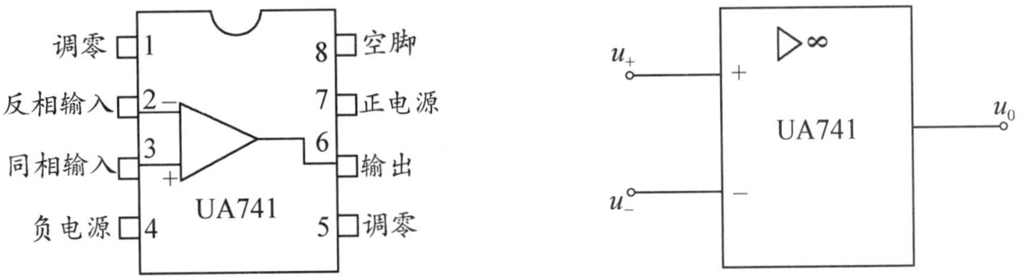

$U_+ < U_-$	U_0 输出正电源电压
$U_+ = U_-$	U_0 输出零[（正+负）电源电压/2]
$U_+ < U_-$	U_0 输出负电源电压

图12-3　电压放大器的功能及电路符号

(4)NE555 时基电路

因其内部有 3 个 5 kΩ 电阻组成的分压器而得名,内部还有 2 个比较器、1 个基本 RS 触发器和 1 个反相缓冲器,原理如图 12-4 所示。8 脚为电源脚,可供电压 4.5～16 V,1 脚为公共接地端;3 脚为输出端,可输出高低电平,最大电流为 200 mA;4 脚为复位脚,当接低电平时复位,输出为低电平,接高电平时,进入工作状态;5 脚为控制脚,控制芯片的阈值电压,当脚为空时,默认的阈值电压为 1/3 *Vcc* 和 2/3 *Vcc*;2 脚为触发引脚,当电压低于值电压或低于 1/3 *Vcc* 时,3 脚为输出高电平;6 脚为阈值引脚,当输入电压高于阈值电压或高于 2/3 *Vcc* 时,3 脚为输出低电平;7 脚为放电引脚,用于电源电容放电,它与 3 脚输出电平同步一致。

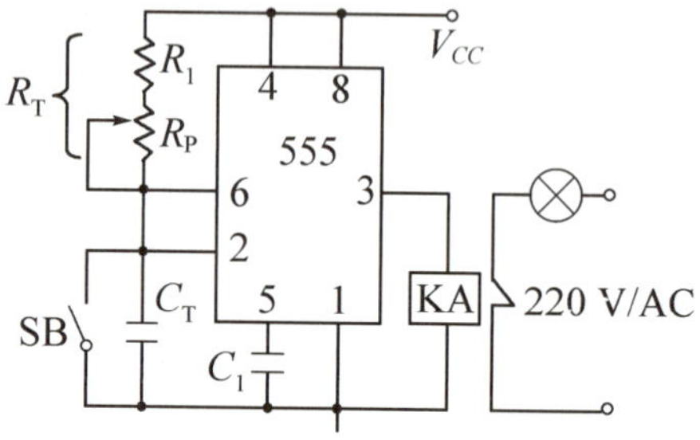

图 12-4 NE555 时基电路原理图

典型的 555 时基电路如图 12-5 所示。

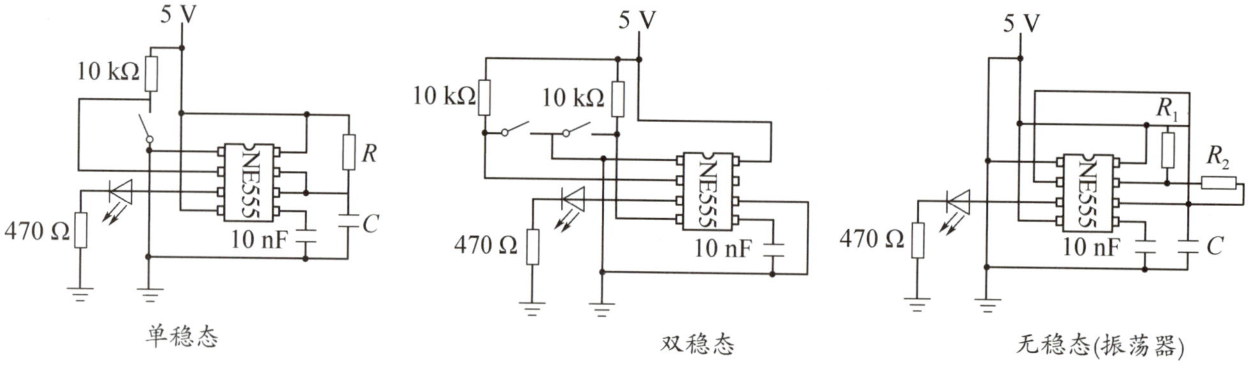

图 12-5 NE555 时基电路

3 开环电子控制系统

开环电子控制系统是以电子技术作为控制的手段,系统的输出结果对系统的控制没有影响,被控量的变化不会引起控制量改变的系统。该系统没有反馈。开环的控制系统的组成方框图如图 12-6 所示。

图 12-6 开环电子控制系统的组成方框图

4 闭环电子控制系统

闭环电子控制系统能对输出结果进行检测,并将检测信号反馈到控制处理部分,从而对系统的控制产生影响。它在开环基础上增加反馈回路,具有较高的控制精度,可实现自动控制。

闭环电子控制系统的组成方框图如图 12－7 所示。

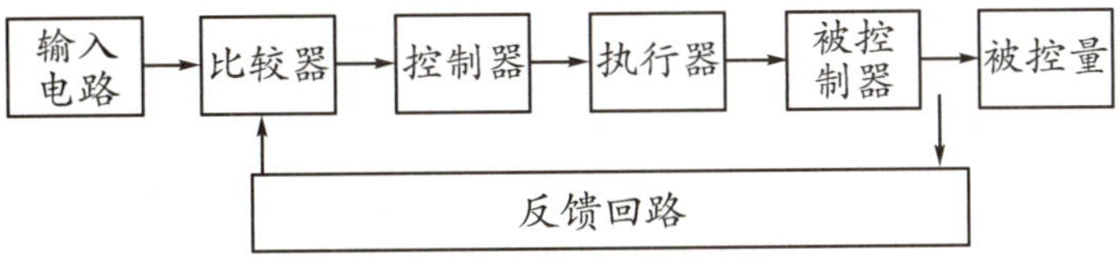

图 12－7 闭环电子控制系统的组成方框图

5 电子控制系统设计的一般过程

①首先确定控制量和被控对象；②再根据控制的精度确定选择开环控制还是闭环控制；③然后参考资料，落实各个单元电路，形成完整控制系统；④进行安装与调试；⑤最后优化改进和完善。

知识积累

1 电子控制系统的基本组成：电子控制系统主要由传感器、控制器和执行器组成。传感器负责检测被控对象的状态信息，控制器根据传感器输入的信息和控制目标计算控制量，执行器则根据控制量对被控对象进行控制。

2 电子控制系统的基本类型：根据控制方式的不同，电子控制系统可以分为开环控制系统和闭环控制系统。开环控制系统不具有反馈环节，输出量不会对控制过程产生影响；闭环控制系统具有反馈环节，输出量能够影响控制过程。

3 电子控制系统的应用领域：电子控制系统广泛应用于工业、农业、军事、航空航天等领域。例如，工业生产中的温度、压力、液位等参数的控制系统，农业中的灌溉、施肥、除虫等控制系统，军事中的雷达、火控系统等。

4 电子控制系统的设计与实现：电子控制系统的设计与实现需要综合考虑被控对象的特点、控制目标、系统稳定性、可靠性等因素。常用的设计方法包括模拟电路设计、数字电路设计、微机控制系统设计等。

5 电子控制系统的调试与维护：电子控制系统的调试与维护是保证系统正常运行的重要环节。调试过程中需要进行系统调试、参数整定、干扰试验等；维护过程中需要注意系统的日常保养、定期检修、故障排除等。

6 电子控制系统的发展趋势：随着科学技术的发展，电子控制系统正朝着智能化、网络化、集成化的方向发展。智能化控制系统能够实现更加复杂的控制任务，提高系统的自动化水平；网络化控制系统能够实现远程监控和管理，提高系统的效率和可靠性；集成化控制系统能够实现多个子系统的统一管理和控制，提高系统的整体性能。

习题分析

一、选择题

1 电子控制系统可以分为闭环电子控制系统和开环电子控制系统两种，下列关于闭环电子控制系统和开环电子控制系统的说法中，错误的是(　　)。

A. 开环电子控制系统相对于闭环控制系统，控制精度通常要低

B. 开环电子控制系统中没有反馈环节

C. 相同任务中，采用闭环或开环电子控制系统在设计造价上没有区别

D. 闭环电子控制系统相对于开环电子控制系统的抗干扰性更强

2 在电子控制系统控制信息传递的过程中，下列说法中正确的是(　　)。

A. 传感器只能吸收来自系统外的输入信号

B. 在电子控制系统电路中，一定存在电子传感器元件

C. 开环电子控制系统的信号只能从输入端送至输出端

D. 闭环电子控制系统的信号只能从输出端送至输入端

3 下列控制系统中，属于闭环电子控制系统的是(　　)。

A. 语音智能晾衣架升降控制系统

B. 操场自动升旗控制系统

C. 高速公路汽车测速扫描系统

D. 室内中央空调温度控制系统

如图 12－8 所示为小明在实验室用 LM393 设计的天亮灯光报警电路。其中 R_L 是光敏电阻，D_L 为蜂鸣器，VD_1 为发光二极管，LM393 内部 C_1 比较器的功能如图中表格所示。请根据上述内容，完成 4、5 两题。

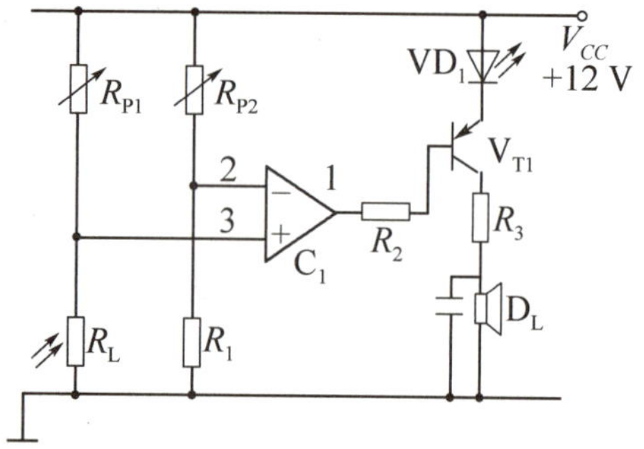

比较器	输入	输出
C_1	③>②	①高电平
	③<②	①低电平

图 12－8　4、5 题图

4 关于以上电路，下列说法中分析不正确的是(　　)。

A. 由于电路要一直检测环境光照的情况，因此该电路是电子闭环控制电路

B. 环境中有光照时，调节 R_{p1} 与 R_{p2} 就可点亮发光二极管

C. 本电路可利用光敏电阻在光照时改变电阻获得输入信号

D. 比较器 C_1 输出端低电平时，三极管导通

5 进行电路调试时，下列说法中不正确的是(　　)。

A. R_{p1} 阻值调得过小时，黑暗中，发光二极管也可能发亮

B. R_{p2} 阻值调得过小时，黑暗中，发光二极管也可能发亮

C. 正常工作时，如果只改 R_3 的电阻值，发光二极管的亮度也会改变

D. 二极管点亮的瞬间，蜂鸣器会发出声音

6 如图 12－9 所示为小明在实验室用 LM393 设计的一款简易高温报警指示装置的电路图。其中 R_1是负温度系数热敏电阻，LM393 内部 C_1比较器的功能如图中表格所示。关于该电路，下列说法中不正确的是(　　)。

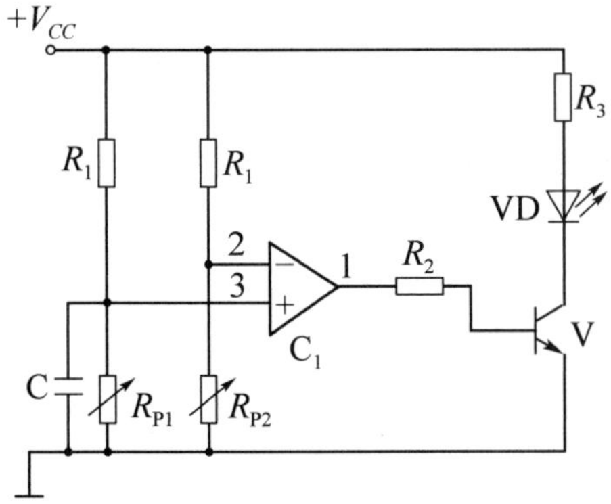

比较器	输入	输出
C_1	③＞②	①高电平
	③＜②	①低电平

图 12－9　6 题图

A. 在 R_{p1}一定的情况下，R_{p2}调大，报警温度会降低

B. 当 1 脚输出为高电平时，V 导通，VD 发光

C. 在 R_{p2}一定的情况下，R_{p1}调小，报警温度会增大

D. 温度越高，R_1的电阻越小

小明接到一项任务，准备为蔬菜大棚设计一个恒温、恒湿的电子控制系统。他选用了正温度系数电阻 R_t、湿敏电阻 R_s、比较器 LM393、两只继电器 J_1与 J_2以及设备 M_1与 M_1来完成任务，具体电路及 LM393 的功能如图 12－10 所示。

请根据以上描述，完成 7～9 题。

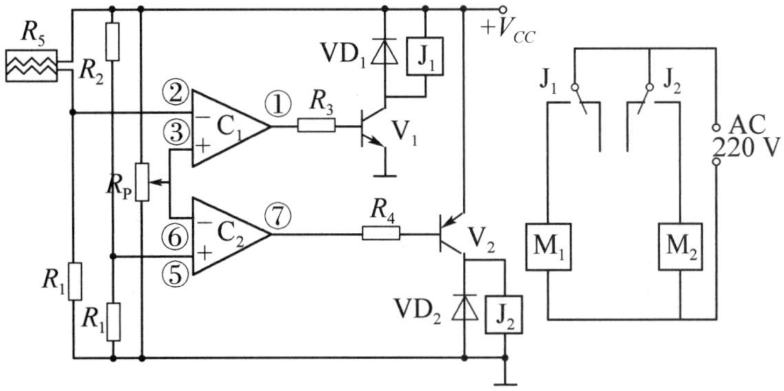

比较器	输入	输出
C_1	③＞②	①高电平
	③＜②	①低电平
C_2	⑤＞⑥	⑦高电平
	⑤＜⑥	⑦低电平

图 12－10　7～9 题图

7 在安装以上电路的过程中,小明一定用不到的电子元件是(　　)。

A

B

C

D

8 在小明设计的电路中,关于设备 M_1 与 M_2 性能的描述中最恰当的是(　　)。

A. M_1 可设计为加湿电机,大棚湿度较大时 J_1 吸合

B. M_1 可设计为加热电阻丝,大棚温度较高时 J_1 吸合

C. M_2 可设计为加湿电机,大棚湿度较低时 J_2 吸合

D. M_2 可设计为加热电阻丝,大棚温度较低时 J_2 吸合

9 下列关于该电路的功能分析中,说法不正确的是(　　)。

A. 随着温度的升高,比较器 C_2 的 7 脚会输出高电平,三极管 V_2 会导通,继电器 J_2 会断开

B. 将电位器 R_p 中心向下滑动,设定的温度将会下降

C. 将电位器 R_p 中心向下滑动,设定的湿度将会下降

D. 该电路是闭环电子控制系统

如图 12 - 11 所示为小明设计的自动浇花控制电路。该电路由 a、b 探针、时基电路 NE555、三极管 V、继电器 J 和水泵电机 M 等组成。当花盆中土壤湿度较小时,探针 a、b 之间的电阻值较大,使得 3 脚输出为高电位,继电器吸合,启动水泵往花盆里加水;当壤湿度达到设定值时,探针 a 和探针 b 之间的电阻值较小,水泵停止加水。其中,时基电路 NE555 的功能如图中表格所示。

请根据以上内容,完成 10、11 题。

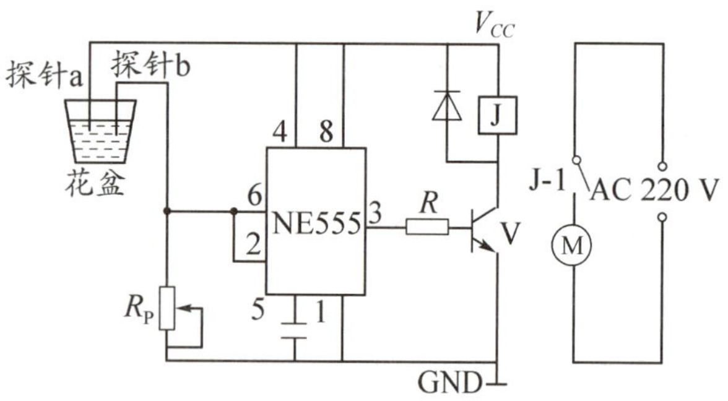

2 脚	6 脚	3 脚	7 脚
$>\frac{1}{3}Vcc$	$>\frac{2}{3}Vcc$	低电平	接地
$>\frac{1}{3}Vcc$	$<\frac{2}{3}Vcc$	保持	
$<\frac{1}{3}Vcc$	任意	高电平	悬空

图 12 - 11　10、11 题图

10 下列关于该电路的说法中错误的是(　　)。

A. 该电路是闭环电子控制系统

B. 如果要提高花盆中土壤的湿度,可以将电位器 R_p 中心向下滑动

C. 与继电器并联的二极管最好不要去掉,可以保护三极管

D. 本电路的探针 a 和探针 b 可用湿度传感器代替

11 在该电路的调试过程中，无论花盆中土壤的干湿程度如何，水泵 M 始终处于加水状态，造成该现象的原因可能是(　　)。

A. 探针 a 和探针 b 碰在了一起　　B. 三极管 V 烧坏断路

C. 电阻 R 两管脚连焊，造成短路　　D. R_p中心抽头调整到最上方

12 小李买了一块电子手表，在不使用时总是开机充电，不久手表待机时间明显缩短。由于小李没有正确按照产品说明书的要求进行充电操作，商家拒绝更换。这个案例提醒消费者(　　)。

A. 使用产品前必须与厂家面对面沟通

B. 凭经验和习惯来使用产品

C. 严格按照产品说明书的要求来使用产品

D. 要敢于维护消费者的合法权益

13 下列选项中，不是电子控制系统的应用领域的是(　　)。

A. 温度传感器　　B. 压力传感器

C. 速度传感器　　D. 以上都是

14 下列关于该电路的分析中正确的是(　　)。

A. R_{p1}电阻由大调小时，可能会使红灯灭、绿灯亮

B. 加热 R_t时，可能会使红灯灭，绿灯亮

C. 电路中，R_4断路会使红灯灭，绿灯亮

D. 为了在较高的温度下打开风扇，R_{p1}的阻值要调大

15 如图 12－12 所示是小明设计的早晚光线亮度提醒视力保护控制电路的一部分。当环境光线过亮或过暗时，蜂鸣器都会发声。下列关于该电路的说法中不正确的是(　　)。

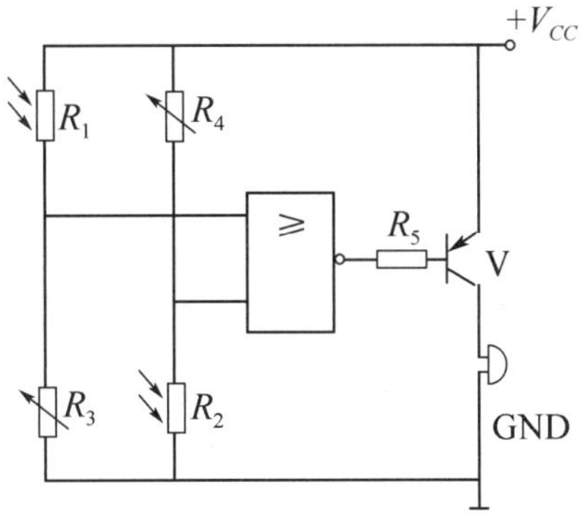

图 12－12　15 题图

A. 环境光线过亮或过暗时，或非门应输出为低电平

B. 晚上光线很暗时，蜂鸣器也不发声，应调 R_3的阻值

C. 当蜂鸣器鸣叫时，V 的 U_{ce}应该较小

D. 亮度很强时，可调电阻 R_3端为或非门高电平输入端

16 下列把握系统中，属于闭环电子把握系统的是(　　)。

A. 学校的铃声把握系统　　B. 楼道的自动声光把握电路

C. 热水器的保温把握系统　　D. 坐便器的自动水位把握系统

17 虚焊是常见的一种线路故障。下列关于虚焊的描述中错误的是(　　)。

A. 久用电器的发热部件比较简洁消灭虚焊故障

B. 焊接不当容易出现虚焊现象

C. 元器件老化不会消灭虚焊现象

D. 焊接时间太长容易出现虚焊现象

18 电子把握系统可以分为闭环电子把握系统和开环电子把握系统两种,下列关于闭环电子把握系统和开环电子把握系统对比的说法中错误的是(　　)。

A. 开环电子把握系统的把握精度低

B. 开环电子把握系统没有反馈环节

C. 闭环电子把握系统抗干扰性较强

D. 闭环电子把握系统制作难度低

19 下列关于电子把握系统工作过程的说法中正确的是(　　)。

A. 信息只能从输入端传至输出端

B. 信息只能从输出端传至输入端

C. 开环电子把握系统信息只能从输入端传至输出端

D. 闭环电子把握系统信息只能从输出端传到输入端

20 图 12－12 示的 3DG130A 三极管是(　　)。

A. NPN 型硅材料三极管　　B. PNP 型硅材料三极管

C. NPN 型锗材料三极管　　D. PNP 型锗材料三极管

21 将图 12－12 所示电路稍作转变就可以做成各种报警、提示等装置,如把该电路中的开关改为(　　)就可以变为下雨报警器。

A. 热敏传感器　　B. 湿敏传感器

C. 红外传感器　　D. 光敏传感器

二、判断题

22 电子控制系统只能用于工业自动化领域,不能应用于家庭电器中。(　　)

23 PID 控制算法是一种基于误差控制的算法,广泛应用于各种电子控制系统中。(　　)

24 电子控制系统中,传感器的作用是将物理量转换为电信号,供控制器处理。(　　)

25 直流电机可以通过改变电压大小和方向来实现正反转控制。(　　)

26 PLC 是一种可编程逻辑控制器,可以实现各种复杂的控制逻辑。(　　)

27 红外传感器可以检测人体发出的红外线信号,常用于安防系统中。(　　)

28 电子控制系统中,执行器的作用是将控制器输出的电信号转换为物理量,实现控制目标。(　　)

29 模糊控制算法是一种基于模糊数学理论的控制算法,适用于处理模糊信息。(　　)

30 步进电机是一种特殊类型的电机，可以实现精确的角度控制和位置控制。　　(　　)

31 电子控制系统中的滤波器的作用是去除信号中的噪声和干扰，提高系统稳定性。　(　　)

三、应用题

32 如图 12－13 所示是小明设计的水位控制系统电路，其中 555 的性能如下：6 脚电位升至 2/3 *Vcc* 时，3 脚输出低电平，2 脚电位低至 1/3 *Vcc* 时，3 脚输出高电平，当水位低于 b 点时水泵 M 抽水，水位达到 a 点时停止抽水。请根据描述，完成以下任务。

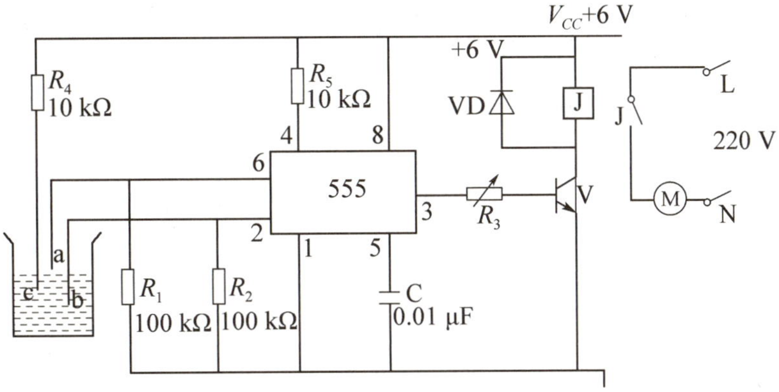

图 12－13　32 题图

(1) 下图中的 555 时基集成电路管脚对应顺序识别正确的是________(在下列选项中选择正确的选项，将序号填写在横线处)。

A

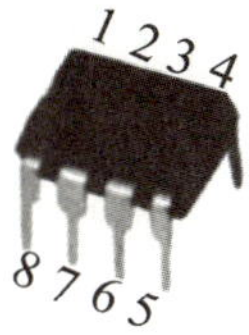

B

C

D

(2) 测试电路时发现当 555 集成电路的 3 脚输出高电平时，继电器 J 不工作，合理的调节措施是________(从“①减小 R_1 和 R_2 的阻值；②减小 R_3 的阻值；③减小 R_4 的阻值；④减小 R_5 的阻值”中选择合适的选项，将序号填写在横线处)。

(3) 小明设计的控制电路中，忘记了设置水泵工作状态指示灯，请你在图 12－14 的虚线框内选择合适的端子连接发光二极管 VD_3 和电阻 R_6，使得水泵 M 抽水时 VD_3 发光，不抽水时 VD_3 不发光。

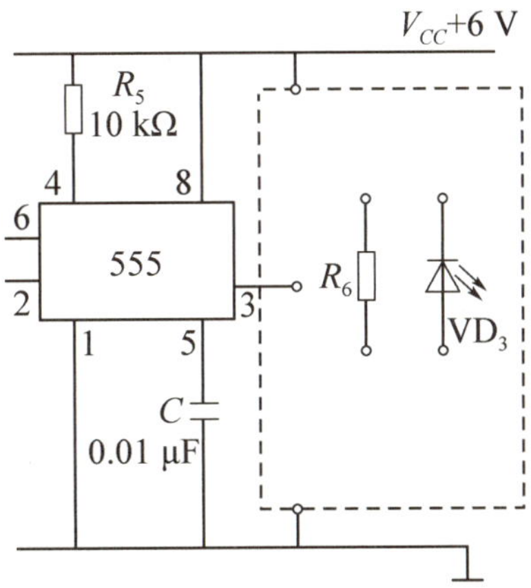

图 12－14　(3) 题图

(4)系统工作一段时间后,三极管 V 损坏,小明准备用手里仅有的 PNP 型三极管替代原来的三极管,请你在图 12－15 的虚线内选择合适的端子重新连接电路。要求保持系统原有的功能,继电器线圈接在集电极上。

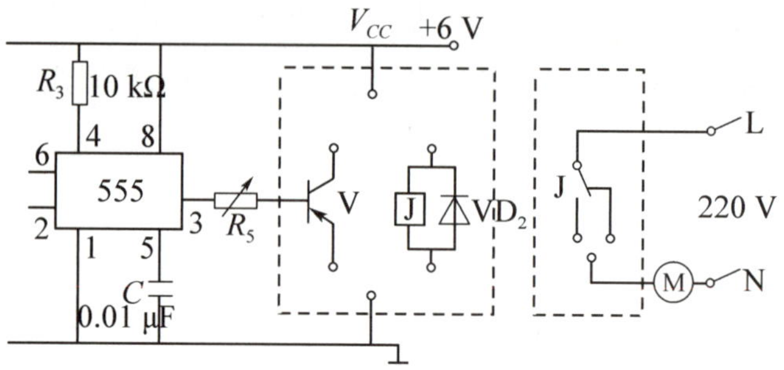

图 12－15 (4)题图

项目四　技术与职业

技术与职业探索

技术、生产、智能设计方向必修★★★

思维导图

- 技术与职业探索
  - 技术与职业结构
    - 三次社会大分工：农牧业、手工业、商人
    - 三次技术革命：蒸汽机时代、电气时代、信息时代
    - 三次产业划分：广义农业、广义工业、服务业。产业升级
  - 技术与职业素养
    - 职业素养：一是职业知识和技能，二是职业道德规范、职业精神和人文素养
    - 核心技能：与人交流合作、解决问题、自我学习、创新革新、信息处理、数字应用、外语应用等方面的能力
  - 技术与职业选择
    - 专业选择：兴趣、社会需求、生涯规划等
    - 职业选择：自我认知、职业认知
    - 择业决策：可用SWOT分析确定事业
  - 技术与创业能力
    - 创业流程：选定项目、拟定计划、筹集资金、办理手续、计划实施与管理
    - 创业计划书：项目背景、主要产品、业务范围、市场概貌、营销策略、销售计划、生产管理计划、财务计划、资金需求和风险评估等

知识结构

1 技术与职业结构

技术发展催生职业的更新。不同时代有不同职业，技术进步改变社会的职业结构。学术型人才偏重科学研究，工程人才偏重规划设计，技术型人才偏重技术的实现，技能型人才偏重操作技能。

人类历史上发生的三次社会大分工：第一次是以种植为主的农业和以养殖为主的畜牧业，第二次是各种手工劳动者的产生，第三次是商人的出现。

18世纪以来，世界发生了三次技术革命：第一次（蒸汽机时代）是以机械为主导的技术革命，第二次（电气时代）是以电力为主导的技术革命，第三次（信息时代）是以信息为主导的技术革命。

我国的三次产业划分：第一产业（广义农业），包括农、林、牧、渔业；第二产业（广义工业）包括采矿业，制造业，电力、热力、燃气及水生产和供应业，建筑业；第三产业（广义服务业），包括教育、卫生、文化、金融、信息服务、公共服务、餐饮、交通运输、房地产业等。

产业升级：指由第一产业占主导地位过渡到以第二产业占主导地位，再到以第三产业为主，由利润低的农业、畜牧业、手工业发展到利润较高的采矿业和石油化工业，再到技术含量高、能耗低、利润高的高新技术产业。产业的结构不断变化，产业素质与效率也不断提高。产业升级具有重要意义，但要依赖技术和人才的支持，并不是产业层次越高越好，还需要协调各产业之间的关系。

2 技术与职业素养

从业人员要遵守相应的技术规范，它可以是一项技术标准或是标准中一部分。对从事复杂、通用性广、涉及国家财产、人民生命安全和消费者利益的职业（工种）的劳动者，必须经过培训，并取得职业资格证书后，方可就业上岗。

职业素养由两部分组成：一是职业知识和技能，二是职业道德规范、职业精神和人文素养。

职业知识和职业技能是从事某种职业的基本前提，但从事任何职业还不能缺少核心技能，核心技能包括与人交流合作、解决问题、自我学习、创新革新、信息处理、数字应用、外语应用等方面的能力。

3 技术与职业选择

专业选择：第一，符合自己的兴趣、性格、能力、价值观；第二，考虑社会发展的需求；第三，选择与个人职业生涯规划紧密相关的专业。

职业选择：要建立在职业认识（不同人选择职业时有不同的初衷）和自我认知（职业兴趣和职业倾向）之上。专业与职业并非一对一、一对多、多对一的关系。职业观是根据社会的发展及自身的兴趣和需要而形成的对于职业目标、职业道德、职业评价等方面比较稳定的基本看法和观点，它不同于择业观，后者是选择职业的理念与态度。

择业决策：可用 SWOT 分析确定择业。SWOT 是指优势（S）、劣势（W）、机会（O）、威胁（T）这四个方面。

4 技术与创业能力

创业离不开技术的支持，每个人都可以成为创新者、创业者。微创业是指用微小的成本进行创业，或者在细微的领域进行创业，也可利用微平台或网络平台进行新项目开发，主要以网络为平台或载体，与实体结合而展开。创新是创业的灵魂和基础，创业是创新的重要载体和表现形式。没有市场需求，或不能满足市场需求，创业就没有存在的价值和意义。

创业流程：选定项目、拟订计划、筹集资金、办理手续、计划实施与管理。

创业计划书是创业者在创业准备阶段为论证创业项目的可行性而进行的文字性描述，是整个创业的灵魂。其主要内容包括项目背景、主要产品、业务范围、市场概貌、营销策略、销售计划、生产管理计划、财务计划、资金需求和风险评估等。

知识积累

1 技术与职业的关系：技术是职业发展的重要因素之一，掌握一定的技术技能是获得职业成功的重要条件。不同的职业需要不同的技术技能，因此技术与职业之间存在密切的联系。

2 技术对职业的影响：技术的发展对职业产生了深远的影响，它不仅创造了新的职业，还改变了传统职业的工作方式和要求。例如，随着互联网技术的发展，催生了数据分析师、网络安全工程师等新职业，同时也使得传统销售员、打字员等职业的工作方式发生了改变。

3 职业对技术的要求：不同的职业对技术的要求不同，有些职业需要掌握较高的技术技能，如程序员、工程师等；有些职业则更注重技术应用能力，如销售员、客户服务代表等。

4 职业发展的趋势：随着技术的发展，职业发展的趋势也在发生变化。一方面，新技术不断涌现，创造了新的职业领域，如人工智能工程师、数据分析师等；另一方面，传统职业也在不断适应新技术的发展，如传统制造业向数字化制造转型，需要掌握数字化技术的工人。

5 技术与职业探索的意义：技术与职业探索的意义在于帮助学生了解不同职业对技术的要求，从而更好地规划自己的职业发展方向。通过了解不同职业的工作内容和要求，学生可以更好地选择适合自己的职业发展方向，并掌握相应的技术技能。

6 如何进行技术与职业探索：进行技术与职业探索的方法包括查阅相关资料、咨询专业人士、参加职业体验活动等。学生可以通过网络、图书馆等途径查阅相关资料，了解不同职业的技术要求和发展趋势；也可以通过咨询专业人士，如老师、行业专家等，获取更多的建议和指导；还可以参加职业体验活动，如实习、兼职等，了解不同职业的工作内容和环境。

习题分析

一、选择题

1 下列关于人类历史上发生的三次技术革命的说法中，正确的是（　　）。

A. 第一次是以农业种植为主和以畜牧养殖为主的技术革命

B. 第二次技术革命是随着交易出现、商人的产生而出现的

C. 第三次是以信息为主导的技术革命

D. 以上说法都错误

2 下列关于职业的“核心技能”的理解中，不正确的是（　　）。

A. 是从事某种职业的基本前提，任何职业中都应拥有的技能

B. 是一种通识性的技能

C. 包含了交流合作、自我学习、创新革新、信息处理、数字应用等方面的能力

D. 是从事某种职业应具有的职业知识和技能

3 下列对“职业观”的理解中,你认为不适当的是(　　)。

A. 择业的过程需要考虑社会发展的需求

B. 择业决策可用 SWOT 分析确定

C. 在就业形势严峻的情况下,可以选择先就业、再择业

D. 学习什么样的专业,就应选择对应的职业就业

4 下列对“创业”的理解中,你认为说法不准确的是(　　)。

A. 创业离不开技术的支持,只有拥有前沿的技术才能成为创业者

B. 创业过程通常包含选定项目、拟订计划、筹集资金、办理手续、计划实施与管理等

C. “大众创业,万众创新”时代,每个人都可以成为创业者

D. 创业公司的产品如果不能满足市场需求,创业就没有存在的价值和意义

5 下列关于我国的三次产业划分的说法中,不合理是(　　)。

A. 第一产业包括农、林、牧、渔业　　B. 第二产业是广义的工业

C. 房地产业属于第二产业　　D. 信息技术产业属于第三产业

6 下列关于技术进步与产业升级的说法中,不合理的是(　　)。

A. 从事第三产业的人数近年来呈上升趋势

B. 淘汰低端企业,发展高端产业,是产业升级的过程

C. 为了提升经济增长速度,可以不断进行产业升级

D. 技术革新和技术革命都能促进产业升级

7 下列关于技术进步与产业升级的说法中,不合理的是(　　)。

A. 某地区三次产业结构比例由 4∶3∶3变成 1∶5∶4,属于产业升级

B. 第三次技术革命标志性的技术是内燃机在汽车、轮船上的应用

C. 某企业由传统的制造业发展为先进的制造业,属于产业升级

D. 技术进步会促进新的高层次的产业产生

8 下列关于第二、三产业的说法中正确的是(　　)。

A. 畜牧业是第二产业　　B. 燃气、水生产、供应业是第三产业

C. 建筑业、房地产业是第二产业　　D. 餐饮是第三产业

9 下列对职业“核心技能”的理解中,不恰当的是(　　)。

A. 与人沟通和合作是各种职业目前都必需的“核心技能”

B. 信息处理、数字应用不是目前所有职业都必需的“核心技能”

C. 核心技能是一种共通的技能

D. 核心技能是从事任何一种职业都必不可少的基本的技能

10 下列对于“职业素养”的理解中,不恰当的是(　　)。

A. 职业素养是一种综合品质

B. 职业素养就是对待职业的态度,是一种显性的素养

C. 职业知识和职业技能是从事好某种职业的基本前提

D. 职业素养不仅包含职业知识和技能，还有职业道德规范、职业精神和人文素养

11 下列对“职业选择”的理解中，不恰当的是（　　）。

A. 进行职业选择首先要认识自我

B. 不同个体对同一职业有不同见解，理想的职业一定是高薪职业

C. 不断学习与成长，你的职业选择可能会动态发生变化

D. 可以根据自己特有的潜质进行职业选择

12 下列对“未来职业”的理解中，不准确的是（　　）。

A. 社会的发展一定会催生许多新兴的职业

B. AI 时代的到来，带动了第三产业的职业更新

C. 网络主播是第三产业中的一种新职业

D. 随着智能时代的到来，第一产业与第二产业的职业都会消失

13 下列关于“专业与职业”的说法中不准确的是（　　）。

A. 选择什么专业，就应该从事相应的职业

B. 专业的选择并非绝对，适合自己的才是最好的

C. 专业的名称相似，但就业的领域可能完全不相同

D. 专业是由各大院校根据学科分类或职业分工划分的学业门类

14 下列对“职业观”的理解中，不恰当的是（　　）。

A. 根据目前社会的需求选择就业

B. 根据自己的专业兴趣能力等择业

C. 据己所长选择就业

D. 只能选择专业对口、待遇好的企业就业

15 下列关于“职业发展规划”的说法中，不准确的是（　　）。

A. 职业发展规划是人生持续发展的系统计划过程

B. 职业发展规划有利于个人确立目标，并落实到具体的学习和行动中

C. 职业发展规划有助于正确认识自己，对自己的职业生涯进行评估

D. 可以借助 SWOT 分析法确立职业发展目标，并给出实现目标的期限

16 下列关于“择业、创业”的说法中，不准确的是（　　）。

A. 大学生毕业的择业过程就是一个创业的过程

B. 择业是找到工作的过程

C. 创业是开辟、创新、拓展，是对现有工作岗位和职业活动的突破

D. 择业的经历对创业有着非常重要的价值

17 下列关于“创业者”的说法中，不恰当的是（　　）。

A. 创业者必须掌握深厚的专业知识才能实施创业

B. 创业者必须具备一定的社会综合知识

C. 当代的创业者还应具有指挥、决策、创新、沟通、协调等能力

D. 创业者要善于从他人的问题中发现机会

18 下列对职业的“核心技能”的理解中,正确的是(　　)。

A. 核心技能是不同职业独有的技能

B. 核心技能是专业知识中最重要的技能

C. 核心技能是从事某种职业的基本前提,任何职中都应拥有的技能

D. 核心技能是从事某种职业应具有的职业知识和技能

19 下列对“职业观”的理解中,不恰当的是(　　)。

A. 只要学好专业,创业都可成功

B. 由于技术的发展,新兴择业机会越来越多

C. 择业的过程需要考虑社会发展的需求

D. 在“大众创业、万众创新”的时代,人人都可以成为创新者、创业者

20 下列对“创业计划书”的理解中,不恰当的是(　　)。

A. “创业计划书”是创业者创业过程的灵魂

B. 创业计划书是计划方案

C. 创业计划书包含项目背景、主要产品、业务范围、市场概貌、营销策略、财务计划、风险评估等

D. 创业计划书应按照统一的格式、统一的项目进行表述

二、判断题

21 职业有多种类型,技术智能型强调实际技术,拒绝全面管理;安全与稳定型追求稳定与安全,缺少主动。(　　)

22 在职业生涯规划中,员工的任务是把自己的发展目标融进组织的发展过程中,并做出切实的努力,创造业绩,实现个人理想。(　　)

23 引咎辞职、责令辞职制度的基本功能是惩戒和缓释。(　　)

24 组织的人事计划和职工的职业选择可以通过招聘、培训、配置等进行匹配。(　　)

25 对于职业人士而言,在职业生涯后期最好的工作是收入最多的工作。(　　)

26 职业生涯规划的主体是个人,与组织无关。(　　)

27 职业生涯规划应该是固定不变的,规划的执行结果是组织发展加上个人成功。(　　)

28 职业生涯由三个维度组成,即时间、广度和深度。(　　)

29 内职业生涯改变了,外职业生涯必须马上改变。(　　)

30 一个人职业生涯的发展程度,决定着其人生需求特别是高级需求的满足程度。(　　)

三、应用题

31 创业离不开技术的支持,每个人都可以成为创新者、创业者,从自身情况出发选择一个方向

进行虚拟创业，谈谈你的创业梦想。

32 从职业的三个方向谈谈通用技术的职业发展。（从下列方向中任选三项：技术创新、教育培训、市场营销、技术顾问、创新与创业）

项目五　通用技术综合模拟

一、选择题

1 如图 5－1 所示是木屑等物料的干燥工艺流程图。鼓风机将燃烧室产生的热空气送入干燥机干燥湿物料,物料收集器将干物料与热尾气分离,并除去热尾气中的水分。热尾气一部分循环利用,剩余部分经环保设备处理后排放。下列关于该流程的说法中,不合理的是(　　)。

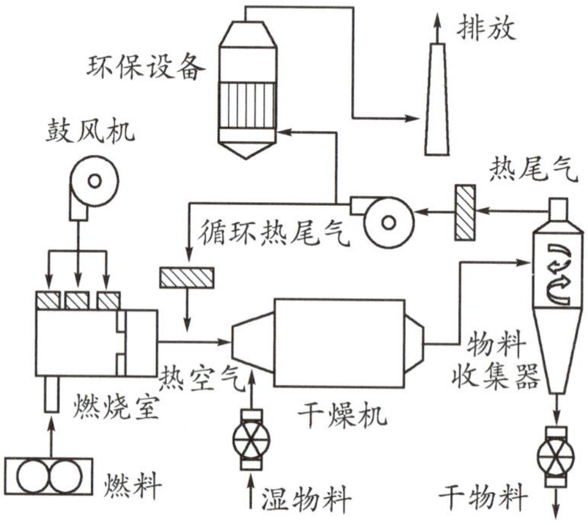

图 5－1　1 题图

A. 鼓风机的使用有利于实现流程设计的高效目标

B. 循环利用热尾气有利于实现流程设计的节能目标

C. 干燥机和环保设备的工作是串行环节

D. 环保设备用于处理循环热尾气

2 如图 5－2 所示,下列尺寸标注不正确的是(　　)。

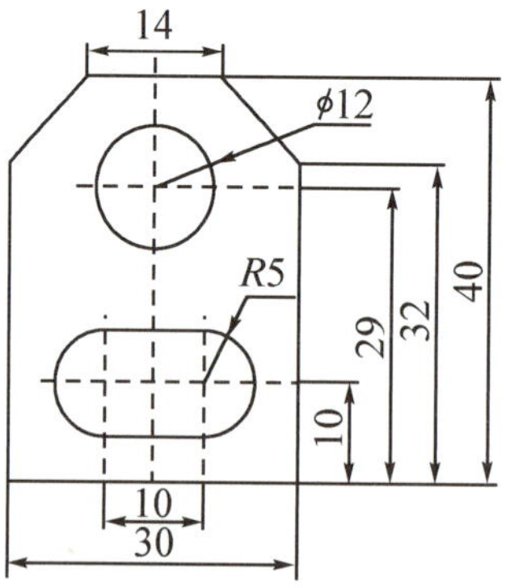

图 5－2　2 题图

A. 14 的标注　　B. 32 的标注

C. R_5 的标注　　D. $\phi 12$ 的标注

3 如图 5－3 所示的滑轮装置,滑轮在力 F 和 Q 的作用下处于平衡状态。下列对支架和销轴主要受力形式的分析中,正确的是(　　)。

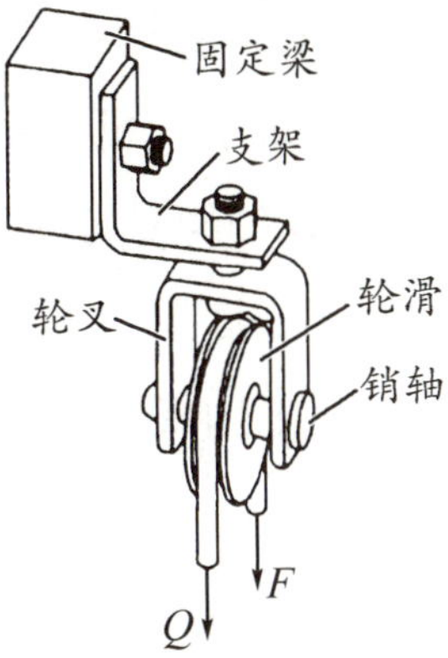

图 5-3　3 题图

A. 支架受弯曲力,销轴受剪切力　　B. 支架受弯曲力,销轴受弯曲力

C. 支架受拉力,销轴受弯曲力　　D. 支架受拉力,销轴受扭转力

4 我国高速铁路技术发展迅速,高速铁路运营总里程居世界第一。下列关于高速铁路技术的说法中,不恰当的是(　　)。

A. 高速铁路使用电力牵引,污染少,体现了技术发展的同时注重环境保护

B. 高速铁路建设涉及轨道铺设、车辆制造、控制等相关技术,体现了技术的综合性

C. 高速铁路带动了沿线地区的经济增长,体现了技术具有促进社会生产发展的作用

D. 高速铁路提高了人们出行的效率,拓展了活动空间,体现了技术具有发展人的作用

5 洗水果滤水时,水果经常从盆中掉落。有人根据此现象,发明了带滤网的盆(图 5-4)用于洗水果。发现这个问题的途径是(　　)。

A. 技术研究与技术试验　　B. 对日常生活的观察

C. 搜集信息　　D. 分析信息

图 5-4　5 题图

6 如图 5-5 所示的尺寸标注中,不正确的标注共有(　　)。

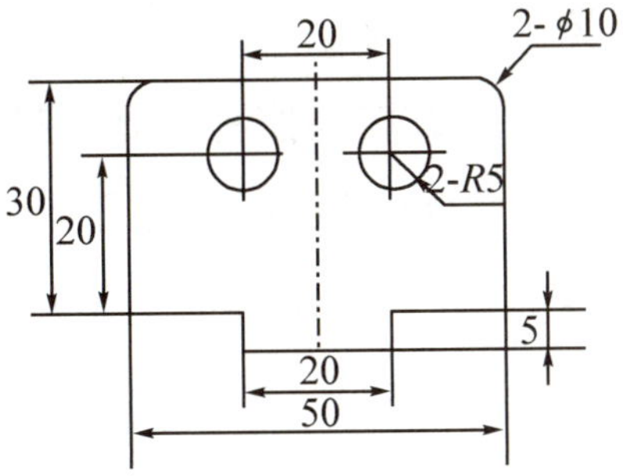

图 5-5　6 题图

A. 2 处　　B. 3 处　　C. 4 处　　D. 5 处

7 某设计师绘制了一幅图纸,绘图比例是5 : 1,某部位实际长度是 100 mm,他需要在图中标注此部位尺寸为(　　)。

A. 100　　B. 100 mm　　C. 500　　D. 500 mm

8 如图 5 -6 所示是一款多功能电源插线板,下列对该插线板的评价中,不恰当的是(　　)。

A. 外壳材料绝缘,实现了人机关系的安全目标

B. 多种插口组合在一起,使用方便,实现了人机关系的高效目标

C. 外壳带有放置手机的凹槽,符合设计的美观原则

D. 能放手机,又可充电,符合设计的实用原则

9 根据如图 5 -6 所示的轴测图判断三视图中缺少的线条有(　　)。

A. 1 条　　B. 2 条　　C. 3 条　　D. 4 条

图 5 -6　8 题图

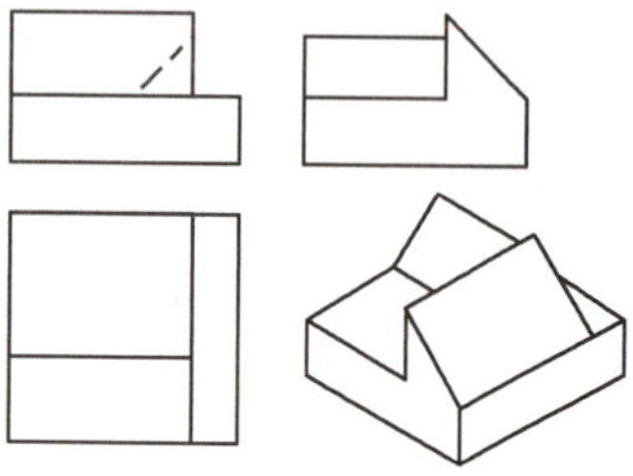

图 5 -6　9 题图

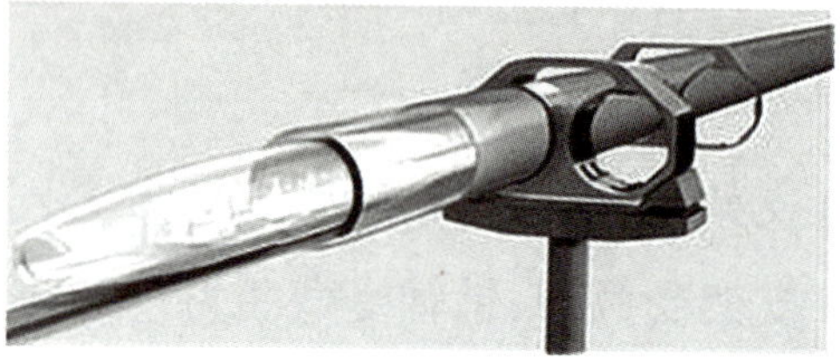

图 5 -7　10 题图

10 如图 5 -7 所示是将在中俄之间修建的超级高铁模型图。它将利用磁悬浮或气悬浮技术使车厢在真空管道中无接触、无摩擦地运行,达到点对点运输,具有超高速、低能耗、噪声小、污染小等特点。下列关于该高铁的说法中不合理的是(　　)。

A. 以“真空管道”为理论核心设计的新颖高铁,体现了技术的创新性

B. 超级高铁将使人们出行更快捷,体现了技术具体发展人的作用

C. 磁悬浮或气悬浮技术的发展使超级高铁的设计得以实现

D. 超级高铁具有低能耗、噪声小、污染小等特点,体现了设计的可持续发展原则

11 据报道,一位 8 岁的小女孩在进某酒店的旋转大门时,被旋转大门夹住,结果造成重伤。为此,酒店对大门进行了重新设计,当人被旋转大门夹住时,压力传感器会检测到大门遇到阻力,控制电路接收到该信号后,便会发出相应的指令,启动制动装置,将门停住,防止意外事故发生。改进后的酒店旋转大门控制系统为(　　)。

A. 自动控制、闭环控制系统　　B. 自动控制、开环控制系统

C. 手动控制、闭环控制系统　　D. 手动控制、开环控制系统

12 如图 5 -8 所示是一款巴洛克天使机械键盘,下列说法中不是从人机关系角度考虑的是(　　)。

图 5 -8　12 题图

A. 键盘本体内置了约 9°的倾角,使打字时舒服很多

B. 键盘顶部的右侧集成了一个滚轮，可通过滚轮实现快速调节系统音量和切换静音功能

C. 外壳漆面采用出色的钢琴漆工艺

D. 蓝牙版本接上手机或平板电脑后，连接指示灯会亮

13 使用台钻进行钻孔操作的过程中，钻头在工件内向下推进时主要的受力形式为(　　)。

A. 受压力和受弯曲力　　　　B. 受拉力和受扭转力

C. 受拉力和受弯曲力　　　　D. 受压力和受扭转力

14 如图 5－9 所示为某款磁吸式手机无线充电器。下列相关说法中不正确的是(　　)。

A. 外观简洁轻薄，体现了设计的美观原则

B. 兼容 Qi 无线充电，体现了设计的技术规范原则

C. 内置磁铁能直接吸附在手机上进行无线充电，体现了设计的实用原则

D. 较强的吸力吸附手机，防止意外跌落，实现了人机关系的安全目标

图 5－9　14 题图

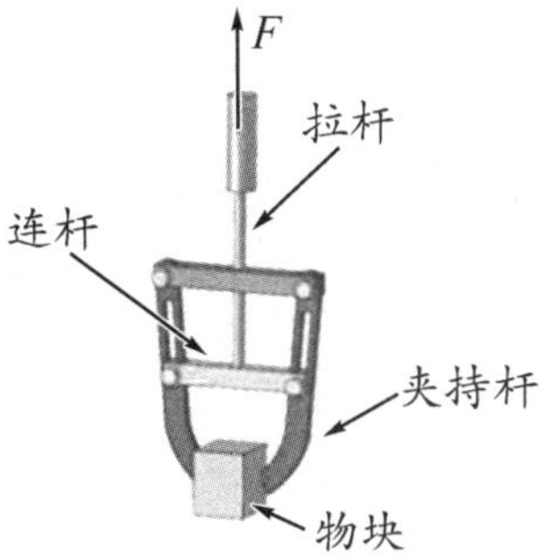

图 5－10　15 题图

图 5－11　16 题图

15 如图 5－10 所示是某夹持结构，当施加力 F 时，下列说法中正确的是(　　)。

A. 物块被夹紧，拉杆受拉力，连杆受弯曲力，夹持杆受弯曲力

B. 物块被夹紧，拉杆、连杆受压力，夹持杆受压力

C. 物块被放松，拉杆、连杆受拉力，夹持杆受弯曲力

D. 物块被放松，拉杆受拉力，连杆受弯曲力，夹持杆受弯曲力

16 如图 5－11 所示是一种饮料瓶回收机，当回收机检测到有人投递空饮料瓶后，能为投递者的公交卡进行充值。它由条形码检测系统、公交卡充值装置、数据库控制器、显示器、语音提示装置、饮料瓶压缩机和外壳组成。下列关于该饮料瓶回收机系统的说法中不正确的是(　　)。

A. 这台机器在回收饮料瓶的同时还能为回收者的公交卡充值，体现了系统的目的性

B. 回收机的外壳全部由金属材料焊接而成，无法进行分割，因此不能被细分为其他子系统

C. 条形码检测装置如果发生故障，整台机器的回收工作均会受到影响，体现了系统的整体性

D. 该系统需要进行定期清洁、维护，体现系统的动态性

17 如图 5－12 所示为一款酸奶机，它的工作原理是通过温度选择器来设定所需要的温度(42 ℃左右)，通过电子线路实现对加热器的控制，通过温度传感器检测酸奶温度，并以电

子信号的形式传递给控制端，控制装置将这个信号与来自温度选择器的信号进行比较，从而使酸奶机保持恒温。若把酸奶机作为被控对象，下列分析中不正确的是(　　)。

A. 设定值是酸奶机的设定温度

C. 执行器是加热器

B. 控制器是控制装置

D. 检测装置是电子线路

图 5-12　17 题图

如图 5-13 所示为水箱水位控制系统，该系统可分为供水子系统和保护子系统。当水箱水位低于水位下限时，系统启动电动机和水泵，使得水箱水位升高，直至最高水位。当水池水位过低时，控制室发出信号让电动机和水泵不启动，防止电动机空转，起到保护作用。

根据描述回答 18～19 题。

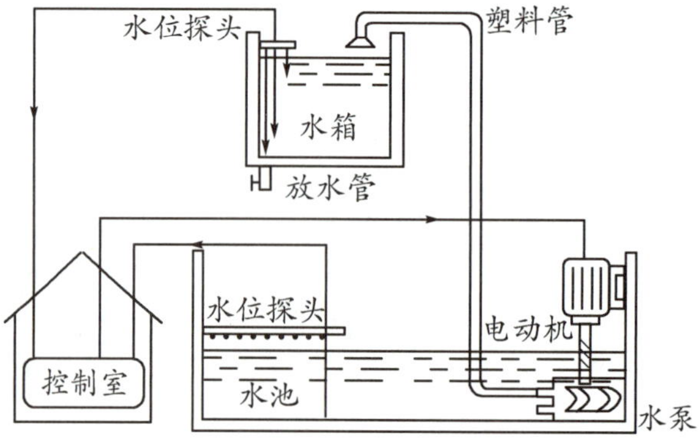

图 5-13　18、19 题图

18 从系统分析的角度考虑，下列说法中不正确的是(　　)。

A. 电动机的转速会影响塑料管中的水流量，体现了系统的相关性

B. 该系统需要定期对水箱和水池中的水垢进行清洗，体现了系统的动态性

C. 设计系统时，既要考虑系统功能，又要考虑制作成本，体现了系统分析的综合性原则

D. 控制室能根据探头检测到的数据控制电动机的运行，体现了系统分析的科学性原则

19 下列关于水箱水位控制系统中的保护控制子系统的说法中正确的是(　　)。

A. 该控制系统为开环控制系统

B. 被控对象是水箱

C. 执行器为电动机和水泵

D. 水箱设定水位属于该控制系统的干扰因素

20 下列对“职业选择”的理解中，不恰当的是(　　)。

A. 职业选择首先要认识自我

B. 不同个体对同一职业有不同见解，理想的职业一定是高薪职业

C. 不断学习与成长，你的职业选择可能会发生动态变化

D. 可以根据自己特有的潜质进行职业选择

二、读图作图题

21 请根据所学知识补全如图 5－14 所示构件的三视图。

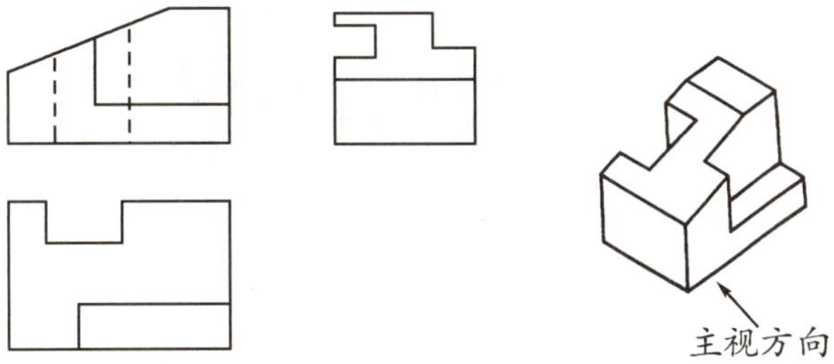

图 5－14　21 题图

三、分析题

22 某校为保证正常供水，不受水压低或短时停水影响正常供水，在地势较高处修建一个自动抽水供水塔。当水位低于最低水位时，水位传感器将缺水信号传至控制电路，控制电路接通水泵电源，水泵开始抽水，水位上升；当水位上升至设定的最高水位时，最高水位线处的水位传感器将水位信号传至控制电路，控制电路将水泵电源切断，停止抽水，直到水位再次低于最低水位时又启动水泵抽水。请回答以下问题。

(1)该控制系统属于________(填写“开环”或“闭环”)控制系统。

(2)在该控制系统中，水泵属于__________，水位传感器属于__________，控制电路属于__________(从“①输入量；②控制器；③执行器；④被控量；⑤输出量；⑥反馈装置”中分别选择一项将序号填在横线上)。

(3)如果水塔中的水溢出，有可能出故障的是________(多选，将序号填在横线上)。

①最低水位传感器　②最高水位传感器　③控制电路　④水泵

23 如图 5－15 所示为一款新式木质折叠椅，折叠后可节省储放空间。

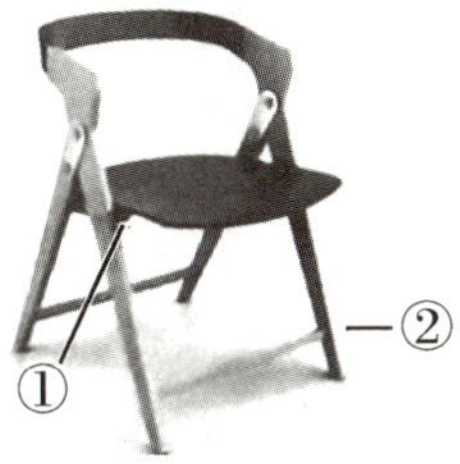

图 5－15　23 题图

(1)图中所标示的连接部位，哪个是刚连接(刚结点)？________。

(2)该折叠椅除椅面外的结构采用了什么结构类型？________。

(3)制作该木质椅子时，适宜的表面处理方式为________。(选填“上漆”或“镀层”)。

(4)对于普通人群来说，该椅面距地面的合理高度为________(选填“23 cm”“43 cm”或“63 cm”)左右。

24 室外水龙头容易造成自来水被盗用、水龙头被人恶意拧开等现象。于是有厂商发现这一商机而设计了如图 5－16 所示的带锁水龙头。根据下列叙述将设计的一般原则的相应序号填入空格。

①创新原则　②实用原则　③经济原则　④道德原则　⑤美观原则　⑥技术规范原则

⑦可持续发展原则

图 5-16　24 题图

(1)有效防止自来水被盗用的现象,体现了________原则。

(2)为水龙头增加上锁功能,体现了________原则。

(3)防止水龙头被人恶意拧开,出现长流水的现象,体现了________原则。

四、设计题

25 冬天来临,小明发现夜晚在做作业的时候脚很冷,于是决定设计一个暖脚器给自己使用。他通过各种途径搜集资料,并提出设计要求:

A. 至少能放得下成人的一双脚;

B. 外观具有一定的新颖性;

C. 材料比较轻,拿取方便。

根据以上要求,完成以下任务:

(1)根据设计的一般过程讲明你的设计思路。

(2)画出设计草图,用文字说明主要尺寸。

(3)说明你的设计方案中有创意的两点主要特色。

参 考 答 案

项目一　技术与设计基础

第一章　技术及其性质

一、选择题

1. D 【解析】技术是把双刃剑,既可以用来造福人类,也可能危害社会。私人侦探使用定位技术进行跟踪是违法的行为,不是满足人们正常需求的技术。因此,D 选项是关于技术产生与人类需求之间关系的不恰当说法。

2. C 【解析】技术需要设计,故 A 选项错误;技术不能指导科学理论,故 B 选项错误;技术必须基于科学理论,科学理论可以指导技术的发展和进步,故 C 选项正确;技术必须基于科学理论,不能设计不科学的东西,故 D 选项错误。

3. C 【解析】技术是人类为满足自身的需求和愿望对大自然进行的改造,因此,凡是改造自然的活动都属于技术活动。绘制建筑图纸、维修教室的凳子、制作木质桥梁都是改造自然的活动,属于技术活动;显微镜探究细胞内结构是生物学研究活动,不属于技术活动。

4. B 【解析】赫兹发现了电磁波的存在是物理学研究活动,不属于技术活动。

5. D 【解析】该产品能够自动保持平衡,显得比较新颖,这主要体现了技术的创新性。

6. C 【解析】设计制造该平衡摩托车需要用到美学、电工学、热学等知识,这体现了技术的综合性。

7. D 【解析】申请专利的正确步骤是提交申请→受理→初审→实质审查→公布→授权→公告,故选 D。

8. A 【解析】各个通信公司可以开发自己的基站设备,但这些技术并不都能得到法律保护,B 项错误;基站的设计运用了信号学、电子学、工程学等多学科知识,体现了技术的综合性,C 项错误;基站的设置能够方便人们的生活,但不合格的基站设备有可能影响人体的健康,体现了技术的两面性,D 项错误。故选 A。

9. C 【解析】发明专利的保护期为 20 年,实用新型和外观设计的保护期为 10 年。因此,该专利的保护时限应该从发明者向专利局递交申请专利文件之日算起。

10. D 【解析】采用骨传导技术并不一定意味着这项技术是创新性的,如果骨传导技术已经在其他领域得到了应用,那么这项技术可能就不再具有创新性。因此,D 选项不正确。

11. C 【解析】太阳能充电器可以替代传统手机充电器,但并不一定能够解放人。因为使用太阳能充电器需要一定的时间和条件，如需要阳光照射，因此在一些情况下可能无法替代传统充电器。

12. B 【解析】对于乙醇汽油的研究涉及多个领域，体现了技术的综合性，而不是专利性。

13. C 【解析】具有抗菌、冲洗、烘干、座圈加温等多种功能体现了技术的综合性，但并不代表其不正确。因此 C 选项不正确。

14. C 【解析】集多种工具于一体并不一定意味着技术的创新性，因为这种设计可能只是对现有技术的简单组合或改进。因此，C 选项的说法不正确。

15. A 【解析】一次性卫生用品虽然为人们带来了方便，但对环境造成了极大的危害，因此不能申请专利保护。

16. A 【解析】高速铁路提高了人们出行的效率，拓展了活动空间，这体现了技术具有实用性和便捷性，而不是专利性。因此，A 选项的说法不恰当。

17. A 【解析】能快速准确地诊断疾病体现了技术的创新性，而不是技术的综合性。因此，A 选项的说法不恰当。

18. B 【解析】光伏发电是一种利用太阳能进行发电的技术，它不需要消耗化石能源，不会产生废气污染，是一种绿色能源。因此，光伏发电有利于对自然的保护，促进可持续发展。所以，B 选项是正确的。

19. D 【解析】具有通信、播放影片、拍照、上网等功能，这些功能是智能手机的基本功能，不能体现技术的综合性。相反，这些功能的应用需要多个技术的集成和协调，才能实现各种功能之间的顺畅切换和使用。因此，D 选项是不正确的。

20. C 【解析】小王设计的一款可以用手机遥控的电饭煲已获得专利，说明小王对该技术享有垄断权，可以在一定的时间内对该技术进行独占使用和收益。因此，C 选项是正确的。A 选项错误，因为手机上安装相应的 App 并不能体现技术的综合性。B 选项错误，因为使用手机设置电饭煲的相关功能和从官网上获取相应的烹饪知识不能体现技术的专利性。D 选项错误，因为设计电饭煲需要各种技术支持，小王需要具备相应的技术和知识才能完成设计。

二、判断题

21. ✓ 【解析】自从有了人类，就有了技术，该说法正确，因为技术是人类为了满足自身需求而创造出来的。

22. ✓ 【解析】技术可以推动人类社会的发展和人类文明进步，说法正确，因为技术的发展可以带来许多便利和改善，例如医疗技术的进步可以延长人类寿命，信息技术的进步可以促进交流和知识共享等。

23. ✓ 【解析】技术是人类有目的、有意识的实践活动产生的结果，说法正确的，因为技术是人类为了满足自身需求而创造出来的,需要人类有目的、有意识地进行研究和探索。

24. √ 【解析】超声波技术可以方便人们检测未出生婴儿的性别,说法是正确,因为超声波技术可以通过对孕妇的腹部进行扫描来检测未出生婴儿的性别。

25. √ 【解析】技术应用具两面性是指技术运用时既可给人们带来福音,也会给人们带来危害或造成负面的影响,说法正确,因为技术的发展和应用也会带来一些负面影响,例如环境污染、隐私泄露等问题。

26. √ 【解析】技术的综合性是指任何技术都可能是多门学科知识或多种技术综合运用的结果,说法正确,因为技术的发展需要多门学科知识的支持和多种技术的综合运用。

27. × 【解析】科学的任务是认识世界,技术的任务是认识自然、保护自然,说法错误。科学和技术在认识自然、保护自然方面有不同的任务和作用。科学主要关注自然界的现象和规律,而技术则更注重如何利用这些规律来解决实际问题。

28. √ 【解析】科学回答"是什么""为什么"的问题,而技术则更多地回答"怎么办"的问题,说法正确。科学主要关注自然界的现象和规律,回答"是什么"和"为什么"的问题;而技术则更注重如何利用这些规律来解决实际问题,回答"怎么办"的问题。

29. √ 【解析】有了科学才有技术,要用科学的方法来指导技术,说法正确。科学的发展为技术的产生提供了理论基础和指导,同时,技术的发展也需要科学的方法来支持和推动。

30. √ 【解析】技术要以设计为基础,技术也需要设计,说法正确。设计是技术的重要组成部分,也是技术发展的基础。设计可以改变人们的生活方式、提高生产效率、改善环境等。

31. √ 【解析】技术的发展确实制约着设计的发展,但创新设计有时也能促进技术的发展。设计是技术实现的重要环节,设计的发展可以推动技术的进步。同时,创新设计也可以为技术提供新的思路和解决方案,从而促进技术的发展。

32. √ 【解析】发明和革新确实是技术的源泉,是推动人类社会进步的动力。这些创新可以带来生产效率的提高、生活方式的改变、环境保护的改进等,对人类社会的发展具有重要意义。

33. √ 【解析】知识产权是一种无形财产的财产权,具有垄断性和独占性,具有价值和使用价值。这是知识产权的基本特征,它保护了知识产权所有人的合法权益,同时也促进了技术的创新和发展。

34. √ 【解析】实用新型专利和外观设计专利的保护期限为 10 年,发明专利的保护期限为 20 年,自申请日起算。这是专利法的规定,旨在保护专利所有人的合法权益,促进技术的创新和发展。

35. √ 【解析】取得专利的时间是专利的授权日。这是专利法的规定,只有在专利授权后,才能享有专利权的保护。

三、应用题

36. (1)专利申请的类型包括发明专利、实用新型专利和外观设计专利。发明专利和实用新型专利保护时限为20年,外观设计专利保护时限为10年。计算方法是从申请日开始起算。

(2)以上的介绍分别说明了技术的目的性、创新性、综合性、两面性和专利性。

(3)技术对社会发展的影响主要体现在推动经济发展和提高人们的生活质量。技术的发展使得生产效率得到提高,促进了经济的快速发展。同时,技术的进步也促进了人们生活方式的改变,提高了人们的生活质量。

第二章 技术设计过程

一、选择题

1. B 【解析】这款苹果削皮器的设计考虑了使用的便利性和实用性,特别是刀头处的弹性设计,使其适用于不同大小的苹果。因此,该产品主要体现了设计的实用性原则。

2. A 【解析】在汽车制造业中,人们采用先进的尾气净化技术降低了汽车尾气对空气的污染,各汽车厂商也正在研究生产对空气无污染的电动汽车,这体现了设计的可持续发展原则。

3. D 【解析】某设计师在就餐时发现普通托盘上的酒杯很容易被碰倒,于是设计了卡口式酒杯托盘。这说明该设计师通过观察日常生活发现了问题,并设计出相应的解决方案。

4. C 【解析】家用电器插座的设计需要考虑多个因素,包括安全设计标准、体积大小和制造工艺等。因此,选项A、B、D都是该插座设计的限制因素。而插座的销售人群不是直接决定插座设计的因素,因此选项C不是该插座设计的限制因素。

5. C 【解析】瑞士的乔治有一次散步回家,发现自己裤腿上粘满了一种草籽苍耳。他认真观察,据此发明了尼龙搭扣。这说明他通过观察日常生活发现了问题,并设计出相应的解决方案。因此,答案为C。

6. D 【解析】在设计条状年糕切片器时,需要考虑的因素包括刀片的材料、年糕片的厚度和手柄的形状等。而年糕的长度并不是切片器需要考虑的因素,因为切片器是用来切出不同厚度的年糕片,而不是用来切割年糕的长度。

7. D 【解析】外壳采用工程塑料混合聚丙烯异分子,重量轻,强度高。

8. C 【解析】这款室外公共帐篷的设计分析中,从"环境"角度考虑的是能在各种材质的地面灵活搭设。

9. B 【解析】网络空调可以让用户通过电脑、手机等进行远程遥控,并随时了解其运行状况,体现了人机关系的高效目标。

10. C 【解析】急停装置是红色的大按钮,并禁止其他按钮使用红色,可以使操作者可以第一时间停止设备,避免危险,体现了人机关系的高效目标。

11. B 【解析】实现了人机关系的高效目标。这款可携带自行车铃铛能发出三种不同的声音,体现了信息的交互,A 项正确;磁性吸合,实现了人机关系的安全目标,B 项错误;骑行时由于震动铃铛会上下抖动,考虑了人的动态尺寸,C 项正确;讨喜的圆球形设计满足了人的心理需求,D 项正确。

12. D 【解析】座椅能够根据使用者的身高调整高度,这样就能满足不同人的需求,体现了"动态的人"的设计原则。座椅的易用性体现了"高效"的设计原则,使用者可以快速、方便地坐下。人体工学的设计让使用者的重心处于脊椎的正下方,这样可以减少脊椎的压力,提高舒适度。虽然聚碳酸酯材料具有强韧性,但这并不意味着它具有足够的承重能力,特别是对于重物的承载。因此,"实现了安全目标"这一说法是不准确的。所以,不正确的说法是 D 选项。

13. B 【解析】A 项只能够实现牢固固定,不能实现翻转要求。B 项符合题目功能要求。C 项能够上下移动,但不能放下。D 项不能够上下移动。故选 B。

14. D 【解析】镜前灯容易安装且方便调整水平是安装方案的目的,A 项的方案不能调整,B 项只能左右调整,C 项只能上下调整,均有局限性。故选 D。

15. B 【解析】木质相框的边框应该从美观和易拆两个角度进行设计,符合条件的是 B 选项。故选 B。

16. C 【解析】为了使用安全,需要在安装孔位置加装拉杆,要求人字梯展开或收拢时拉杆不伸出梯子,操作方便。因此,拉杆与梯子连接处设计成可伸缩结构是最佳的设计方案。

17. B 【解析】椅子左侧一根横梁断了,要更换该横梁,合理的构件是直方体构件。因为直方体构件可以承受较大的重量和压力,并且具有较好的稳定性和承重能力,适合用于椅子横梁的更换。其他选项如圆柱体、长方体等都不适合用于椅子横梁。

18. C 【解析】强化试验是一种通过增加产品的使用强度和频次来测试其可靠性的试验方法。在这个例子中,包装箱需要进行 2000 多次载荷条件下的抗摔测试,以确定其可靠性和牢固性。这种测试属于强化试验,因为它通过增加包装箱的使用强度和频次来测试其性能。

19. A 【解析】性能试验是对产品的各项性能指标进行测定,以确定产品是否满足设计要求。在这个例子中,通过改变砝码的质量,检测材料弯曲度,属于性能试验。

20. D 【解析】技术试验报告的项目书写顺序应该是试验目的、试验准备、试验步骤、试验记录、试验总结和试验器材。

二、判断题

21. √ 【解析】最初的设计,也称为原创性设计或开发性设计,是指设计师根据市场需求和设计理念,独立构思和设计出的全新产品或服务。这种设计通常具有独特性和创新性,能够满足消费者对产品或服务的需求和期望。

22. √ 【解析】长生不老药的设计违背了科学性原则。科学性原则要求设计必须基于科学原理和事实，而长生不老药的设计显然不符合这一原则。因为人类生命是有限的，无法通过药物或其他手段实现永生。

23. × 【解析】设计的经济性原则是指在设计过程中，要考虑到产品的成本、生产效率、市场竞争力等因素，以实现经济效益的最大化。产品的经济性并不仅仅指产品销售的价格高，而是要综合考虑产品的成本、质量、性能、市场需求等多个方面，以实现经济效益的最大化。

24. √ 【解析】设计的可靠性原则是指产品在使用过程中性能可靠，不易出现故障或损坏。这是产品设计的重要原则之一，因为产品的可靠性直接影响到用户的使用体验和产品的使用寿命。

25. × 【解析】设计的时效性原则通常指的是产品在设计和制造过程中需要考虑到时间因素，包括产品从设计到生产、销售、使用等各个阶段的时间要求。而产品使用的有效时限通常指的是产品的使用寿命或使用期限，与设计的时效性原则不完全相同。因此，这个说法是错误的。

26. √ 【解析】发现问题的途径有很多，可能来源于生活、调查分析或技术实验。在日常生活中，我们经常会遇到各种问题，这些问题可能是由各种因素引起的，如人的行为、环境变化、产品缺陷等。通过对这些问题进行观察、分析和研究，我们可以发现问题的根源并提出解决方案。此外，通过调查分析和技术实验，我们也可以发现新的问题或寻找更好的解决方案。因此，发现问题的途径可能来源于生活、调查分析或技术实验。

27. √ 【解析】在设计产品时，搜集信息是非常重要的一个步骤。这些信息可以包括该产品在网络、媒体和市场上的相关信息。通过搜集这些信息，设计师可以了解该产品的市场需求、竞争对手的情况、消费者的喜好和趋势等，从而为设计提供有力的参考和支持。

28. √ 【解析】在进行产品设计时，需要考虑三个主要因素，即人、物、环境。人是指产品的使用者，需要考虑他们的需求、使用习惯、身体尺寸、心理特点等。物是指产品本身，需要考虑其功能、性能、外观、材料等。环境是指产品使用的环境，需要考虑温度、湿度、光照、噪声、污染等因素。综合考虑这三个要素，可以帮助设计师更好地设计出符合用户需求、适应市场环境的产品。

29. √ 【解析】人与机器人之间的关系被称为“人机关系”。人机关系是指人与机器人之间的相互作用和影响，包括机器人的设计、使用、维护和更新等。人机关系是一个复杂而多方面的领域，需要考虑多个因素，如人的需求、机器人的性能、环境条件等。

30. √ 【解析】人机关系的安全目标是指在使用产品过程中，产品本身不会对人体造成伤害，或者产品在使用过程中不会对周围环境造成危害。这是人机关系中非常重要的一个目标，因为如果产品存在安全隐患，不仅会对使用者造成伤害，还可能对周围环境造成影响。因此，人机关系的安全目标是设计师在设计产品时必须考虑的重要因素之一。

31. × 【解析】人机关系的安全目标不一定只指人的安全，也包括财物的安全。在很多情况下，保护人员的生命安全和保护财产的安全是相互关联的。因此，人机关系的安全目标应该综合考虑人的安全和财物的安全。

32. √ 【解析】利用仿生学的知识进行产品的设计，确实是模仿法构思的一种应用。模仿法是一种创造方法，它通过模仿自然界或其他事物的形态、结构、功能等特征，来启发人们的创造思路。在产品设计中，利用仿生学的知识进行设计，可以通过模仿生物体的形态、结构、功能等特征，来创造出具有新意和实用性的产品。

33. × 【解析】汽车使用假人进行的安全碰撞试验是实物试验，不是计算机仿真试验。

34. √ 【解析】通过扩大和强化试验对象的作用，以提高试验效率的方法确实属于强化试验法。强化试验法是一种常用的提高试验效率的方法，它通过在试验中增加试验对象的作用或强度，以加速试验过程并提高试验效率。这种方法在产品开发、工程设计、科学研究等领域中应用广泛，可以帮助研究人员更快地获得试验结果，缩短研发周期，提高工作效率。

35. × √ 【解析】袁隆平选育杂交水稻时进行的对比试验又称为“优选试验”。优选试验是一种通过对比不同试验条件或方法，寻找最佳试验条件或方法的试验方法。在杂交水稻的选育过程中，袁隆平采用了多种不同的试验条件和方法，通过对比试验结果，最终选出了最佳的杂交水稻品种。

三、应用题

36. (1)

设计内容	设计分析(从人、物、环境三方面中选择分析)
在强光和日光情况下均可识别和拍摄	考虑的是火炬使用时的环境和光照条件
在工艺上采用轻海高品质铝合金和中空塑件设计	考虑的是火炬的材质和工艺水平
下半部喷涂高触感塑胶漆，手感舒适不易滑落	考虑的是使用者的感受和人体工程学设计

(2)主要体现设计的可持续发展原则的是__③__、__⑧__；主要体现设计的经济性原则的是__⑤__；主要体现设计的实用性原则的是__①__、__④__。(从阅读材料中选择相应的序号填入)

37. 试验名称：牛皮纸的抗拉强度测试。

试验目的：测试牛皮纸的抗拉强度。

试验准备：(1)准备牛皮纸样品。(2)准备试验器材：钩码、钢丝绳、支架、刻度尺、固定夹。(3)准备试验环境：确保实验室温度和湿度适宜。

试验过程：(1)将牛皮纸样品固定在支架上，一端固定，另一端连接钢丝绳。(2)将钩码连接到钢丝绳上，调整牛皮纸的拉力，使其在测试过程中保持稳定。(3)缓慢增加拉力，观察牛皮纸的变化，记录下牛皮纸破裂时的最大拉力。(4)使用刻度尺测量牛皮纸的厚度，并计算出牛皮纸的抗拉强度。

第三章　工艺及方案实现

一、选择题

1. D 【解析】在锯圆管时，薄管应夹在木垫之间，锯到内壁就应该将管子稍微向拉锯方向旋转一些，这样可以避免锯条被卡住或撕裂。因此，选项 D 的说法不正确。

2. A 【解析】在进行钻孔操作时，为了保护眼睛，需要戴防护眼镜，但允许戴手套来增加手部的稳定性。因此，选项 A 的说法不恰当。

3. A 【解析】攻内螺纹的操作顺序是先钻孔，再进行底孔倒角，选择丝锥以后装夹工件就可攻内丝，这个说法是不正确的。在攻内螺纹之前，还需要对底孔进行倒角，否则丝锥可能会卡住或折断。因此，选项 A 的说法不恰当。

4. C 【解析】在 6 mm 钢板的加工中，需要用到台钻进行钻孔，用钢丝锯进行切割，用锉刀进行打磨和修整。而样冲主要用于在工件上冲出各种样点或划线，与题中要求的加工过程无关，因此不需要使用。因此，选项 C 正确。

5. C 【解析】A 选项错误，躯体形状复杂，直接锯出不仅浪费材料且效果不好，应先制作模板再画线锯出外形。B 选项错误，尾巴的锉削需要用扁锉完成。D 选项错误，铝的硬度低，直接淬火后加工易变形，应先加工后淬火。C 选项正确，精细级金刚砂纸可用于表面打磨。

6. D 【解析】在榫卯结构中，榫头和榫眼是相互配合的，因此榫眼的结构应该与榫头相匹配。题目给出的榫头构件为图 3 - 37 中乙所示的结构，因此对应的榫眼结构应该是 D 选项所示的结构。

7. D 【解析】A 选项正确，矩形凹槽可以用钢锯锯割。B 选项正确，连接件的圆角可以用平锉锉削加工。C 选项正确，要在通孔内增加螺纹，可用板牙进行攻丝。D 选项错误，锯割材料时，锯割线应保持与材料表面垂直，而不是竖直。

8. D 【解析】手工套丝时，板牙不能反转。A 选项中提到“锯割时拉锯加压，推锯不加压”，是不正确的。在进行锯割时，无论是拉锯还是推锯，都应该施加适当的压力。B 选项中提到“推锉过程左手施压要由小变大，右手施压要由大变小”，也是不正确的。推锉过程中，左右手的施压应该是均匀的，而不是由小变大或由大变小。C 选项中提到“锉削操作可以戴手套”，是不正确的。在进行锉削操作时，由于金属屑可能会飞溅和划伤皮肤，因此应该佩戴防护手套。D 选项中提到“手工套丝时，板牙不能反转”，这是正确的。在进行手工套丝时，如果板牙反转，会导致螺纹不整齐和损坏螺纹。因此，正确答案是 D。

9. C 【解析】A 选项错误，夹持连接件时，锉削面应高于钳口平面。B 选项错误，锉削后不能用手指抹去锉屑，以免锉屑扎手。C 选项正确，锉削平面时要保持锉刀平衡不摆动。D 选项错误，在直销法推锉过程中，右手施压由小变大，左手施压由大变小。因此，正确答案是 C。

10. D 【解析】一般画线为第一个环节，排除选项 B、C；加工工件应先确定加工面再装夹钻头，最后钻孔，所以答案为 D。

11. C 【解析】A 项提到木材锯割是一个常见的加工工艺，用于将木材切割成所需的形状和尺寸。B 项为用 90°角尺检查工作面垂直度，90°角尺是用于测量两个表面之间的角度是否为 90°，可以用来检查工作面的垂直度。C 项为样冲倾斜对准冲眼位置，样冲是用于在工件上打样冲眼的工具，它不应该倾斜。如果样冲倾斜，可能会影响冲眼的位置和准确性。D 项为画垂直线，在加工过程中，画垂直线是一种常见的操作，用于确定工件上的某些特征或结构的垂直位置。因此，操作方法不合理的是 C 选项。

12. C 【解析】A 选项错误，画针不应该紧贴钢直尺在角铁上画出锯割线，而应该用划针在角铁上划出锯割线。B 选项错误，用钢丝锯锯割角铁后，不需要用平锉锉平锯割面。C 选项正确，木条钻孔前，应该先冲眼，后钻孔。D 选项错误，用扳手拧入铆钉连接角铁与木条的说法不准确，应该使用专门的铆钉工具进行连接。

13. C 【解析】根据图 3－40 所示的带螺纹孔的配件，正确的加工顺序应该是：

①画线：在铝板上画出需要加工的轮廓线。

②冲眼：在需要钻孔的位置冲出小坑，以便钻头定位。

③钻孔：使用钻头在铝板上钻出所需直径的孔。

④锯割：将铝板锯割成所需形状。

⑤锉削：对锯割后的铝板进行锉削，使其表面平整。

⑥倒角：在孔口进行倒角处理，以便去除毛刺和锐边。

⑦攻丝：使用丝锥在孔内攻出螺纹。

因此，C 选项正确。

14. C 【解析】A 选项正确，需要用到划针、划规和钢直尺进行画线。B 选项正确，用手锯锯出连接片的大致外轮廓。D 选项正确，内部 3－ϕ12 孔的加工流程为先冲眼，再钻孔。C 选项错误，用圆锉锉削外部整体形状的说法不准确。进行外部形状的加工，应该使用锉刀进行锉削。圆锉通常用于内孔的加工或者细小的修整。

15. D 【解析】方案 A、B、C 跟转动臂的接触面大，摩擦大，相比之下方案 D 更合理。

16. C 【解析】为了将空调外挂机安装在室外的墙壁上，应使用的连接件是膨胀螺丝。

17. A 【解析】在如图 3－44 所示的自动捡球机中，电机带动转轴转动，通过皮带使扫球机捡球。由于扫球时，轮子和球容易打滑，因此扫球轮应该选择橡胶轮。橡胶轮具有较好的弹性和耐磨性，可以有效地减少打滑现象的发生。因此，A 选项正确。

18. B 【解析】A 选项、C 选项和 D 选项所示的连接,容易使下面的木板受到重力而容易脱落,B 选项的连接只有当两个木板横向拉开时两个木板才有可能脱落。故 B 选项正确。

19. A 【解析】根据题意,选项 A 是六角螺栓,选项 B 是膨胀螺钉,选项 C 是紧固螺钉;选项 D 是自攻螺钉,故选 A。

20. C 【解析】对于需要经常拆装的部件,宜采用元宝螺帽和螺栓安装,因为方便拆卸与安装,故选 C。

二、判断题

21. √ 【解析】角尺是一种测量工具,用于测量工件的角度和尺寸。在使用角尺时,需要将其紧贴工件的基准面,以确保测量的准确性和精度。如果不紧贴基准面,测量结果可能会出现偏差,影响工件的加工质量和精度。

22. √ 【解析】划针在使用时需要垂直于角尺进行画线,以确保画线的准确性和精度。如果不垂直角尺进行画线,画线的位置和方向可能会出现偏差,影响工件的加工质量和精度。

23. √ 【解析】为了使加工的金属端面更平整,通常选用细齿钢锯锯割。这是因为细齿钢锯的锯齿较细,可以更好地控制锯割的深度和方向,从而获得更平整的金属端面。同时,细齿钢锯还可以提高锯割效率,减少加工时间和成本。

24. √ 【解析】在进行凸面加工时,通常选用圆锉进行锉削。这是因为圆锉的锉纹比较规则,可以更好地控制锉削的形状和精度,从而获得更平整的凸面。同时,圆锉的锉削力也比较均匀,可以减少加工时间和成本。

25. √ 【解析】三角锉通常用于金属锐角的加工锉削。这是因为三角锉的锉头呈三角形,具有较小的夹角,可以更好地适应金属锐角的加工需求。同时,三角锉的锉纹也比较细密,可以获得更精细的锉削效果。

26. × 【解析】用手直接扶持小工件、薄工件进行钻孔,不仅不能提高加工的精度,反而可能导致工件变形或损坏。这是因为手的力量和稳定性无法保证,容易造成钻头与工件之间的相对位置不稳定,从而影响钻孔的精度和质量。

27. √ 【解析】电钻是一种电动工具,可以用于在墙面、金属、木材等上打孔洞。不同类型的电钻适用于不同的材料,例如普通电钻适用于木材、塑料等较软的材料,而冲击电钻适用于金属、混凝土等较硬的材料。在使用电钻打孔时,需要注意安全,确保电钻的转速和扭力适合所打的材料,以免造成损坏或伤害。

28. √ 【解析】板牙是一种用于套丝的工具,可以将金属管子或管件的外表面加工成螺纹。而板牙扳手则是用于将板牙固定在套丝机的主轴上,并控制板牙的旋转和进给,从而完成套丝操作。

29. √ 【解析】钢丝锯是一种用于锯割木材的工具,具有柔软的钢丝,可以弯曲成各种形状,从而方便在木板上锯割出各种造型。因此,钢丝锯常用于木板上锯割造型,该说法正确。

30. √ 【解析】手工凿是制作榫头的主要工具之一。在传统的木工制作中,手工凿被广泛应用于各种木制品的加工,包括制作榫头。通过手工凿的精细操作,可以精确地控制榫头的形状、尺寸和精度,以满足不同的建筑和家具制作需求。因此,这个说法是正确的。

31. √ 【解析】电子元件中的互换性是指同一规格的电子元件可以相互替换。互换性是电子元件的基本特性之一,它使得电子设备的生产和维修更加方便和高效。因此,在电子工业中,电子元件的互换性是非常重要的。因此,这个说法是正确的。

32. × 【解析】汽车轮子的外胎应该选用摩擦系数适中、硬度强度适中的材料制作。如果摩擦系数过小,会导致轮胎与地面之间的摩擦力不足,影响汽车的行驶安全;而如果硬度强度过高,则会导致轮胎过硬,容易受到磨损和损坏。

33. × 【解析】剪刀两刀片之间的连接方式通常都是焊接或铆接,但也有一些剪刀使用其他连接方式,如用螺丝连接或卡口连接等。因此,不能一概而论地说剪刀两刀片之间的连接方式都是铆接。因此,这个说法是错误的。

34. √ 【解析】平垫圈可以使连接处受力均匀,减少对零件的损坏;弹簧垫圈可以增加连接的稳定性,防止松动;元宝螺帽则常用于需要经常拆装的零件的连接,因为其形状特殊,可以方便地拧紧和松开。因此,这个说法是正确的。

35. √ 【解析】功能模型是一种用于研究产品性能和人机关系的方法,它通过分析产品的功能、操作流程和交互方式,来评估产品的性能和用户与产品的交互体验。功能模型可以帮助设计师理解产品的功能需求,并确定产品应具备的功能和操作流程。同时,它还可以帮助设计师评估产品的易用性和可访问性,以及预测用户对产品的满意度和反馈。因此,功能模型是一种有用的工具,可以帮助设计师和研究人员更好地理解和评估产品的性能和人机关系。所以,这个说法是正确的。

三、应用题

36. (1)②→①→③ (2)D (3)D (4)C

第四章 技术交流与评价

一、选择题

1. A 【解析】由图可知不正确的标注共有3处。

2. D 【解析】本题主要考查技术图样的尺寸标注规范。这个视图中并没有对同一尺寸进行直接或间接标注,所以并没有重复标注,A选项错误。俯视图只能看出零件的长和宽,看不出模型的高度。所以圆孔是否为通孔,零件整体的高度需要参考主视图和俯视图才能知晓,故B、C选项错误。标注正确的尺寸只有541处,错误标注共有4处,故D选项正确。

3. A 【解析】由图可知漏标的尺寸共有1处。

4. B 【解析】由图可知,图中已有的尺寸标注中错误的地方有3处。

5. A 【解析】由图可知已有的尺寸标注中不正确的是$R16$的标注。

6. C 【解析】根据形体的加工思路进行分析，加工左上角需要2个尺寸，加工圆孔还需要一个定位尺寸。

7. C 【解析】由图可知，正确的左视图为C选项图。

8. B 【解析】由图可知三视图是B选项图。

9. C 【解析】多个插孔同时使用不会节约用电，反而可能造成电能的浪费。因为插座的功率是一定的，当多个插孔同时使用时，总的电流会增大，从而导致电流的热效应增大，发热量增加，造成电能浪费。因此，选项C是不恰当的。

10. D 【解析】汽车的尾灯设计必须符合相关的技术规范，以确保行车安全。因此，选项A和B都是正确的。尾灯的设计也需要符合美观原则，以提升汽车的外观美感。因此，选项C也是正确的。因为尾灯的主要功能是提供照明和指示，而不是为了满足公众和使用者的审美需求，因此选项D不正确。

11. C 【解析】选项C前后没有逻辑关系，故不正确。

12. B 【解析】桌椅接触面积大，移动方便。

13. A 【解析】右图所示合页，制作时节约材料，使用时安装方便，外形美观，但是使用时合页与门的连接没有之前牢固，故选项B、C、D的表述均不恰当，选项A正确。

14. C 【解析】本题考查设计分析及技术试验。该插座要通过上千伏高压绝缘性能测试，属于强化试验法，选项C错误。

15. 正确答案是：A. 为了保证发生火灾时报警及时，要内置高功率喇叭和高浓度焦煳味气体。

16. D 【解析】选项A、B、C都是从功能角度来评价智能扫地机器人的特点，而选项D是关于外观的评价，与功能无关。因此，正确答案为D。

17. D 【解析】从评价图来看，手环甲性价比高。故选D。

18. C 【解析】产品说明书的主要目的是帮助消费者正确使用、保养产品，因此应该重点突出产品的使用方法和保养方法，而不是突出产品的结构及设计特点。因此，选项C不合理。

19. D 【解析】让用户了解产品性能，能维修产品。

20. C 【解析】产品说明书是一种以介绍产品的性能、特点、使用方法等为主要内容的文字材料，其主要目的是帮助用户更好地了解和使用产品。因此，产品说明书的写作要求应该充分考虑用户的阅读需要，体现产品的特点，重点介绍产品的特点、性能和使用方法，而不是仅仅介绍产品的功能。因此，选项C的说法不合理。

二、判断题

21. ✓ 【解析】口头语言是一种交流方式，也是技术语言的一种形式。在技术领域中，口头语言通常用于与同事、合作伙伴或客户进行沟通，以传达技术信息、讨论问题或进行决策。口头语言包括演讲、讨论、会议、电话交谈等方式，其中包含专业术语、概念和细节的描述。因此，这个说法是正确的。

22. ✓ 【解析】在房屋的装修过程中，使用效果图进行技术交流是非常有用的。效果图可以清晰地展示出装修后的房屋外观、内部布局、色彩搭配等方面的效果，让设计师、施工团队和业主更好地理解和沟通。通过效果图，可以更好地理解装修风格、材料选择、细节处理等方面的要求，从而更好地进行设计和施工。因此，这个说法是正确的。

23. ✓ 【解析】在机械零件的设计过程中，使用技术图样进行交流是非常重要的。技术图样是一种详细描述机械零件尺寸、形状、材料、制造工艺等方面的技术文件，是设计师、工程师和生产人员之间进行交流和协作的重要工具。通过技术图样，可以清晰地表达设计意图和要求，确保零件的正确制造和安装。因此，这个说法是正确的。

24. × 【解析】正投影具有真实性、积聚性和收缩性。所以这个说法是错误的。

25. × 【解析】三视图的主视图和俯视图都反映物体的长度。所以这个说法是错误的。

26. × 【解析】尺寸界线可用轮廓线、中心线、轴线等代替。所以这个说法是错误的。

27. ✓ 【解析】图样的尺寸线所注尺寸是零件的真实大小，以 mm 为单位时，不用标注，使用其他单位时，要标注。这是尺寸标注的基本原则，以避免误解和混淆。因此，这个说法是正确的。

28. ✓ 【解析】在技术图样中，标注数值时，数字上通常不能有任何图线穿过。这是因为数字是标注的主要内容，如果数字上穿有图线，会干扰标注的清晰度和易读性。因此，为了保持标注的准确性和清晰度，数字上不应有任何图线穿过。因此，这个说法是正确的。

29. × 【解析】过程性评价又称“阶段性评价”，工具的使用属于终结性评价。所以这个说法是错误的。

30. × 【解析】产品说明书的主要内容应该是对产品的详细描述，包括产品的性能、特点、使用方法、注意事项等各个方面。产品的性能说明只是其中的一部分，不能代表全部内容。所以这个说法是错误的。

三、应用题

31. (1)该智能家居控制系统采用了先进的物联网技术，实现了手机 App 与家电设备的无线连接和控制。用户可以通过手机 App 随时随地远程控制家中的电器设备，方便实用。此外，该系统还具备智能识别功能，能够自动识别并控制各种不同类型的家电设备，兼容性较好。但是，对于一些特殊设备，可能需要进行额外的设置和配置，操作相对复杂。总体来说，该智能家居控制系统的技术性能较为优秀，具有较高的实用价值。

(2)该新型电动汽车采用了全新的电池技术和充电方案，实现了更长的续航里程和更快的充电速度，这是该产品的亮点和创新之处。此外，该车的外观设计和内部配置也较为先进，乘坐舒适度较高。但是，该车的制造成本也相对较高，可能会影响其市场竞争力。总体来说，该新型电动汽车的技术性能较为先进，具有较高的创新性和实用性。

(3)该智能音箱采用了先进的语音识别技术，可以实现语音控制播放音乐、查询天气、查询新闻等多种功能,使用方便、操作简单。此外,该音箱还具备智能家居控制功能,可以与其他智能设备进行联动和控制。但是,对于一些方言和口音较重的人,可能需要进行额外的设置和训练,语音识别率还有待提高。总体来说,该智能音箱的技术性能较为优秀,具有较高的实用价值。

项目二　技术与设计应用

第一章　结构及其设计

一、选择题

1. D 【解析】安全帽是一种常见的壳体结构,它的顶部和底部都是半球形的,且通过一条连续的线连接在一起,形成了类似于壳体结构的形状。

2. C 【解析】金字塔不是壳体结构,它是一种实体结构。

3. A 【解析】实体结构是指物体的内部是实心的,没有空腔或框架结构。在给定的选项中,只有房屋的墙体是实体结构。

4. C 【解析】防盗网是由钢杆件连接而成的框架结构。因此,选项 C 正确。

5. C 【解析】实体结构最适合承受大量的重量,因为它们是实心的,能够承受较大的压力和拉力。

6. D 【解析】桥梁是一种受力结构,同时也是一种承重结构,因为它们需要承受车辆和行人的重量,同时还需要承受风、雨、雪等自然力的作用。此外,桥梁也是一种弯曲结构,因为它们需要跨越河流、山谷等障碍物。

7. D 【解析】在设计一把椅子时需要考虑的因素包括承重能力、舒适度和美观度等。椅子的承重能力取决于材料的选择和结构设计,舒适度与椅子的形状、尺寸、弹性和人体工程学设计有关,美观度则取决于设计者的审美和艺术水平。因此,以上因素都需要考虑。

8. D 【解析】颜色不是结构设计的一部分,因为颜色只是外观设计的一部分,而不是结构设计的核心要素。结构设计需要考虑结构的形状、大小、材料、承重等因素,不需要考虑颜色。因此,选项 D 是正确的答案。

9. C 【解析】一种结构在其预期寿命内能够安全可靠地承受所有预期的外力,那么它满足的是耐久性性能标准。这意味着该结构在设计时应该考虑到各种可能的风险因素,并采取相应的措施来确保其耐久性。因此,答案为 C。

10. C 【解析】一个优秀的结构设计需要考虑制造的成本和效率,以符合可持续发展的要求。这意味着设计师需要在满足功能需求的同时,尽可能地降低成本和提高效率,以实现可持续发展目标。

11. C 【解析】框架结构的主要优点包括强度高、稳定性好、节省材料等,而轻便灵活不是其优点,反而可能会导致结构不稳定。因此,选项 C 正确。

12. D 【解析】在设计建筑结构时，需要考虑地震因素，主要是为了提高建筑的抗震能力。地震是一种常见的自然灾害，它会给建筑物和人类生命财产带来严重危害。通过合理的设计和结构措施，可以减少地震对建筑物的破坏，保护人民生命财产的安全。因此，答案为 D。

13. C 【解析】现代设计中使用了许多先进技术，如 3D 打印技术、计算机辅助设计(CAD)、机器人制造技术等，而手工制作技术不属于现代设计中的先进技术。

14. C 【解析】多数自行车都采用框架结构设计，从结构上分析，其主要原因是各条状构件不仅能支撑人体的压力，而且具有很强的拉力。框架结构能够分散压力，增加稳定性，同时也能够增加拉力，提高自行车的操控性能。因此，选项 C 正确。

15. D 【解析】运动员手握单杠做大回环动作时，运动员的手和单杠之间存在拉力和弯曲力，因此受力形式为受拉力和弯曲力。

16. B 【解析】当螺丝刀将螺丝钉旋紧钉入时，螺丝刀的主要受力形式是压力和扭转力。压力来自螺丝钉与螺丝孔之间的摩擦力，而扭转力则来自螺丝刀的旋转。因此，答案为 B。

17. A 【解析】用膨胀螺栓固定放空调外机的三角铁架时，膨胀螺栓主要受到剪切力的作用。膨胀螺栓需要插入墙体中，并固定三角铁架，这个过程中需要克服膨胀螺栓与墙体之间的摩擦力，也就是剪切力。因此，答案为 A。

18. B 【解析】在装吊夹钳中，构件 1 铆钉主要受到弯曲力和拉力的作用，而构件 2 主要受到剪切力的作用。因此，答案为 B。

19. B 【解析】在图中，可以看到装订器的手柄、连杆 1、摇杆、连杆 2 和压杆组成了一个杠杆。当手柄受到力 F 的作用时，通过连杆 1、摇杆、连杆 2 的传递，最终将工件压紧。在这个过程中，连杆 1 主要受到压力的作用，因为它在摇杆和手柄之间传递力。摇杆则主要受到扭转力的作用，因为它在连杆 1 和连杆 2 之间传递力。而连杆 2 则主要受到拉力的作用，因为它在连杆 1 和压杆之间传递力。因此，正确答案是 B。

20. A 【解析】即粗铁丝受压力，手柄受弯曲力。在剪断粗铁丝的过程中，防爆断线钳的钳口会将粗铁丝夹紧，同时通过手柄施加压力，使得粗铁丝受到剪切力的作用被剪断。而手柄则受到弯曲力的作用，因为小明需要用手柄施加压力来剪断铁丝。因此，正确答案是 A，粗铁丝受压力，手柄受弯曲力。

21. B 【解析】在夹紧工件的过程中，手柄受到弯曲力的作用，因为需要用手柄施加压力来夹紧工件。丝杠则受到扭转力和拉力的作用，因为丝杠需要旋转并带动活动钳身相对于固定钳身做轴向移动。因此，正确答案是 B。

22. A 【解析】根据图片和描述，当用脚踩下踏板打开垃圾桶时，连杆主要受到压力的作用，踏杆主要受到弯曲力的作用，弹簧主要受到压力的作用。因此，答案是 A。

23. B 【解析】实际上水泥梁的下表面有钢筋，在受力后会发生形变。此时，它的上表面受压力，下表面受拉力。这是因为在水泥梁受力的过程中，下表面有钢筋可以约束其形变，而上表面则受到压力的作用。因此,正确答案为 B。

24. C 【解析】连接杆和支杆在吊伞的机构中都起到了传递力的作用。连接杆主要受到拉力的作用,这是因为需要通过它来连接吊伞的各个部分。而支杆则主要受到弯曲力的作用,这是因为支杆需要承受吊伞的重量并保持其稳定性。因此,正确答案是 C。

25. C 【解析】实体结构是指由真实、可见的物质(如固体、液体或气体)组成的结构,与虚拟结构相对。橡皮擦是由真实物质组成的实体结构。因此,正确答案为 C。

26. D 【解析】金字塔属于棱柱结构,不属于壳体结构。

27. D 【解析】在攻丝的过程中,丝锥主要受到压力和扭转力的作用,而丝锥扳手则主要受到弯曲力的作用。因此,正确答案是 D。

28. C 【解析】连接杆主要受到弯曲力的作用,而支柱则主要受到压力的作用。因此,正确答案是 C。

29. D 【解析】根据题目的描述,搁板的两边支架用钢钉固定在墙壁上,当把花盆放在中央时,花盆的重量会通过搁板传递到支撑板和钢钉上。因此,支撑板主要受到弯曲力,而钢钉主要受到剪切力。因此,正确答案是 D。

30. A 【解析】头盔的壳体结构是一种能够分散冲击力的材料,当发生碰撞时,这种结构可以将冲击力分散到整个头盔上,从而减少对头部造成的伤害。因此,正确答案是 A。

31. D 【解析】要提高太阳伞的稳定性,有效的改进措施是增加底部底盘的面积。通过增加底盘的面积,可以增加伞与地面的接触面积,从而增加伞的稳定性。因此,正确答案是 D。

32. D 【解析】不倒翁不倒的原因是因为它的重心低,底部接触面是光滑的弧面。因此,选项 D 正确。

33. C 【解析】用两张相同的纸做结构强度对比试验,此试验可说明影响结构强度的因素是结构的形状。因为两张纸的材料、面积和支撑点都是相同的,而不同的形状会导致结构强度的不同。因此,正确答案是 C。

34. B 【解析】一家家具公司打算设计一款新的椅子,椅子的稳定性因素在设计过程中需要被首先考虑。因为椅子的稳定性直接关系到使用者的舒适度和安全性,是椅子设计中最基本也是最重要的因素之一。因此,正确答案是 B。

35. C 【解析】一家电子公司正在设计一款新的智能手机,手机的电池续航在优化手机的结构性能方面是关键。因为手机的使用时间直接关系到用户的体验和满意度,而电池续航是手机使用时间的重要因素之一。因此,正确答案是 C。

二、判断题

36. √ 【解析】结构是指事物自身各种要素之间的相互关联和相互作用的方式,这是结构的基本定义。

37. × 【解析】构体本身不是空心的,而是实心的,主要承受压力。

38. √ 【解析】框架结构是通过条状物的连接来承受荷载，既可以承受压力又能够承受拉力。

39. √ 【解析】壳体结构是由片状或层状结构组成，通过壳体来传递力和承受荷载。

40. √ 【解析】构件受力的基本形式通常有拉力、压力、扭转力、弯曲力、剪切力等。

41. √ 【解析】结构的稳定性是指结构在荷载的作用下维持其原有的平衡状态的能力。

42. × 【解析】结构的强度是指结构具有的抵抗外力破坏的能力。

43. √ 【解析】影响结构稳定性的因素有三个方面：重心位置的高低、支撑面大小和结构的形状。

44. × 【解析】影响结构强度的因素包括结构的形状、材料的性质、截面尺寸和连接方式等。

45. √ 【解析】结构设计的过程包括方案设计阶段、结构计算与内力分析阶段、细部设计与构造措施阶段和结构设计的优化。

三、应用题

46. (1)自行车的结构设计除了考虑稳定性外，还主要考虑强度和刚度。强度是指材料或结构在外力作用下能够承受的最大应力，而刚度是指材料或结构在受力时抵抗形变的能力。这两个性质与材料的选用、结构的几何形状以及连接方式等因素有关。

(2)自行车的车架采用三角形结构主要是为了提高整体的稳定性和强度。三角形是最稳定的几何形状之一，具有三个边和三个角，能够有效地分散和传递力的作用。通过将车架设计成多个三角形的组合，可以增加结构的刚性和稳定性，使自行车更加坚固耐用，并且能够承受较大的荷载。

(3)使用空心钢管材料作为自行车支架的优点如下：

①轻量化：相比于实心材料，空心钢管具有较低的密度和重量，可以减少自行车的整体重量，提高骑行的便捷性和灵活性。

②高强度：空心钢管具有较高的强度和刚性，能够承受较大的荷载和力的作用。同时，由于其内部空心结构的存在，使得材料在受力时能够更好地分散和吸收冲击力，提高了自行车的抗震性能和安全性。

第二章　流程及其设计

一、选择题

1. C 【解析】包括环节、时序、顺序等，其中，时序指完成一项工作所需的各个阶段按照时间的先后顺序进行排列，不可随意颠倒或交叉。因此，选项 C 的说法不正确。

2. A 【解析】洗衣机的洗涤流程通常是波轮循环执行“正转→暂停→反转→暂停”的过程，其中“正转”和“反转”交替进行可以增强洗涤效果，因此选项 A 的说法正确。选项 B 的说法不正确，因为取消“暂停”环节会影响洗涤效果和衣服的磨损程度；选项 C 的说法也不正确，因为“暂停”环节是为了让衣服有时间分散开来，避免衣服缠绕在一起；选项 D 的说法也不正确，因为循环执行的次数与洗涤时间有关，次数越多，洗涤时间越长。因此，正确答案是 A。

3. C 【解析】在加工过程中,对于不锈钢薄板的削外轮廓,应该使用专门的金属切割工具或锯割工具,而不是使用圆锉。因此,正确答案是 C。

4. D 【解析】小黄同学用纸来制作工艺品的加工流程应该是:先买纸作为原材料(1),然后进行裁剪(2)、画线(3)和组装(4)。因此,正确的加工流程是 1 -3 -2 -4。

5. D 【解析】在电子控制技术实践课上,同学们用电烙铁进行焊接操作时,最合理的操作流程是先用电烙铁同时加热焊盘和元件引脚,再将焊锡送入使其熔化,在引脚和焊盘间形成焊点。这样可以保证焊接的质量和效果。因此,选项 D 正确。

6. A 【解析】装修新房时,通常的合理时序是先安地砖,再装水管、打线槽、装电线,最后做家具。因此选项 A 的时序"1→2→3→4→5"正确。

7. C 【解析】在装修新房的过程中,为了加快进度,可以实施并行的环节是 3 打线槽和 4 装电线,这样可以同时进行两个环节的工作,提高效率。因此选项 C 正确。

8. A 【解析】当小明闻到一股煤气的味道时,正确的处理流程是先关闭煤气总开关,再打开窗户,隔一会后再打开电灯检查漏气的原因。这样可以确保安全,避免煤气泄漏导致的事故。因此,选项 A 正确。

9. B 【解析】小张在家使用电饭煲时,刚把电饭煲的插头插入插座,家中的空气开关就跳闸断电。为了确定故障的位置,正确的处理流程是先拔掉电饭煲的插头,然后再打开空气开关通电试验。

10. A 【解析】在做饭炒菜的过程中,通常的合理时序是先加热炒锅,再往锅中放入菜油,然后打开抽油烟机,然后往锅中放入菜叶,加入辅料调味盐,接着菜叶起锅,最后关闭抽油烟机。因此选项 A"1→4→5→2→3→6→7"是正确的时序。

11. 正确答案是:学生座位表、电脑配置清单和工程零件的加工图都是一种状态或者结果,而不是一个过程。而课程表是由一系列课程组成,每门课程都有其特定的时间安排和顺序,是一个流程。因此,本题答案为 D。

12. A 【解析】流程是指一系列活动的有序集合,而这些活动相互之间有着逻辑关系。因此,流程反映了一定的时序,体现出一定的环节。选项 A 正确地描述了流程的特点。流程中的各个环节可以按照一定的时序进行排列,有些环节是串行工序,有些则可以改为并行工序。因此,选项 B、C、D 都错误。

13. C 【解析】更换电灯泡时,最合理的流程是先切断电源,再揭下灯罩,然后更换灯泡,最后进行通电测试。这样可以确保操作安全,避免触电事故的发生。因此,选项 C 正确。

14. B 【解析】在加工工艺的流程中,画线是第一步,锯割和锉削是第二步,钻孔是第三步。因此,时序最合适的是画线→锯割→锉削→钻孔,选项 B 符合题意。

15. 正确答案是:D 在该工件的加工过程中,不需要使用锉刀。因此,选项 D 正确。

16. B 【解析】将一块大小合适的矩形钢加工成如图 6 -4 所示的零件,正确的加工流程应该是画线→钻孔→锯割→锉削→攻丝。因此,选项 B 正确。

17. C 【解析】小张在一块厚为 3 mm 的钢板上加工连接件,正确的加工流程应该是画线→钻孔→锯割→锉削。因此,选项 C 是正确的答案。

18. C 【解析】凳腿板与凳面板之间的连接设计应该能够实现牢固的固定,并且易于加工和安装。选项 A 的设计没有明显的固定方式,无法保证凳腿板与凳面板之间的牢固性;选项 B 的设计虽然可以通过螺丝固定,但是加工和安装比较麻烦;选项 D 的设计虽然可以通过焊接实现牢固的固定,但是焊接需要专业的技能和设备,不适合普通用户使用。因此,选项 C 是最合适的连接设计,可以通过简单的榫卯结构实现牢固的固定,并且易于加工和安装。

19. C 【解析】要将厚 50 mm 的长实木板加工成符合设计要求的面,最合适的流程是画线→下料→刨削→锯割→凿削。因此,选项 C 正确。

20. C 【解析】根据 6 -7 图示,该工件需要经过画线、锯割、锉削、钻孔和抛光等加工流程。因此,最合适的加工流程是画线、锯割、锉削、钻孔、抛光,即选项 C 正确。

21. B 【解析】该企业的污水处理工艺流程中,虽然运用了物理处理法、生化处理法和化学处理法,但这些处理方法的主要目的是实现污水的有效处理和达标排放,而不是提高经济收入。因此,选项 B 的说法不正确。选项 A、C、D 的说法都是正确的。

22. A 【解析】通用技术流程的正确顺序是分析问题、定义需求、设计、制作、测试。因此,选项 A 正确。

23. D 【解析】通用技术流程的主要阶段包括问题的分析和定义、设计方案的制定和筛选、模型的制作和测试,不包括产品的使用和维护。因此,选项 D 不是通用技术流程的主要阶段。

24. B 【解析】在通用技术流程中,分析问题是设计的基础。只有对问题进行深入的分析和理解,才能明确设计的目的和需求,为后续的设计和制作提供方向和指导。因此,选项 B 正确。

25. A 【解析】在通用技术流程中,设计图纸的制定是制作的基础。设计图纸规定了制作的要求和标准,提供了制作的指导,是进行制作的关键环节。因此,答案为 A。

26. A 【解析】模型的制作和测试是测试的重要环节。在这个阶段,可以根据设计方案制作原型,并进行测试和评估,以检验设计的可行性和实用性。因此,选项 A 正确。

27. A 【解析】需求分析是通用技术流程的最初阶段,它是对产品或系统的目标、功能、性能、用户需求等方面的分析,以确定产品或系统的需求和要求。在需求分析阶段,需要与用户进行沟通和交流,了解用户的需求和期望,并对产品或系统的需求进行评估和分析,以确保产品或系统的设计和开发符合用户的需求和要求。

28. B 【解析】制作原型是模型制作阶段的一部分,而不是设计阶段的步骤。在产品设计过程中，设计阶段包括制定设计方案、评估设计方案和筛选设计方案等步骤，而制作原型是在模型制作阶段进行的。因此，选项 B 不属于设计阶段的步骤。

29. D 【解析】根据用户反馈进行修改和优化不是模型制作阶段的步骤。模型制作是根据设计图纸准备材料和工具，然后根据设计方案制作原型，并进行原型测试和评估。一旦模型制作完成，如果需要修改或优化，通常需要在设计阶段进行，而不是在模型制作阶段。因此，选项 D 错误。

30. C 【解析】在产品开发过程中，测试与评估阶段的步骤包括对产品进行性能测试、用户测试和质量评估等，不包括对产品进行市场调研。因此，选项 C 不属于测试与评估阶段的步骤。

31. D 【解析】在产品发布之前，应该先进行市场调研和分析，了解市场需求和竞争情况，以便制定合适的营销策略和推广方案。因此，选项 D 是错误的，因为大规模的生产和销售应该在市场调研和分析之后进行。

32. D 【解析】在产品设计过程中，概念设计阶段的步骤包括确定产品的整体结构和功能模块、进行创意构思和方案制定、对设计方案进行初步评估和筛选等，不包括与用户沟通并收集用户反馈。因此，选项 D 不属于概念设计阶段的步骤。

33. D 【解析】在模型制作阶段，根据设计方案准备材料和工具、进行原型制作和测试、对原型进行细节调整和优化等是正确的步骤，但与设计师沟通并修改设计方案不属于该阶段的步骤。因此，选项 D 错误。

34. D 【解析】在产品发布之后，后期维护阶段的步骤包括对产品进行持续的监测和维护、根据用户反馈进行产品的优化和升级、对产品的市场表现进行持续的跟踪和分析等，但不包括对产品的成本进行严格的控制和管理。因此，选项 D 不属于后期维护阶段的步骤。

35. C 【解析】C 选项描述的是模型制作阶段的内容，而题目要求找出不属于该智能手环项目的通用技术流程的选项。通用技术流程包括需求分析、概念设计、详细设计、制作、测试与评估等阶段，因此，选项 C 不属于通用技术流程。

二、判断题

36. ✓ 【解析】流程是指在工业品生产中，从原料到制成品各项工序安排的程序。

37. × 【解析】根据华为公司的分类方法，运营流程和管理支持流程是流程的重要类型。

38. ✓ 【解析】流程的组成主要由输入、活动、结果、服务对象、价值和决策六大要素组成。

39. ✓ 【解析】流程的组成主要由输入、活动、结果、服务对象、价值和决策六大要素组成。

40. ✓ 【解析】流程设计的主要目标包括实现整体效率的提升、确保工作条理的规范性，以及增加工作流程的透明度，提升管理水平。

41. × 【解析】在生产过程中，材料、工艺、设备、人员、资金和环境等因素对流程设计都有影响。

42. √ 【解析】流程优化的主要目标包括提高效率、降低成本、提高质量和提高服务满意度。

43. √ 【解析】流程优化是一个持续的过程,每个企业、每个管理者乃至每个员工都应承担起优化流程的责任。

44. √ 【解析】流程优化的主要工作之一是评价企业现有的业务流程状况。通过对现有流程进行深入的分析和评估,可以发现存在的问题和瓶颈,从而为优化流程提供依据和方向。因此,这句话是正确的。

45. √ 【解析】流程优化的目标可以分为几个方面:明确企业目前存在的问题和流程优化的目标,进行优化流程,明确员工职责;找出常规流程中的低效之处,对其加以修正以提高效率;利用企业资源的优化配置,以达成企业业务系统性、高效率、高质量运行的目标。

三、应用题

46. 首先,需要对企业现有的运营流程和管理支持流程进行全面的评估和梳理,找出存在的问题和效率低下的环节。其次,根据华为公司的成功经验,对流程进行优化,如简化冗余的步骤,提高工作效率;明确各环节的职责,避免责任推诿;引入先进的管理工具和技术,提升管理水平等。最后,实施优化后的流程,并进行持续的监控和改进,以确保流程的高效运行。

47. 首先,确定生产流程的目标,即提高生产效率和质量。然后,分析生产流程的各个环节,包括材料选择、工艺要求、设备水平、人员技术水平等。在此基础上,设计新的生产流程,如采用先进的生产设备和技术,提高生产效率;引入质量管理体系,提高产品质量;提供员工培训,提高员工的技术水平等。同时,还需要考虑到环境因素,如减少生产过程中的环境污染,提高资源利用率等。

48. 以订单处理流程为例,可以使用流程图的方式表达出来。在分析该流程时,可能会发现以下问题:一是订单接收环节可能存在信息传递不准确或延迟的问题,二是订单处理环节可能存在处理效率低下的问题,三是订单发货环节可能存在物流效率低下的问题。针对这些问题,可以提出以下优化建议:一是建立有效的信息传递机制,确保订单信息的准确无误;二是优化订单处理流程,提高工作效率;三是与物流公司建立良好的合作关系,提高物流效率。

第三章　系统及其设计

一、选择题

1. A 【解析】系统是相互联系和相互作用的诸要素构成的统一整体。系统的基本特征是整体性、有序性、内部结构的优化趋向。A 选项错误,系统具有动态性,系统是由许多要素组成的整体,各要素之间是相互联系的,构成了一个不可分割的整体,如果各要素是彼此孤立地存在着,那就构不成系统;B 选项正确,任何系统都具有某种目的,都要实现一定的功能,这是区别不同系统的标志;C 选项正确,一个系统至少要有两个或两个以上的要素(部分);D 选项正确,系统要达到的功能是各个部分不具有的。故选 A。

2. D 【解析】据题干中提到的“若干部分组成”可知，该电吹风系统可再分为外壳、加热、电动机和开关控制 4 个子系统，故选项 A 正确；该系统由外壳、电动机、风叶、电热元件和开关等元素构成，故选项 B 正确；系统中各个元素之间是相互关联的，故选项 C 正确；电动机和风叶是电吹风系统不可缺少的元素，但不可代替整机的功能，故 D 选项错误。故选 D。

3. A 【解析】“一招不慎，满盘皆输”这个成语主要反映了系统基本特性中的整体性。整体性是指系统是由多个相互关联的元素组成的整体，系统的整体性能和功能不是各个元素的简单叠加，而是通过元素之间的相互作用和协同作用产生的。因此，一个小小的失误或错误可能会影响到整个系统的性能和结果。

4. D 【解析】见风使舵与整体性无关。见风使舵是一个比喻，意思是根据情况灵活应变，与整体性没有直接关系。而盲人摸象、只见树木不见森林、头痛医头脚痛医脚都是只看到部分而忽略了整体，与整体性有关。

5. B 【解析】大客车每月定期保养、进行汽车检测或给零部件添加润滑油等，是因为一个零部件的好坏将直接影响整车的性能。这个案例说明系统具有相关性。系统中的各个元素是相互关联、相互影响的，一个元素的改变可能会影响到整个系统的性能和结果。因此，对系统进行维护和保养时，需要考虑到各个元素之间的相互关系和影响，以确保系统的整体性能和稳定性。

6. C 【解析】电动公共汽车能实现节能减排，体现了系统的目的性，故选项 A 正确；续航里程会越来越短，车辆电瓶需定期维护和更换，体现了系统的动态性，故选项 B 正确；发动机产生故障，系统停止工作，未体现系统的环境适应性，故选项 C 错误；发动机输出功率与刹车制动系统相互匹配，体现了系统的相关性，故选项 D 正确。故选 C。

7. B 【解析】机械手表由大量齿轮组合而成，其中任何一个齿轮的损坏都会影响手表的整体功能，这说明要素发生变化会影响整体功能。因此，答案为 B。

8. D 【解析】每个系统都由两个或两个以上的要素构成，每个要素之间都有相关性，即它们之间相互作用、相互依赖和相互影响。因此，各要素对系统的作用是不同的，但它们之间是相互影响的。因此，答案为 D。

9. A 【解析】航母是一个复杂的系统，需要配备各种设备和武器才能发挥其作用。其中，舰载机与航母密切相关，是航母系统中的重要组成部分，而不是两个互不相关的系统。因此，选项 A 的说法不恰当。

10. B 【解析】在关于系统的说法中，描述系统目的性的是 B 选项，即任何系统都具有某种目的，都要实现一定的功能，这是区别不同系统的一个重要标志。其他选项都没有涉及系统的目的性。

11. B 【解析】系统的动态性是指系统随时间而变化，而摄像头的清晰度变差是设备老化或维护不当的结果，与系统的动态性无关。因此，答案为 B。

12. A 【解析】题目中提到鲤电池用一段时间后电池容量逐渐下降，影响续航里程，这说明系统具有动态性。因此，答案为 A。

13. D 【解析】题目中提到鹿、兔、刺猬、黄鼬等动物的不同特征都是为了适应猛兽的捕食而发展出来的，这体现了它们对环境的适应性。因此，答案为 D。

14. C 【解析】飞机系统具有环境适应性，即能够适应外部环境的变化并保持平稳飞行。当飞机受到大气对流的影响时，检测装置接收到信号后，经过控制器的调节，能在很短的时间内调整好飞行状态，保持平稳飞行。这体现了飞机系统的环境适应性。因此，答案为 C。

15. C 【解析】电磁炉需要接入 220 V 的交流电才能正常工作，因此工作电压的适应性是电磁炉环境适应性的一个重要方面。选项 C 中提到 110 ~ 220 V 工作电压，说明这款电磁炉可以在 110 ~ 220 V 的电压范围内正常工作，适应了各种不同的电网条件，因此最能体现系统的环境适应性。选项 A、B、D 分别涉及操作、散热和显示等方面，与电磁炉的环境适应性关系不大。

16. C 【解析】ATV 概念车可以借助轮子行进，也可以采用类似腿部运动的方式移动来征服特殊的地形，这表明该车具有良好的环境适应性。因此，答案为 C。

17. A 【解析】系统由一组相互关联的组件或元素组成，这些组件或元素协同工作以实现特定的功能或目标。因此，选项 A 最符合对“系统”这个概念的理解。

18. B 【解析】在设计一个系统时，最重要的是考虑用户需求。用户需求是系统设计的出发点和归宿，只有满足用户需求，系统才能真正发挥其作用。因此，选项 B 正确。

19. A 【解析】在日常生活中，烹饪一道菜最能体现系统的概念。一道菜需要多个步骤和食材，每个步骤和食材都有其特定的作用和顺序，只有按照一定的顺序和方式进行操作，才能做出美味的菜肴。因此，选项 A 正确。

20. B 【解析】单元测试的主要目的是确保软件没有错误。通过单元测试，可以检查代码的正确性和稳定性，确保每个单元都能正常工作，从而提高软件的整体质量。因此，选项 B 正确。

21. C 【解析】用户体验（UX）设计的主要目标是使用户更容易理解和使用系统。用户体验设计关注用户在使用产品或服务时的感受、需求和目标，通过优化设计，提高用户对系统的理解和使用效率，从而提高用户满意度。因此，选项 C 正确。

22. B 【解析】在设计一个智能家居系统时，确定系统的功能和需求是最重要的步骤。只有明确了系统的功能和需求，才能有针对性地选择合适的技术和设备，设计出符合用户需求的界面和外观，以及优化算法以提高系统性能。因此，选项 B 正确。

23. D 【解析】在交通系统中，交通工具（如汽车、自行车）、道路和交通标志以及交通规则和交警都是交通系统的组成部分。而天气预报和气象条件不属于交通系统的组成部分，它们是影响交通系统运行的外界因素。因此，选项 D 是不属于交通系统的组成部分的元素。

24. B 【解析】一个优秀的系统设计应该具备简洁明了、易于理解和使用的特点。这样的设计能够让用户快速上手，减少学习成本，提高用户体验。因此，选项 B 正确。

25. B 【解析】将电路板分为独立的模块，每个模块负责不同的功能，最能体现模块化原则。这种设计方式可以提高电路板的可维护性和可扩展性，因为每个模块都可以独立地进行测试、升级或替换，而不会影响其他模块的功能。因此，选项 B 正确。

26. A 【解析】在系统设计过程中，需求分析阶段是第一个阶段，它涉及对系统功能和性能的详细规划和描述。这个阶段的主要目的是深入了解用户需求，明确系统的功能、性能、安全性等方面的要求，为后续的系统设计提供基础。因此，选项 A 正确。选项 B、C、D 都是在需求分析之后进行的阶段，它们分别涉及系统设计、系统实现和系统测试等方面的工作，这些工作虽然也涉及系统的功能和性能，但它们是在需求分析的基础上进行的，是对系统功能和性能的具体实现和测试。因此，选项 B、C、D 都是错误的。

27. A 【解析】城市规划师在设计中考虑到了城市交通系统的整体性，合理规划道路网络和公共交通系统，体现了系统思维在设计中的应用。这种设计方式考虑到了城市交通系统的各个方面和因素，包括道路网络、公共交通、交通流量、交通规划等，以实现城市交通系统的整体优化和协调发展。因此，选项 A 正确。

28. A 【解析】将软件代码分成独立的模块，每个模块负责不同的功能，便于维护和升级，最能体现系统设计中的模块化思想。这种设计方式可以提高代码的可维护性和可扩展性，因为每个模块都可以独立地进行测试、升级或替换，而不会影响其他模块的功能。因此，选项 A 是正确的。选项 B、C 都没有采用模块化设计，而是将所有功能集成在一个设备中或将各个部件整合在一起，这不符合模块化思想的要求。选项 D 虽然将游戏分成多个关卡，但每个关卡都是独立的模块，没有涉及模块之间的交互和依赖关系，因此也不符合模块化思想的要求。

29. A 【解析】在设计学校图书馆管理系统时，记录每本书的借阅历史是最重要的功能之一。这个功能可以帮助图书馆管理员了解每本书的借阅情况，包括借阅时间、借阅人、归还时间等信息，以便更好地管理图书馆的资源和服务。因此，选项 A 正确。

30. A 【解析】在系统设计中，反馈机制是实现系统自我调节和优化的关键。选项 A 中，某公司在设计销售管理系统时，通过数据分析和反馈机制，可以及时了解销售情况，调整销售策略和产品定价，以实现更好的销售效果。这种设计方式体现了系统设计中的反馈机制，通过反馈机制来实现系统的自我调节和优化。因此，选项 A 正确。

31. A 【解析】系统集成是将各个子系统组合在一起形成一个统一的、协调的系统。这个过程涉及将各个子系统的功能、性能、接口等进行集成和整合，以实现整个系统的协调运行和优化。因此，选项 A 正确。

32. B 【解析】系统设计中的用户需求原则是指设计应满足用户的需求和期望，关注用户的使用体验和满意度。选项 B 中的平板电脑设计考虑到不同用户的需求,设计了多种颜色和尺寸的版本,这体现了用户需求原则,因为这种设计可以满足不同用户的个性化需求,提高了用户的使用体验和满意度。而选项 A、C、D 中的设计都没有充分考虑到用户的需求和体验,因此不符合用户需求原则的要求。因此,选项 B 正确。

33. C 【解析】系统设计中的反馈机制是指系统能够根据输入的数据或信息,输出相应的结果或反应,并将结果或反应反馈给输入端,以实现系统的自我调节和优化。选项 C 中的生产系统可以根据市场需求调整生产计划,并反馈给供应链管理系统,这体现了反馈机制。通过反馈机制,生产系统和供应链管理系统可以实现协调和优化,提高生产效率和降低成本。因此,选项 C 正确。

34. D 【解析】在系统设计中,整体性原则是指将各个部分或组件组合在一起形成一个协调、统一的整体。选项 D 中的电脑设计将硬件和软件整合在一起,实现统一管理和控制,这体现了整体性原则。选项 A 是将代码分成独立的模块,每个模块负责不同的功能,这体现了模块化原则,而不是整体性原则;选项 B 考虑的是手机的使用环境和用户习惯以及与其他设备的兼容性,体现了用户需求原则和整体性原则;选项 C 只关注发动机的性能和速度,忽略了车辆的舒适性和安全性,不符合整体性原则的要求。因此,选项 D 正确。

35. D 【解析】智能家居系统、高速列车和无人机都是通用技术系统在实际生活中的应用。智能家居系统利用了各种技术来提高家庭生活的舒适度和效率;高速列车利用了先进的交通技术,为人们的出行提供了快速、安全的交通工具;无人机利用了航空技术和电子技术,为人们提供了更加灵活、高效的空中飞行工具。因此,选项 D 正确。

二、判断题

36. √ 【解析】系统是由多个要素以特定方式组合成一个结构,通过互相联系和相互作用,变成具有某个特定功能的整体。这个定义描述了系统的基本构成和特性,即系统的要素、结构、功能和相互关系。

37. × 【解析】系统的基本特征包括集合性、相关性、层次性、环境适应性、动态性和整体性。随意性不是系统的基本特征之一。

38. √ 【解析】系统分析是一种以系统的整体最优为目标,对系统的各个方面进行定性和定量分析的过程。这个定义描述了系统分析的基本目标和主要方法,即通过对系统的各个方面进行分析,以实现系统的整体最优。

39. √ 【解析】系统分析是系统工程的一个重要程序和核心组成部分,为决策者提供直接判断和决定最优系统方案所需的信息和资料。这个定义描述了系统分析在系统工程中的重要性和作用,即通过系统分析为决策者提供必要的信息和资料,以实现最优的系统方案。

40. √ 【解析】系统分析也被看作是一种研究方略,能在不确定的情况下,确定问题的本质和起因,明确咨询目标,找出各种可行方案,并通过一定标准对这些方案进行比较,帮助决策者在复杂的问题和环境中做出科学抉择。这个定义描述了系统分析作为一种研究方略的特点和应用，即通过分析和比较各种方案，帮助决策者做出科学抉择。

41. × 【解析】系统分析的主要原则包括整体性原则、综合性原则、环境适应性原则和层次性原则。

42. √ 【解析】整体性原则要求我们把所要研究的对象看作一个有机的整体，以整体效益为目标。这个定义描述了整体性原则的基本要求和应用，即把研究对象看作一个有机的整体，以整体效益为目标进行分析和设计。

43. √ 【解析】综合性原则表示系统分析总是为实现系统目标服务的，应将目标排出优先次序，首先选取最优先的目标进行分析。同时，要考虑到内部要素（子系统）之间、系统与环境之间的相互制约、相互依存的错综复杂的矛盾与联系。这个定义描述了综合性原则的基本要求和应用，即以系统目标为导向进行分析，同时考虑到内部要素和环境之间的相互关系和矛盾。

44. √ 【解析】环境适应性原则强调系统能够适应外部环境的变化，同时也能够对外部环境产生影响。这个原则要求我们在进行系统分析时，不能忽视系统与其运行环境的相互影响关系。这个定义描述了环境适应性原则的基本要求和应用，即强调系统与外部环境的相互影响和适应性。

45. √ 【解析】层次性原则是指任何一个系统都是由一定的要素组成的整体，这些要素一方面是由其下一层要素组成的子系统；另一方面，该系统又是更大系统中的构成要素。如此相互包含的关系就构成了系统的层次性。运用系统分析方法研究问题，要注意整体与层次、层次与层次间的相互制约关系。这个定义描述了层次性原则的基本要求和应用，即强调系统中的层次性和相互制约关系的重要性。

三、应用题

46. 流程是指在工业品生产中，从原料到制成品各项工序安排的程序。流程管理是一种以规范化的构造端到端的卓越业务流程为中心，以持续的提高组织业务绩效为目的的系统化方法。流程管理的重要性主要体现在以下几个方面：首先，它可以帮助企业提高工作效率，降低运营成本；其次，它可以帮助企业优化资源配置，提高资源利用率；最后，它可以帮助企业提高产品质量，提升客户满意度。

47. 华为公司的运营流程主要包括战略管理、集成产品开发、客户关系管理、集成供应链等。这些流程是公司的管理主线，为客户创造价值的流程，也是公司存在的基础。管理支持流程则为运营流程的高效执行提供服务和支持。例如，人力资源管理、财务管理等流程就是为运营流程提供必要的人力和财力支持。

48. 在设计一个流程时，需要考虑的主要因素包括：流程的目标和目的、流程的参与者、流程的各个步骤或活动、流程的结果或产出、流程的输入或资源、流程的环境因素等。此外，还需要考虑流程的效率、成本、质量、风险等因素,以确保流程的设计能够满足组织的业务需求和目标。

49.(1)相关性 (2)科学性原则 (3)C

第四章 控制及其设计

一、选择题

1. B 【解析】闭环控制系统是指输出量对控制作用有直接影响的一种控制系统。在闭环控制系统中,系统输出量直接反馈到输入端,参与对系统控制的作用。自动保温电热水壶的保温控制就是一个闭环控制系统,当水温低于设定值时,系统会发出加热指令,当水温达到设定值后,系统会停止加热,这种控制方式就是闭环控制。而公交车车门的开关控制、电风扇的机械定时开关控制和电梯超载发出警报的控制都是开环控制系统,因为它们没有将输出量直接反馈到输入端参与对系统控制的作用。因此,正确答案是 B。

2. B 【解析】该自动浇花控制系统的工作过程是通过虹吸原理实现的,当花盆下碟子中的水位低于设定水位线时,空气便会从进气管进入水箱,排挤出等量的水,再从出水管流入碟子中,到达水位线时停止出水,从而让碟子里的水位始终保持在设定水位线。这个过程是自动进行的,不需要人工干预,因此属于自动控制系统。同时,该系统将输出量直接反馈到输入端参与对系统控制的作用,因此属于闭环控制系统。因此,正确答案是 B。

3. B 【解析】该疼痛缓解设备能够自动释放电流刺激感觉神经,不需要人工干预,因此属于自动控制系统。同时,该设备没有将输出量直接反馈到输入端参与对系统控制的作用,因此属于开环控制系统。因此,正确答案为 B。

4. D 【解析】在电冰箱的温度控制系统中,控制器是负责接收传感器信号并根据预设的设定值来控制执行器工作的部件。而主弹簧及连接杆在这里起到的作用是传递控制信号和执行控制动作,它们属于执行器的部分。因此,正确答案为 D。

5. C 【解析】在自行车刹车控制系统中,执行器是负责执行控制动作的部件。根据方框图和描述,刹车时施加一定的握把力,通过杠杆系统,使刹车片压紧车圈或轮轴,从而使车轮减速。因此,执行器是刹车片。握把和杠杆系统是传递握把力的部件,而不是执行器。车轮是受控对象,也不是执行器。因此,正确答案为 C。

6. D 【解析】在该扫地机器人中,控制过程是由微电脑控制直流电机运行,驱动风机高速运转,使吸尘器内部形成瞬间真空,内部的气压大大低于外界的气压,在这个气压差的作用下,尘埃和脏物随着气流进入机器人筒体内。因此,该清扫系统属于开环控制系统,控制器是微电脑,被控量是尘埃和脏物吸入机器人筒体。而房间内的噪声不会对该清扫系统造成干扰,因为清扫过程是自动进行的,不受外界环境因素的影响。因此,选项 D 不正确。

7. B 【解析】音乐喷泉控制系统的工作过程是将不同的音乐信号强度转换为随之变化的电信号,然后通过变频器控制水泵转动,从而控制喷泉水柱的高低。因此,正确答案是 B。

8. C 【解析】该控制系统是自动的，不需要人工操作。温度、湿度的上下限是预先设定的，因此该报警系统为自动控制系统。房内的温度、湿度是输入量，报警声是输出量，该控制系统的执行器是报警器。而机房内外的声音对该报警系统没有产生干扰。因此，正确答案为 C。

9. C 【解析】人工胰腺系统的工作过程是：血糖检测仪测到佩戴者的血糖水平升高后，指示胰岛素泵注射相应剂量的胰岛素，当血糖水平达到预设值后，注射将自动停止。因此，正确答案为 C。

10. C 【解析】循迹小车的控制系统通过灰度感应探头接收输入信号，然后通过控制电路驱动电机，使车子转向或直行。因此，输入量是探头接收的黑色信号，控制器是控制电路，执行器是电机，被控对象是小车。因此，选项 C 正确。

11. B 【解析】在该喷水控制系统中，玻璃球与感温液体组成的装置是一种温度传感器，当温度升高时，玻璃球内的液体膨胀，推动玻璃球向上移动，从而触动控制电路，发出控制指令。因此，正确答案为 B。

12. D 【解析】在该喷水控制系统中，干扰因素是指能够影响系统正常运行的因素。水管停水、玻璃球漏液和喷头堵塞都是能够导致系统不能正常喷水的因素，因此属于干扰因素。而着火后房间温度未达 65 ℃并不直接影响系统的喷水功能，因此不属于干扰因素，正确答案为 D。

13. B 【解析】该商场的车位引导显示系统通过超声波车位探测器实时采集停车场的各个车位信息，并由中央处理器完成数据处理，将处理后的车位数据通过信息发布器发送到停车场 LED 引导屏，进行空车位信息的显示同时空余车位上方的指示灯打开，从而引导车辆进入空余车位。因此，该系统的控制方式是自动控制，且没有反馈环节，属于开环控制。故答案为 B。

14. D 【解析】该商场的车位引导显示系统的主要工作原理是通过超声波车位探测器实时采集停车场的各个车位信息，并将处理后的车位数据通过信息发布器发送到停车场 LED 引导屏，进行空车位信息的显示，同时空余车位上方的指示灯打开从而引导车辆进入空余车位。因此，该系统的被控对象是 LED 引导屏和车位指示灯。故答案为 D。

15. D 【解析】根据题干描述，该商场的车位引导显示系统的主要工作原理是通过超声波车位探测器实时采集停车场的各个车位信息，并将处理后的车位数据通过信息发布器发送到停车场 LED 引导屏，进行空车位信息的显示，同时空余车位上方的指示灯打开从而引导车辆进入空余车位。因此，该系统的干扰因素可能包括汽车没有停放在指定位置、LED 引导屏碎裂和车位探测器损坏等。而车辆的颜色与车位引导系统无关，不属于干扰因素。故答案为 D。

16. A 【解析】根据题干描述，该控制系统的输出量是铃声，而不是电信号，因此选项 A 不正确。其他选项均正确，控制器是电脑，执行器是功率放大器，被控对象是音箱。

17. D 【解析】各种干扰素会造成系统工作不正常。工作人员在系统附近大声讲话不会对电脑、功率放大器和供时电源造成干扰,因此不属于干扰因素。其他选项如电脑中侵入病毒程序、功率放大器出现故障和供电电源出现故障都是会对系统造成干扰的因素。

18. B 【解析】该高铁站闸机检票刷脸进站系统是一个自动控制系统,因为旅客只需要将车票和身份证放入闸机插入口,系统就会自动进行信息比对和控制闸机的开关。同时,该系统也是一个开环控制系统,因为系统没有反馈环节,即系统不会根据闸机开关的状态来调整控制信号。因此,答案为 B,即自动控制系统是开环控制系统。

19. C 【解析】该闸机检票刷脸进站控制系统的被控量是闸机的开启或未开启状态。当旅客将车票和身份证放入闸机插入口后,摄像头会采集旅客的人脸信息,与身份证人脸信息和车票信息进行比对。如果一致,则闸机打开,旅客可以进站;如果不一致,则闸机不会打开,旅客无法进站。因此,闸机的开启或未开启状态是被控量,答案为 C。

20. A 【解析】在该高铁站闸机检票刷脸进站系统中,旅客的高矮胖瘦不应该成为干扰因素。因为系统是通过采集旅客的人脸信息进行比对允许进站的,而不是通过判断旅客的体型特征来决定是否允许进站。因此,选项 A 是不该系统干扰因素。

二、判断题

21. √ 【解析】任何控制系统都一定存在被控对象。被控对象是指被控制或被调节的设备、系统或过程。在控制系统中,被控对象是系统的核心,它决定了系统需要实现的控制目标和控制方式。通过对被控对象进行控制,可以实现系统的稳定、可靠和高效运行。因此本题说法正确。

22. √ 【解析】控制是管理的基本职能之一,其目的在于通过对被控对象进行调节、修正或改正其行为,使其达到预期的目标。控制可以确保组织目标的实现,并确保组织活动与计划保持一致。为了实现控制,需要采用一系列的方法和手段,如制定计划、设置标准、进行测量和比较、采取纠正措施等。这些方法和手段可以帮助组织识别和纠正偏差,确保组织的活动按照预期的方向发展。因此本题说法正确。

23. √ 【解析】人工控制是指通过人为干预和操作来实现对被控对象的控制。在这种控制方式中,人扮演着重要的角色,可以是控制器的设计者、执行者或监督者。当人在控制过程中直接参与时,这种控制方式就被称为人工控制。因此本题说法正确。

24. √ 【解析】自动控制是指在没有人为干预的情况下,通过自动化设备、系统或算法自动地实现控制过程。在自动控制中,被控对象、控制器和执行器等都是自动化的,不需要人工干预。自动控制具有高效、准确、可靠等优点,可以大大提高生产效率和质量。因此本题说法正确。

25. × 【解析】自动控制是指在没有人为干预的情况下,通过自动化设备、系统或算法自动地实现控制过程。然而,在教室里打开空调的情况下,这个过程并不完全是一个自动控制过程。学生需要手动按下空调的开关按钮，启动空调。在这个过程中，学生扮演了执行器的角色，手动操作开关按钮来启动空调。因此，这个控制过程并不是完全自动的，而是需要人为干预的。所以，这个说法是错误的。

26. × 【解析】自动控制是指在没有人为干预的情况下，通过自动化设备、系统或算法自动地实现控制过程。宾馆的感应门，当人接近门时，感应器会自动检测到人的存在，并触发门的开启。当人离开门时，感应器也会自动检测到人的离开，并触发门的关闭。这个过程是自动化的，不需要人为干预。因此，这个控制过程是自动控制，而不是人工控制。

27. √ 【解析】闭环控制是一种反馈控制方式，其特点是将控制系统的输出量作为输入量反馈回来，形成闭环。在闭环控制中，输出量不仅影响当前的控制过程，还会对下一轮控制产生影响，通过不断修正控制参数或策略，使系统更加稳定、准确和可靠。因此，本题说法正确。

28. × 【解析】在开环控制系统中，传感器只负责检测被控对象的参数或状态，并将检测到的信号传输给控制器，而不会将输出量反馈给系统进行不断修正的控制。因此，传感器在开环控制系统中通常作为信号输入设备，而不是信号反馈设备。在闭环控制系统中，传感器才会作为信号反馈设备，将输出量反馈给控制器，形成闭环控制。因此本题说法错误。

29. × 【解析】在闭环控制系统中，反馈是关键部分，它确保系统的输出量能够影响输入端，从而不断修正控制。然而，并不是所有的反馈都需要依赖于传感器。虽然传感器在许多闭环控制系统中起着重要作用，用于检测被控对象的参数或状态，但并非所有反馈都需要传感器。有些系统可能通过其他方式实现反馈，例如通过比较系统输出与期望输出的差异来产生反馈信号。这种反馈方式不依赖于传感器，而是依赖于系统的内部机制或逻辑。因此本题说法错误。

30. √ 【解析】开环控制系统是指控制系统的输出量不会对系统的控制产生影响，即系统没有反馈环节。在开环控制系统中，信号的传递是单向的，即从传感器到控制器，再到执行器的传递路径是单向的。这是因为开环控制系统中没有反馈环节，所以输出量不会对系统的控制产生影响。因此本题说法正确。

31. √ 【解析】闭环控制是一种反馈控制方式，通过将输出量反馈回输入端，对下一轮控制产生影响，进行不断修正。因此，闭环控制的过程通常更加精细，需要反复作用于同一个被控对象上，以实现更好的控制效果。因此本题说法正确。

32. √ 【解析】闭环控制系统通过反馈机制不断修正控制参数或策略，使系统更加稳定、准确和可靠。因此，其控制精度通常较高，同时具有更强的抗干扰能力。因此本题说法正确。

33. √ 【解析】在设计一个控制系统时，首先需要明确控制的目的，即希望系统达到什么样的效果；其次，需要了解控制对象、被控量等因素，以便选择合适的控制器、执行器等设备，并设计合理的控制策略。因此本题说法正确。

34. ✓ 【解析】干扰因素可能来自环境或人为原因。例如,环境中的温度、湿度、光照等因素都可能对控制系统产生干扰;而人为因素如操作不当、设备故障等也可能对控制系统产生干扰。因此本题说法正确。

35. × 【解析】虽然干扰因素通常能引起被控量的变化,但并非所有能引起被控量变化的因素都是干扰因素。干扰因素通常是指那些与控制目标无关、但可能对系统产生不利影响的因素。因此,在确定干扰因素时,需要结合控制系统的具体情况进行判断。因此本题说法错误。

三、应用题

36. (1)开环控制系统

(2)① ④ ②

37. (1)②和④

(2)

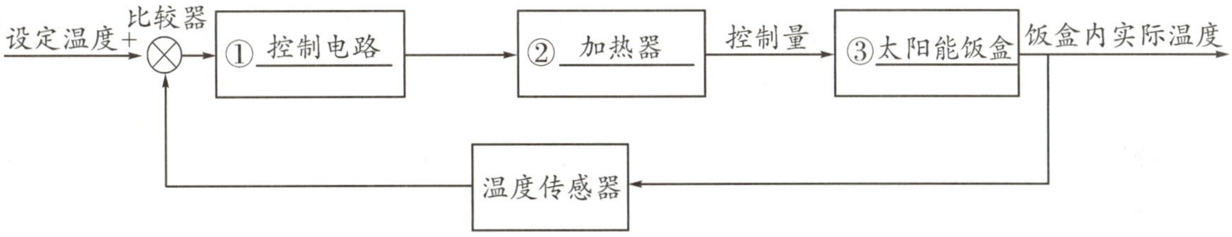

项目三 电子控制技术

第一章 电子元器件

一、选择题

1. B 【解析】根据图像可知 B 选项中电子元器件与电路符号不一致。

2. B 【解析】二极管有色点标注的一端通常为正极,故 B 项错误。

3. B 【解析】三只电容器上标注的容量分别是“471”“102”“.01”,容量最小的一只为标注“471”的电容,故选 B 项错误。

4. A 【解析】由图可知不需要考虑管脚正负极性的是 A。

5. D 【解析】使用万用电表检测电容好坏时,一般情况下首先要先放电,但并不需要选择量程,只需要把表笔插到对应位置即可,故 D 选项错误。

6. C 【解析】由图可知该电阻的测量值为 C 选项。

7. B 【解析】由图可知描述不正确的是 B 选项。

8. D 【解析】由图可知对应的描述中正确的是 D 选项。

9. D 【解析】由图可知说法错误的是 D 选项。

10. D 【解析】由图可知不正确的是 D 选项。

11. D 【解析】电感的品质因素用 Q 表示,Q 越大表示电感的损耗越小,与直流电阻无关。因此,D 选项错误。

12. C 【解析】二极管上如果有色点，色点一端为负极，而不是正极。因此，C 选项错误。

13. D 【解析】测甲元件时，$R_{正}=R_{反}\approx 0\ \Omega$，说明甲元件是电阻；测乙元件时，$R_{正}=R_{反}=6.8\ k\Omega$，说明乙元件是电容器；测丙元件时，开始指针偏向 0.5 kΩ，接着读数逐渐增大，最后停在无穷大处，说明丙元件是电感。因此，答案为 D。

14. D 【解析】在判断 NPN 型三极管材料时，若用数字式万用表的"hFE"挡测试，黑表笔接三极管基极上，红表笔分别接另两只管脚时，如果数值均显示 0.7，则说明该三极管是硅管。因此，D 选项错误。

15. D 【解析】由图可知分析正确的是 D 选项。

16. A 【解析】由图可知万用表读数最适当的是 A 选项。

17. A 【解析】由图可知关于流过电阻 R_1、R_2 电流方向的判断中正确的是 A。

18. C 【解析】由图可知说法不正确的是 C 选项。

19. B 【解析】焊接时，应先用电烙铁加热焊盘，然后给元件引脚上锡，最后撤离电烙铁，而不是同时加热焊盘和元件引脚。因此，B 选项不正确。

20. C 【解析】焊接时，应先将焊丝熔化成液态，再将液态焊料滴到焊接部位，而不是直接用烙铁头熔化焊丝。因此，C 选项不正确。

二、判断题

21. √ 【解析】电阻量测不能带电测试，因为带电测试可能会对电阻造成损坏或影响测量结果。待测物需要独立存在，以避免与其他电路元件或电源的干扰。

22. √ 【解析】电阻器按安装方式可分为固定电阻、可调电阻和特种电阻（敏感电阻）。

23. × 【解析】二极管是一种具有两个电极的半导体电子器件，可以往两个方向传送电流，因此具有整流作用。

24. × 【解析】三极管是一种具有三个电极的半导体电子器件，具有放大、振荡或开关等作用。

25. √ 【解析】扼流线圈是一种用来限制交流电通过的线圈，分为高频阻流圈和低频阻流圈。

26. × 【解析】三只脚的元器件不一定都是三极管，也可能是其他电子元件。

27. √ 【解析】烙铁温度过低、焊接面（焊盘/引脚）氧化或有油污，容易造成假焊，即焊点不牢固或虚焊。

28. × 【解析】二极管和 IC 在插件时都应该注意方向，因为它们都有极性。

29. √ 【解析】DIP 封装代表双列直插，而不是直插。

30. × 【解析】电解电容是一种无极性元件，使用时需要注意正负极的连接。

三、应用题

31. (1)1. 270 Ω，5%。

(2)200 kΩ，1%。

(3)212 J:21×102　pF=2100　pF=2.1 nF,5%

32. (1)1 号为普通二极管。　(2)2 号为稳压二极管。　(3)3 号为发光二极管。　(4)4 号为光电二极管。

33. (1)电阻器:万用表电阻挡直接测量。

(2)电容器:容量用万用表直接测量,充放电采用适当的电阻挡观察阻值变化确定。

(3)电感器:万用表的 R×1 挡,测一次绕组或二次绕组的电阻值,有一定阻值为正常。

(4)二极管:用万用表测量正反向电阻,用万用表二极管挡测量正反向压降。

(5)三极管:用万用表二极管挡位判断三极管基极和类型,利用数字万用表 hFE 挡可测出三极管的集电极 C 和发射极 E,测出正反向压降。

(6)拨动开关:将数显万用表转换开关拨至 200 Ω 或蜂鸣器挡位,用万用表表笔分别接在开关不同的引脚上,检测开关相连接的两个触点之间的导通电阻及不相通的绝缘电阻。

第二章　模拟电路与数字电路

一、选择题

1. A　【解析】由图可知 1、2、3 三个管脚对应名称和三极管类型分别为基极、发射极、集电极、NPN。

2. D　【解析】NPN 型三极管各电极对地电位分别是:集电极电位 $U_c=5.5$ V,基极电位 $U_b=5.9$ V,发射极电位 $U_e=5.2$ V,根据 $U_{be}=U_b-U_e=5.9-5.2=0.7$ V,所以发射结正偏;根据 $U_{ce}=U_c-U_e=5.5-5.2=0.3$ V,所以集电结反偏。根据三极管处于饱和状态的条件是发射结正偏,集电结正偏,所以该三极管处于饱和状态。故答案为 D。

3. C　【解析】R_2 的滑动端下滑时,R_3 两端的电压会减小。

4. D　【解析】M 点约为 0.7 V,N 点约为 3 V。

5. B　【解析】R_2 的阻值调小,发光二极管的亮度会变亮。

6. C　【解析】R_1 的滑片向上移时,电阻 R_3 两端的电压可能会增大。

7. A　【解析】按下开关后,三极管 V_1 集电极电压会升高。

8. B　【解析】如果 V_1 某极电位下降,R_L 两端的电压将上升。

9. C　【解析】由图可知逻辑运算功能相当于或非门。

10. A　【解析】相似的逻辑电路是 A。

11. B　【解析】由图可知在 C 端和 D 端的输出分别为 1 和 1

12. B　【解析】S_1 接电源、S_2 接电源,LED 发光。

13. D　【解析】由图可知能实现 $F=A\cdot B$ 逻辑关系的是 D。

14. D　【解析】真值表中,与逻辑电路功能对应的是 D。

15. A 【解析】表示该电路灯亮的逻辑函数是 A。

16. A 【解析】只要门或窗任何一个被打开(微动开关断开),门电路有低电平输入,报警灯就会发亮。说法完全合理的是 A。

17. C 【解析】由图可知,发光情况分析正确的是 C,VD_1 发光,VD_2 不发光。

18. A 【解析】需进行的操作是闭合任意两个开关。

19. A 【解析】正确的是 A。S 断开时,VD 不发光;S 闭合时,VD 发光。

20. A 【解析】选项中不能实现题干所述逻辑关系的是 A。

二、判断题

21. √ 【解析】半导体的载流子分为电子和空穴两种,这是半导体材料的基本特性。

22. × 【解析】PN 结反向偏置时,由于反向电压的作用,电流几乎为零,因此没有电流流过。

23. √ 【解析】杂质半导体中主要掺入的是三价或是五价元素,这些元素会形成导电的电子或空穴,影响半导体的导电性能。

24. √ 【解析】本征半导体常温下其导电特性与绝缘体相当,因为本征半导体中几乎没有自由电子或空穴。

25. √ 【解析】稳压管的稳压区是工作在反向击穿状态,此时管子能够保持稳定的电压输出。

26. √ 【解析】温度升高时,三极管输出特性曲线之间的间隔将增大,这是因为温度升高会使载流子的运动加剧,导致电流增大。

27. √ 【解析】对于 PNP 管来说,集电极电位极高,发射极电位最低。

28. √ 【解析】对于 PNP 管来说,发射极电位最高,集电极电位最低。

29. × 【解析】若一个硅三极管的三个电极对地电压分别为 $Vcc=11\ \text{V}$,$V_B=6\ \text{V}$,$V_E=5.3\ \text{V}$,则可以判断三极管工作在放大状态。因为硅三极管的发射极电位最低,所以 $V_B>V_E$,而 $V_B<Vcc$,因此三极管处于放大状态。

30. √ 【解析】场效应管是电压控制型半导体器件,通过栅极电压控制漏极电流。

三、应用题

31. (1)工作原理的区别:组合逻辑电路的输出仅与当前的输入有关,它的输出完全由当前的输入决定,与过去的输入和输出无关。而时序逻辑电路的输出不仅与当前的输入有关,还与电路过去的状态有关。时序电路具有记忆功能,可以存储过去的输入状态,并在此基础上进行运算。

(2)设计方法的区别:组合逻辑电路的设计主要基于逻辑函数,通过逻辑函数的运算得到输出。而时序逻辑电路的设计则需要考虑电路的状态转换,通常需要设计状态机和相应的状态转换表。

(3)应用领域的区别:组合逻辑电路主要用于实现简单的逻辑功能,如与、或、非等逻辑运算。而时序逻辑电路则用于实现更复杂的逻辑功能,如计数器、寄存器、微处理器等,这些功能需要电路具有记忆能力,能够存储和处理过去的输入状态。

32. (1)在同步时序逻辑电路中,有一个公共的时钟信号,电路中各记忆元件受它统一控制。只有在该时钟信号到来时,记忆元件的状态才能发生变化,从而使时序电路的输出发生变化。而且,每来一个时钟信号,记忆元件的状态和电路输出状态改变一次。这种电路的优点是所有触发器的状态同时刷新,信号延迟时间短。然而,这种电路的结构较为复杂。

(2)在异步时序逻辑电路中,没有统一的时钟,状态变化的时刻是不稳定的。通常输入信号只在电路处于稳定状态时才发生变化。这种电路的优点是结构简单,但是缺点是触发器状态刷新不同步,信号延迟可能会累积从而出现状态异常。

33. (1)4 -2 线编码器省略 0 输入线的原因是因为在编码过程中,0 输入线的信息对于编码的结果来说并不是必需的。也就是说,即使没有 0 输入线,编码器的输出结果仍然是可以确定的,不会对编码的精度和结果产生影响。

(2)在 4 -2 线编码器中,输入信号有四个端口,输出信号有两条端口。通常,输入信号的四个端口对应于四个不同的状态,而输出信号的两条端口则对应于两个不同的输出状态。当输入信号在四个端口之间进行切换时,编码器的输出信号会根据输入信号的状态进行相应的变化。

(3)在编码过程中,编码器会将输入信号的状态映射到输出信号上,这种映射关系是基于输入信号的状态和编码器的设计规则来进行的。由于 0 输入线的信息对于编码的结果没有影响,因此在实际应用中可以省略 0 输入线,简化编码器的设计和制造过程。

(4)需要注意的是,省略 0 输入线可能会对编码器的使用范围产生影响。如果某些应用场景中需要使用到 0 输入线的信息,那么就不能省略 0 输入线。

34. (1)将 JK 触发器的 J 和 K 输入端连接在一起,形成一个单一的输入端,这个输入端将作为 T 触发器的 T 输入端。

(2)将 JK 触发器的输出端 Q 和 Q′作为 T 触发器的输出端。

(3)将 JK 触发器的时钟信号输入端 CP1 和 CP2 连接在一起,并连接到 T 触发器的时钟信号输入端。

35. (1)实现基于与门的组合逻辑电路

(2)实现基于查找表的组合逻辑电路

第三章　传感器与继电器

一、选择题

1. B 【解析】在电子控制系统中,传感器可以将外界信号输入基本电子线路中。驻极体话筒、干簧管和红外二极管都可以用作传感器,而蜂鸣器是一种将电信号转换为声音信号的器件,不能用作传感器。因此,答案为 B。

2. A 【解析】由图可知最合适选用的是 A。

3. A 【解析】银行自动门、防盗报警系统利用的是红外传感器,温度探测仪利用的是温度传感器,电视的控系统利用的是光传感器。因此,这四种装置中,都可选用的传感器是红外传感器。故答案为A。

4. C 【解析】开关K闭合时,发光二极管VDb不可能点亮。故答案为C。

5. D 【解析】汽车倒车雷达装置系统中最有可能选用的传感器是超声波传感器,因为超声波传感器能够探测物体的移动,从而确定车辆与障碍物的距离。

6. C 【解析】在长途公交车上,为了方便驾驶员的管理,通常在每个座位上都安装有传感器,如果乘客坐在座位上,且没有佩戴座位上的安全带,报警的蜂鸣器就会发出声音。该系统中,最适合选用的传感器是力敏传感器和光敏传感器。力敏传感器能够检测乘客是否坐在座位上,而光敏传感器则能够检测乘客是否佩戴了安全带。因此,C选项正确。

7. C 【解析】由图可知使用万用表最有可能直接判断其性能好坏的是C。

8. C 【解析】电磁继电器是一种"以小控大"的器件,控制电路与工作电路互不干扰,电磁继电器中没有具体元件代替了触点,只是把通、断改变为通过控制电路的电流的通、断来实现主电路通、断的转换。可控硅不是无触点的电磁继电器,它是一种半导体电子元件,故C说法错误。

9. C 【解析】由图可知不合理的是C。电路中电热器会不断发热。

10. B 【解析】由图可知正确的是B。电灯L不亮,电铃D发出声音。

11. A 【解析】由图可知分析正确的是A。随着温度的升高,热敏电阻阻值会增大。

12. D 【解析】由图可知最合理的是D。

13. D 【解析】由图可知不合理的是D。气敏传感器能将各种外界信息转化为电信号。

14. D 【解析】光敏电阻测试时,遮光越多,万用表测得的电阻数值越大,遮光越少,万用表测得的电阻数值越小,选项A、B正确;负温度系数的热敏电阻测试时,所处环境温度越高,万用表测得的电阻数值越小,选项C正确;正温度系数的热敏电阻测试时,所处环境温度越低,万用表测得的电阻数值越大,选项D错误。故答案为D。

15. A 【解析】若测得某两个引脚之间的电阻为无穷大,则这两个引脚中必定有一个连接常闭触点。故答案为A。

16. B 【解析】由图可知关于该电路的说法中正确的是B。R_2 对 V_1 的基极有限流保护作用。

17. C 【解析】由图可知不正确的是C。调试时,让探头A、B悬于空中,不接触,只要RP调到合适值,LED1就会发亮。

18. D 【解析】开始报警后,如果湿度增大,万用表读数的绝对值也会增大。故答案为D。

19. B 【解析】由图可知说法中正确的是B。R_p 电位器上移时,相同温度下,LED会变暗。

20. A 【解析】由图可知说法不正确的是A。R_{p1}阻值调大时,可能会增加花房的喷雾时间。

二、判断题

21. √ 【解析】传感器是一种能够将非电量转换成电量的转换器件。

22. × 【解析】电量可以直接使用一般的电工仪表和电子仪器进行测量，但对于非电量，如温度、压力、位移等，则需要使用传感器进行转换后才能进行测量。

23. √ 【解析】敏感元件是传感器中直接感受或响应被测量的部分。

24. × 【解析】并非所有类型的传感器都包括敏感元件和转换元件这两个必备的构成部件。例如，变送器就不包括敏感元件。

25. √ 【解析】传感器按其工作原理来分类的缺点确实是不便于使用者根据其用途来进行选用。

26. × 【解析】按工作原理分，传感器可分为电阻式传感器、磁学式传感器、光电式传感器、电势型传感器、半导体式传感器。

27. × 【解析】传感器的线性度 E 是指其输出量与输入量之间的实际关系曲线偏离直线的程度。E 值越大，其非线性误差就越大。

28. × 【解析】传感器在输入量按同一方向进行全量程多次测试时，得到的曲线越重合，其重合性就越好，不重复极限误差 E_2 就越小。

29. × 【解析】在快速变化的动态输入信号作用下，要求传感器能够精确地测量出信号幅值的大小，同时也要求测量出信号变化的过程。

30. × 【解析】最大超调量 p 表征传感器测量的灵敏性；响应时间 t_s 表征传感器测量的稳定性。

三、应用题

31. 在工业自动化生产线中，传感器和继电器通常需要协同工作以确保生产过程的顺利进行。传感器在生产线中发挥着检测和反馈的作用，它们可以检测生产线上的各种参数，例如位置、速度、温度、压力等，并将这些信息反馈给控制系统。控制系统根据这些反馈信息，通过继电器控制相应的设备或装置，例如马达、泵、阀门等，以实现自动化生产。传感器和继电器的协同工作可以提高生产效率、降低成本、减少人为操作失误等。例如，在生产线上，当传感器检测到某个设备出现故障或异常情况时，控制系统可以通过继电器控制相应的设备或装置进行应急处理或停机维修，以避免生产线停滞或损坏设备。

32. (1) 根据公式，平板电容 C_0 的计算公式为

$$C_0=\frac{E_0\pi\left(\frac{D}{2}\right)^2}{d_0}。$$

已知极板直径 $D=8\ \mathrm{mm}$，极板间初始间距 $d_0=1\ \mathrm{mm}$，

空气的介电常数 $E_0=8.85\times10^{-12}\ \mathrm{F/m}$。

代入公式，可得到初始电容 C_0 为

$$C_0 = 8.85e - 12\pi \times \left(\frac{8}{2}\right)^2 = 4.4484951974831474e - 10\ \text{F}。$$

(2) $\Delta C = 0E - 1F$

(3)有两个问题。第一个问题是关于变间隙式平板电容传感器，当间隙变化时的输出电压。第二个问题是关于石英晶体加速计和电荷放大器测量机械振动，当机器达到最大加速度时的输出电压。

我们分别为这两个问题建模和计算。

对于第一个问题：

电容变化量 ΔC 与输出电压 U_0 的关系可以通过测量电路的灵敏度 Ku 来表示：

$U_0 = Ku \times \Delta C$

对于第二个问题：

加速度计的输出电荷 Q 与机械振动加速度 a 的关系为

Q = 灵敏度 × a

电荷放大器的输出电压 U 与输出电荷 Q 的关系为

U = 灵敏度 × Q

结合上面两个公式，可以得到

U = 灵敏度 1 × 灵敏度 2 × a

对于第一个问题，当间隙减小 ±1 μm 时，输出电压 U_0 为 0 mV。

对于第二个问题，当机器达到最大加速度时，其振动加速度为 815494393.48 g。

第四章　电子控制系统及其应用

一、选择题

1. C 【解析】闭环控制系统需要增加反馈环节，因此设计上相对复杂，造价通常会比开环控制系统高。因此，选项 C 错误。

2. C 【解析】在电子控制系统中，传感器是用来检测和转换被控量的元件，因此一定存在电子传感器元件。

3. D 【解析】闭环控制系统需要增加反馈环节，室内中央空调温度控制系统有温度传感器和控制器，属于闭环电子控制系统。

4. A 【解析】由于电路要一直检测环境光照的情况，因此该电路是电子闭环控制电路。故答案是 A。

5. A 【解析】R_{p1} 阻值调得过小时，黑暗中，发光二极管也可能发亮。故答案是 A。

6. A 【解析】R_{p1} 一定的情况下，R_{p2} 调大，报警温度会降低。故答案是 A。

7. A 【解析】由图可知小明一定用不到的电子元件是 A。

8. D 【解析】由图可知 M_2可设计为加热电阻丝，大棚温度较低时 J_2吸合。故答案是 D。

9. A 【解析】随着温度的升高，比较器 C_2的 7 脚会输出高电平，三极管 V_2会导通，继电器 J_2会断开。

10. B 【解析】如果要提高花盆中土壤的湿度，可以将电位器 R_p中心向下滑动。故答案是 B。

11. D 【解析】由图可知，造成水泵 M 始终处于加水状态现象的原因可能是 D，R_p中心抽头调整到最上方。

12. C 【解析】这个案例提醒消费者使用产品时应严格按照产品说明书的要求来操作，不要凭经验和习惯来使用产品。消费者在购买和使用产品时，应该仔细阅读产品说明书，并按照说明书的要求进行操作。如果不按照说明书的要求操作，可能会对产品造成损害，甚至引发安全问题。因此，正确答案是 C。

13. C 【解析】速度传感器不是电子控制系统的应用领域之一，因此选项 C 是正确答案。电子控制系统广泛应用于温度、压力、位移等物理量的测量和控制，但速度传感器不是其应用领域之一。

14. B 【解析】当 R_{p1}电阻由大调小时，电路中的电流增大，绿灯亮；当 R_{p1}电阻由小调大时，电路中的电流减小，红灯亮；当 R_{p1}电阻由大调小时，可能会使红灯灭，绿灯亮。因此，选项 A 正确。

15. C 【解析】当蜂鸣器鸣叫时，V 的 U_{ce}应该较小。

16. C 【解析】闭环电子把握系统是将系统被控量的输出作为系统的输入，用以和系统的设定值进行比较，带有反馈环节。因此，只有 D 选项的坐便器的自动水位把握系统属于闭环电子把握系统。

17. D 【解析】虚焊是常见的一种线路故障，主要原因是焊接不当、焊接时间太长或元器件老化等。因此，选项 C 的描述是错误的。

18. C 【解析】闭环电子把握系统需要增加反馈环节，因此制作难度通常会比开环电子把握系统高。因此，选项 D 的描述是错误的。

19. A 【解析】开环电子把握系统信息只能从输入端传至输出端，而闭环电子把握系统信息可以从输出端传到输入端。因此，选项 C 的描述是正确的。

20. B 【解析】图示的三极管 3DG130A 的三个电极分别是基极 b、集电极 c 和发射极 e，因此它是一个 NPN 型硅材料的三极管。

二、判断题

21. × 【解析】电子控制系统不仅用于工业自动化领域，也可以应用于家庭电器中。例如，智能家居系统就是一种应用电子控制系统的家庭电器。

22. ✓ 【解析】PID 控制算法是一种基于误差控制的算法，通过比较期望输出和实际输出的误差，来调整控制器的输出，以减小误差。这种算法广泛应用于各种电子控制系统中。

23. ✓ 【解析】在电子控制系统中，传感器的作用是将物理量(如温度、压力、位移等)转换为电信号，然后这些电信号被送入控制器进行处理。

24. ✓ 【解析】直流电机可以通过改变电压大小和方向来实现正反转控制。通过改变电机的电流方向，可以改变电机的旋转方向。

25. ✓ 【解析】PLC(可编程逻辑控制器)是一种专门用于工业控制的计算机，可以通过编程实现各种复杂的控制逻辑。

26. ✓ 【解析】红外传感器可以检测人体发出的红外线信号，常用于安防系统中，例如红外报警器。

27. ✓ 【解析】在电子控制系统中，执行器的作用是将控制器输出的电信号转换为物理量，从而实现对被控对象的控制。

28. ✓ 【解析】模糊控制算法是一种基于模糊数学理论的控制算法，适用于处理模糊信息，即不确定性较大或难以量化的信息。

29. ✓ 【解析】步进电机是一种特殊类型的电机，可以通过控制脉冲的数量和频率来实现精确的角度控制和位置控制。

30. ✓ 【解析】电子控制系统中的滤波器的作用是去除信号中的噪声和干扰，从而提高系统的稳定性。滤波器可以对信号进行平滑处理，减少波动和噪声，使系统更加稳定可靠。

三、应用题

31. (1)A (2)②

(3)
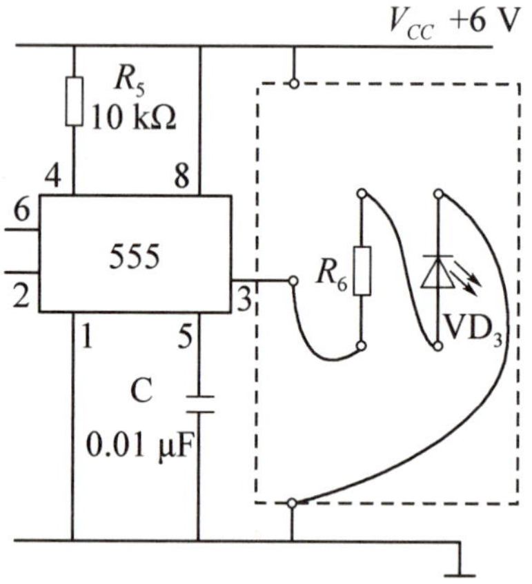

(4)
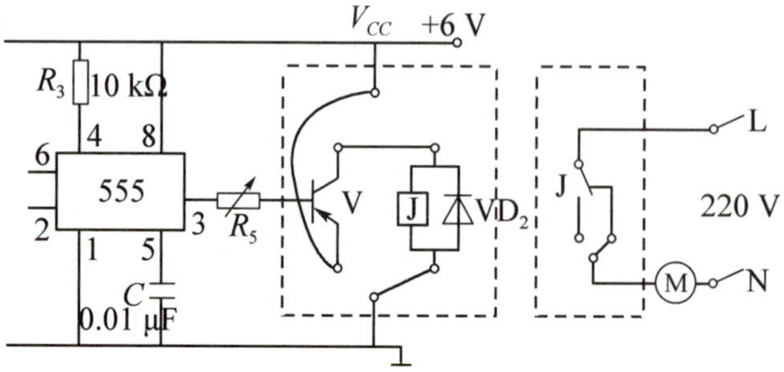

项目四 技术与职业

技术与职业探索

一、选择题

1. C 【解析】第一次技术革命是以蒸汽机的发明和应用为主导的，第二次是以电力的发明和应用为主导的，第三次是以信息为主导的技术革命。因此，选项 C 正确。
2. D 【解析】职业的“核心技能”是指从事某种职业的基本前提，任何职业中都应拥有的技能。它是一种通识性的技能，包含交流合作、自我学习、创新革新、信息处理、数字应用等方面的能力。因此，选项 A、B、C 都是正确的，只有选项 D 是错误的。
3. D 【解析】职业观是指人们对职业选择和职业发展的基本态度和观念。在选择职业时，人们应该考虑社会发展的需求、自己的兴趣和能力等因素，而不是仅仅根据所学专业来选择职业。因此，选项 D 是不适当的。
4. A 【解析】创业需要技术支持，但并不是拥有前沿的技术就能成为创业者。创业需要综合考虑市场需求、竞争环境、自身能力等多种因素。因此，选项 A 的说法不准确。
5. C 【解析】根据我国的三次产业划分标准，房地产业属于第三产业中的服务业。因此，选项 C 是不合理的。
6. C 【解析】产业升级是为了提高生产效率和竞争力，但并不是为了提升经济增长速度而不断进行产业升级。产业升级需要综合考虑市场需求、技术进步、资源环境等多种因素，不能仅仅追求经济增长速度。因此，选项 C 的说法是不合理的。
7. B 【解析】第三次技术革命的标志性技术是电子计算机的广泛应用和原子能的应用，而不是内燃机在汽车、轮船上的应用。因此，选项 B 的说法是不合理的。
8. D 【解析】畜牧业属于第一产业，燃气、水生产、供应业属于第二产业，建筑业、房地产业属于第二产业，餐饮属于第三产业。因此，选项 D 是正确的。
9. B 【解析】信息处理和数字应用已经成为许多职业都必需的核心技能之一。随着数字化和信息化的加速发展，这些技能在各个职业中都变得越来越重要。因此，选项 B 的说法是不合适的。
10. B 【解析】职业素养不仅包括对待职业的态度，还包括职业知识和职业技能等方面，是一种综合素质。因此，选项 B 的说法是不合适的。
11. B 【解析】职业选择应该根据个人的兴趣、能力和职业目标来决定，而不是仅仅根据薪资水平来选择。不同的人对同一职业可能有不同的看法和期望，因此理想的职业不一定是高薪职业。
12. D 【解析】随着智能时代的到来，第一产业和第二产业的职业并不会完全消失，而是会进行升级和转型。智能技术可以提高生产效率，减少一些传统职位的需求，但同时也会创造出新的职位和需求。因此，选项 D 的说法是不准确的。

13. A 【解析】选择什么专业并不一定意味着将来会从事相应的职业。在现实生活中,很多人所从事的职业与所学专业并不完全对口。因此,选项 A 的说法是不准确的。

14. D 【解析】职业选择应该根据个人的兴趣、能力和职业目标来决定,而不是仅仅根据待遇来选择。不同的人对于同一职业可能有不同的看法和期望,因此应该根据自己的实际情况来选择适合自己的职业。

15. D 【解析】SWOT 分析法是一种常用的战略分析方法,它可以帮助企业分析自身的优势、劣势、机会和威胁,从而制定出合适的战略。但是,这种方法并不能直接用于确立职业发展目标并给出实现目标的期限。因此,选项 D 的说法是不准确的。

16. A 【解析】大学生毕业的择业过程并不等同于创业过程。择业是选择找到工作的过程,而创业是开辟、创新、拓展,是对现有工作岗位和职业活动的突破。因此,选项 A 的说法是不准确的。

17. A 【解析】创业者并不一定需要掌握深厚的专业知识才能实施创业。创业需要的是创新思维、市场洞察力、团队协作能力、财务管理能力等综合能力,而不仅仅是专业知识。因此,选项 A 的说法是不准确的。

18. C 【解析】核心技能是从事某种职业的基本前提,是任何职业中都应拥有的技能,而不是不同职业独有的技能。因此,选项 C 的说法是不准确的。

19. A 【解析】学好专业是创业成功的一个因素,但并不是唯一的因素。创业成功还需要具备其他的能力和素质,如市场洞察力、团队协作能力、财务管理能力等。因此,选项 A 的说法是不准确的。

20. D 【解析】创业计划书并没有统一的格式和项目要求,不同的人和企业可以根据自己的实际情况和需求来制定适合自己的计划书。因此,选项 D 的说法是不准确的。

二、判断题

21. ✓ 【解析】在职业发展中,确实存在不同类型的职业选择。技术智能型职业更注重实际技术和专业知识,可能更专注于某个特定领域,因此可能对全面管理不太感兴趣。而安全与稳定性的职业选择者,可能更注重工作的稳定性和安全性,因此可能缺乏主动性和创新精神。

22. ✓ 【解析】职业生涯规划不仅仅是员工个人的事情,也是需要员工和组织共同参与的过程。员工需要将自己的发展目标与组织的发展目标相结合,通过努力工作、创造业绩来实现个人理想。

23. ✓ 【解析】引咎辞职和责令辞职制度的主要功能是对失职行为进行惩戒,并减轻组织内部的矛盾和紧张情绪。通过这种方式,可以维护组织的稳定性和公信力。

24. ✓ 【解析】组织的人事计划和职工的职业选择可以通过招聘、培训、配置等环节进行匹配。招聘环节可以帮助组织找到合适的人才,培训环节可以提高员工的技能和能力,配置环节可以将员工安排到合适的岗位上。

25. × 【解析】虽然收入是一个重要的考虑因素，但职业生涯的成功并不仅仅取决于收入。在职业生涯后期，职业人士应该考虑自己的职业目标、兴趣和发展方向，选择适合自己的工作，而不仅仅是选择收入最高的工作。

26. √ 【解析】职业生涯规划不仅涉及个人，也与组织密切相关。组织可以为员工提供职业发展的机会和资源，帮助员工实现职业目标。因此，个人和组织都需要参与到职业生涯规划中来。

27. × 【解析】职业生涯规划是一个动态的过程，需要随着时间和环境的变化进行调整。同时，职业生涯规划的执行结果也不仅仅是组织发展和个人成功，还包括社会和家庭等多方面的因素。

28. √ 【解析】职业生涯的三个维度分别是时间、广度和深度。时间维度指的是职业生涯的长度和阶段，广度维度指的是所涉及的领域和范围，深度维度指的是在某个领域或职位上的专业水平和成就。

29. × 【解析】虽然内职业生涯和外职业生涯之间存在一定的联系，但它们并不是必然相关的。内职业生涯的改变并不一定会导致外职业生涯的马上改变。

30. √ 【解析】一个人的职业生涯发展程度对于其人生需求的满足程度有着重要的影响，特别是对于高级需求的满足程度更是如此。成功的职业生涯可以为个人提供物质和精神上的满足感，实现自我价值和成就感。

三、应用题

31. 选定项目、拟订计划、筹集资金、办理手续、计划实施与管理。

创业计划书是创业者在创业准备阶段为论证创业项目的可行性而进行的文字性描述，是整个创业的灵魂。其主要内容包括项目背景、主要产品、业务范围、市场概貌、营销策略、销售计划、生产管理计划、财务计划、资金需求和风险评估等。

32. 技术创新：在技术创新领域，通用技术人才可以从事产品研发、技术攻关、工艺改进等方面的工作，推动行业的发展和进步。

项目管理：在项目管理领域，通用技术人才可以担任项目经理、技术负责人等职位，负责项目规划、执行和监控，提高项目的成功率。

教育培训：在教育培训领域，通用技术人才可以担任教师、培训讲师等职位，传授知识和技能，培养新一代技术人才。

技术支持与服务：在技术支持与服务领域，通用技术人才可以从事技术咨询、技术支持、售后服务等工作，解决客户在技术应用过程中遇到的问题。

质量管理：在质量管理领域，通用技术人才可以担任质量工程师、质量经理等职位，负责质量管理和控制，提高产品质量和客户满意度。

成本控制与财务管理：在成本控制与财务管理领域，通用技术人才可以从事成本分析、成本控制、财务管理等工作，提高企业的经济效益。

市场营销：在市场营销领域，通用技术人才可以从事市场调研、产品推广、客户关系管理等工作，提高产品的市场占有率。

技术顾问：在技术顾问领域，通用技术人才可以为企业和政府部门提供技术咨询和解决方案，帮助企业解决技术难题。

创业与创新：在创业与创新领域，通用技术人才可以成立自己的公司，开展创新和技术研发，实现个人价值和财富积累。

跨行业应用：通用技术人才还可以在跨行业领域发挥优势，将某一领域的通用技术应用到其他领域，实现技术和产业的融合创新。

总之，掌握通用技术的人在职业发展方面具有很大的优势，可以在技术创新、项目管理、教育培训、技术支持与服务、质量管理、成本控制与财务管理、市场营销、技术顾问、创业与创新和跨行业应用等领域找到适合自己的发展方向。

项目五　通用技术综合题

一、选择题

1. C 【解析】流程设计中的并行环节是指两个或两个以上的环节同时进行，以实现流程的高效性。干燥机和环保设备的设计应该为并行环节，这样既可实现高效又能实现环保。因此，选项 C 是不正确的。

2. D 【解析】在机械制图中，标注圆形的直径时，应在尺寸数字前加注符号“ϕ”，因此选项 D 是正确的。

3. B 【解析】从题干中可以看出，支架和销轴都受到了弯曲力的作用，因此选项 B 是正确的。

4. C 【解析】高速铁路的建设和运营确实对沿线地区的经济增长起到了促进作用，但这并不意味着高速铁路技术本身具有促进社会生产发展的作用。技术的发展可以促进社会生产的发展，但并不是技术本身具有这种作用。因此，选项 C 的说法是不恰当的。

5. B 【解析】洗水果时发现水果经常从盆中掉落的问题，属于日常生活中常见的问题，因此可以通过观察日常生活来发现并解决这个问题。所以选项 B 是正确的

6. C 【解析】在给出的尺寸标注中，有四处错误，分别是：$R5$ 的圆角、14 的标注、32 的标注和 $\phi 12$ 的标注。因此，答案为 C。

7. D 【解析】绘图比例是5 : 1，实际长度是 100 mm，根据比例尺换算方法可知图上长度应为 500 mm，因此选项 D 是正确的。

8. C 【解析】设计师在插线板外壳上设计了一个放置手机的凹槽，这并没有提高美感，反而可能让插线板看起来更加杂乱无章，不符合美观原则。因此选项 C 的说法是不恰当的

9. A 【解析】主视图缺少一条竖直方向的轮廓线，俯视图缺少一条水平方向的轮廓线。

10. B 【解析】超级高铁是一种新型交通工具，具有超高速、低能耗、噪声小、污染小等特点，能

够提供更快捷、舒适的出行方式。但是它并没有直接发展人的作用，而是通过提供更好的交通服务来满足人们的需求，间接地发展人的作用。因此选项 B 的说法是不恰当的。

11. A 【解析】该酒店旋转大门控制系统能够在人被夹住时自动检测到并启动制动装置将门停住，实现了自动控制；同时由于该系统能够在人被夹住时及时停住门，因此也实现了闭环控制。因此答案为 A。

12. C 【解析】从人机关系角度考虑，选项 A 和选项 D 都与人的使用有关，而选项 B 中的音量调节和静音切换功能也与人有关。然而，选项 C 中的钢琴漆工艺只涉及产品的外观和质量，与人机关系无关。因此选项 C 不是从人机关系角度考虑的。

13. D 【解析】 使用台钻进行钻孔操作过程中，钻头在工件内向下推进时主要的受力形式为受压力和受扭转力。因此，正确答案是 D。

14. D 【解析】磁吸式手机无线充电器具有较强的吸力，可以吸附手机防止意外跌落，实现了安全目标；但这个功能并没有实现人机关系的安全目标，而是实现了产品的实用功能；同时，外观简洁、轻薄体现了美观原则，兼容 Qi 无线充电体现了技术规范原则，内置磁铁能直接吸附在手机上进行无线充电体现了设计的技术规范原则。因此选项 D 的说法是不正确的。

15. A 【解析】根据题目所给的图示，当施加力 F 时，物块被夹紧，拉杆受拉力，连杆受弯曲力，夹持杆受弯曲力。因此，答案为 A。

16. B 【解析】系统的目的性是指系统具有明确的目标和任务，能够完成特定的功能。这台饮料瓶回收机在回收饮料瓶的同时还能为回收者的公交卡充值，显然具有目的性。系统的整体性是指系统各组成部分相互关联、相互作用，共同构成一个有机整体。如果条形码检测装置发生故障，整个机器的回收工作都会受到影响，这体现了系统的整体性。系统的动态性是指系统是随时间变化的，具有动态的平衡和稳定性。该系统需要定期清洁、维护，以保持其正常运转，这体现了系统的动态性。因此，选项 A、C、D 都是正确的。

17. D 【解析】检测装置应该是温度传感器，而不是电子线路。电子线路只是实现控制酸奶机加热的电子控制线路。

18. B 【解析】该系统需要定期对水箱和水池中的水垢进行清洗，是为了保证系统的正常运行，不属于系统的动态性表现。因此，选项 B 是不正确的。

19. D 【解析】在水箱水位控制系统中，保护控制子系统的主要作用是根据探头检测到的数据控制电动机的运行，以防止水位过高或过低对系统造成损害。该控制系统属于闭环控制，被控对象是水箱的水位，执行器是电动机和水泵。干扰因素包括探头检测的误差、电动机和水泵的工作状态等。因此，选项 D 正确。

20. A 【解析】本题考查基本触发器的组成特征和作用。B 是主裁判，A、C 至少一位按下按钮灯才亮，因此 A、B 同时按下或 B、C 同时按下时，灯亮，两个与门输出有 1 时，方框处逻辑门输出为1时,灯亮。因此是或门,故选A。

二、读图作图题

21. 制图补全:

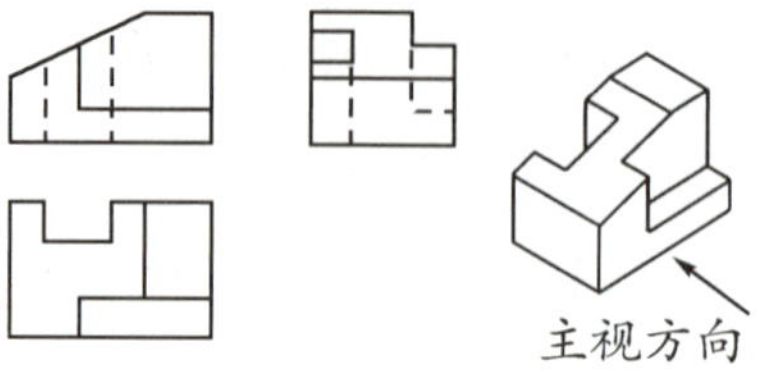

【解析】根据所学知识的三视图分析后可以补充画线为以上结果。

三、分析题

22. (1)闭环　(2)3　12　(3)234

【解析】(1)该控制系统属于闭环控制系统,因为它具有反馈环节,能够根据水位传感器的反馈信号来控制水泵的抽水行为。(2)在该控制系统中,水泵属于执行器,水位传感器属于输入量,控制电路属于控制器。(3)如果水塔中的水溢出,可能是由于最高水位传感器出现故障,导致控制电路无法接收到水位信号并切断水泵电源。因此,②③④都有可能出故障。

23. (1)2　(2)框架结构　(3)上漆　(4)43 cm

【解析】(1)图中所标示的连接部位,2处是刚连接(刚结点)。(2)该折叠椅除椅面外的结构采用了框架结构类型。(3)制作该木质椅子时,适宜的表面处理方式为上漆。(4)针对普通人群来说,该椅面距地面的合理高度为43 cm左右。

24. (1)1　(2)7　(3)4

【解析】(1)有效防止自来水被盗用的现象,体现了创新原则。(2)为水龙头增加上锁功能,体现了技术规范原则。(3)防止水龙头被人恶意拧开,出现长流水的现象,体现了道德原则。

四、设计题

25. (1)设计思路:

第一步,明确设计任务,即设计一个能放得下成人的一双脚、外观具有一定的新颖性、材料比较轻,拿取方便的暖脚器。

第二步,根据设计要求,进行调查和分析,了解市场需求和同类产品的特点。

第三步,根据调查和分析的结果,进行创意设计,考虑产品的外观、功能、材料等方面。

第四步,进行模型制作和测试,不断调整和完善设计方案。

第五步,完成最终设计,进行生产和推广。

(2)一般来说,设计草图应该包括产品的外观、内部结构、尺寸等基本信息。尺寸应该根据产品的功能和人体工程学原理进行合理设计。